山东省职业教育精品资源共享课程配套教材
山东省 2023 年职业教育优质教材

工业和信息化
精品系列教材

Linux

系统管理及应用

项目式教程

（RHEL 9/CentOS Stream 9）

微课版 第2版

孙灿 李斌 崔学鹏◎主编　张锋 孙慧明 谭智峰◎副主编
武洪萍◎主审

人民邮电出版社
北京

图书在版编目（CIP）数据

Linux 系统管理及应用项目式教程：RHEL 9/CentOS
Stream 9：微课版 / 孙灿, 李斌, 崔学鹏主编.
2 版. -- 北京：人民邮电出版社, 2025. --（工业和信
息化精品系列教材）. -- ISBN 978-7-115-65704-6

I. TP316.85

中国国家版本馆 CIP 数据核字第 2024U6K607 号

内 容 提 要

本书以 Red Hat Enterprise Linux 9.2/CentOS Stream 9 为平台，遵从学生的认知规律，从理解 Linux 基础知识，到学会基本命令和系统管理，再到掌握综合性较强的服务器配置，层层递进，共有 14 个项目。内容包括安装 Linux 操作系统、使用 Linux 命令、管理文件与目录、管理文本文件、配置网络功能、管理软件包与进程、管理用户与用户组、管理权限与所有者、管理磁盘分区与文件系统、编写 shell 脚本、配置 DHCP 服务器、配置 DNS 服务器、配置 FTP 服务器和部署前后端分离的应用系统等。

本书可以作为职业院校、应用型本科院校云计算技术应用、计算机网络技术、计算机应用技术、软件技术、大数据技术等相关专业的 Linux 课程教材，也可以作为 1+X 云计算平台运维与开发认证考试中 Linux 系统与服务构建运维模块的辅导教材，还可以作为期望从事 Linux 服务器运维人员的自学参考资料。

◆ 主　　编　孙　灿　李　斌　崔学鹏
　　副主编　张　锋　孙慧明　谭智峰
　　责任编辑　马小霞
　　责任印制　王　郁　焦志炜

◆ 人民邮电出版社出版发行　　北京市丰台区成寿寺路 11 号
　　邮编　100164　电子邮件　315@ptpress.com.cn
　　网址　https://www.ptpress.com.cn
　　三河市君旺印务有限公司印刷

◆ 开本：787×1092　1/16
　　印张：16.25　　　　　　　　　　2025 年 1 月第 2 版
　　字数：412 千字　　　　　　　　2025 年 1 月河北第 1 次印刷

定价：59.80 元

读者服务热线：(010)81055256　印装质量热线：(010)81055316
反盗版热线：(010)81055315
广告经营许可证：京东市监广登字 20170147 号

前言

本书第 1 版自 2021 年 9 月出版以来，深受各类普通高等院校、职业院校广大师生的青睐。

Linux 系统自诞生至今逐步发展并日渐完善，因具有开源、安全、稳定等特性，Linux 系统成为众多企业与政府部门搭建服务器的首选。此外，Linux 系统在桌面应用、软件开发、移动应用和嵌入式开发等领域也被广泛采用。近年来，随着新一代信息技术的发展，Linux 系统更是成为构建云计算和大数据平台备受青睐的操作系统。

为全面贯彻党的教育方针，落实立德树人根本任务，培养德智体美劳全面发展的社会主义建设者和接班人，本书从党的二十大报告中充分汲取奋进之力，内容上坚持弘扬社会主义核心价值观、传承精益求精的工匠精神，将坚持自信自立、增强自主创新、鼓励自由探索、维护国家安全等精神有机融入，培养团队合作意识，更好地体现时代性、规律性、创造性，引导学生以严谨的态度对待科学，以真诚的态度追求真理。为建设教育强国、科技强国、人才强国添砖加瓦。

本书基于 Linux 系统与服务器运维等工作岗位的技术技能需求，遵循应用型技术人员的学习和发展规律，注重知识传授与技术技能培养，强调学生职业素质的养成及专业技术的积累，采用将职业精神和工匠精神融入内容的设计思路，参照《云计算平台运维与开发职业技能等级标准》（初级）要求，对于其中涉及的核心基础工作任务"Linux 系统与服务构建运维"的内容，以项目结构组织各章，以任务驱动的方式展开教学内容。本书既适合常规教学，又能满足 1+X 证书培训的需求，是一本具有"课证融合"功能的新形态教材，也是一本基于校企"双元"合作开发的理实一体化教材。

本书采用项目导入→知识准备→项目实施→小结（思维导图）→习题（课后提升）的多段式教学方法，对职业标准、岗位需求、专业知识、1+X 证书要求等进行有机整合，各个知识点环环相扣，浑然一体。

- **项目导入**：每个项目以员工的实际工作场景为切入点，以学生的实习历程为学习情境，引入教学主题，本书的情境设置如下。

  北京青苔数据科技有限公司（简称青苔数据）是一家互联网公司，目前正在招实习生。

  乔安妮：昵称小乔，计算机相关专业的应届毕业生，目前在青苔数据实习。

  路天行：昵称大路，青苔数据的技术骨干，大数据平台及运维部经理，实习生小乔的职业导师。

- **知识准备**：为了加深学生对知识的理解，在每个知识点讲解过程中配备精彩的同步案例及综合案例，先由教师演示案例，再由学生练习，在"做中学，学中做，学以致用"的教学理念下，不断提升学生的动手实践能力。在知识点的讲解过程中，穿插"注意""提示""素养提升"等小栏目，既能拓宽学生的知识面，又能提醒学生注意细节。

- **项目实施**：为了增强学生的自主性、实践性以及解决问题的能力，每个项目配套详细的实施步骤，学生根据操作思路和步骤提示独立完成每个任务，不断提升逻辑思维和系统化思考能力。

- **小结**：将知识与素养有机整合，育人于潜移默化中；利用思维导图工具对整个项目的知识点进行串联、总结和提升。

- 习题：结合项目内容给出难度适中的理论题和上机操作题，让学生巩固所学知识点与技能。

在全面、系统的知识讲解基础上，本书提供了丰富的教学资源。

（1）对于书中全部的知识点，都可以扫描书中二维码获取相关微课讲解。

（2）提供教学课件、电子教案、授课计划、项目实训、课程标准、习题及答案、题库等资源。

（3）提供本书案例所需的所有软件包。

本书由山东信息职业技术学院的孙灿、李斌、崔学鹏任主编，张锋、孙慧明、谭智峰任副主编，胡运玲、王思艳、郭文文参与编写，武洪萍任主审。浪潮云信息技术股份公司为本书提供了大量优秀案例，在这里一并表示感谢。

为了方便阅读，对于需要读者自己输入的命令，本书均采用加粗字体。

若发现本书存在疏漏和欠妥之处，请您联系编者提出宝贵的意见，编者 QQ 号为 350677916、331298365。

编者

2024 年 8 月

目录

项目 6

管理软件包与进程………93

项目 7

管理用户与用户组………109

项目 8

管理权限与所有者………122

项目 14

部署前后端分离的应用

系统 ······················ 226

项目1
安装Linux操作系统

项目导入

小乔在青苔数据找到一份实习工作，她被公司安排到大数据平台及运维部实习。为了让小乔尽快适应岗位，导师大路给她分配了第一项工作——安装 Linux 操作系统。

刚开始接触 Linux 的小乔对 Linux 很陌生，大路告诉她，在虚拟机中安装和使用 Linux 系统具有操作方便、代价小等特点，且安装后不会影响当前物理机中现有的操作系统。因此，建议她在虚拟机中安装 Linux。

职业能力目标及素养目标

- 能根据需求选择合适的 Linux 系统发行版本。
- 掌握 RHEL 9.2 系统的安装。

- 了解 Linux 图形化界面中，用户的登录、注销等操作。
- 会使用 VMware 的快照和克隆备份功能。
- 理解开源运动精神的内涵。

知识准备

1.1 初识 Linux

1.1.1 了解 Linux 的发展历程

Linux 是一套自由、开放源代码的操作系统，它的诞生和发展与 UNIX 系统、GNU 计划密不可分。

1. UNIX 系统

UNIX 系统是一种多用户、多任务操作系统，诞生于 20 世纪 60 年代末。最初版本的 UNIX 系统是美国贝尔实验室的汤普森（Thompson）和里奇（Ritchie）等技术人员用 B 语言和汇编语言开发的，并于 1973 年用 C 语言重写了 UNIX 系统。由于 UNIX 系统具有良好的性能，所以在美国贝尔实验室内部流行开来，并不断迭代、升级。

1974 年 7 月，美国贝尔实验室对外公开了 UNIX 系统，引起了学术界的广泛讨论，UNIX 系统被大量应用于教育、科研领域。随着 UNIX 系统的广泛应用，UNIX 系统走向了商业化，它由一个免费软件变成了商业软件，人们需要花费高昂的许可证费用才能获得 UNIX 系统的源代码，并且 UNIX 系统对硬件性能的要求也较高，导致很多大学停止了对 UNIX 系统的研究。

2. GNU 计划

1983 年，理查德·斯托曼（Richard Stallman）发起 GNU（GNU's Not UNIX）计划，拟定了 GNU 通用公共许可证（GNU General Public License，GNU GPL）协议，所有 GNU GPL 协议下的自由软件都遵循版权开放（Copyleft）原则：自由软件允许用户自由复制、修改和销售，但是对其源代码的任何修改都必须向所有用户公开。自由软件不受任何商业软件的版权制约，全世界都能自由使用。

微课 1-1 带你了解 GNU 和自由软件那些事

GNU 计划的目标是开发一个兼容和类似 UNIX 系统，并且是自由软件的操作系统——GNU。

3. Linux 的诞生

1991 年，芬兰赫尔辛基大学计算机系的学生莱纳斯·托瓦兹（Linus Torvalds）在研究 Minix 系统时，发现了许多不足，于是他想自己编写一个全新的免费操作系统。1991 年 10 月 5 日，莱纳斯·托瓦兹正式对外发布了一款名为 Linux 的操作系统内核，至此，Linux 诞生。

严格来讲，术语"Linux"只表示操作系统的内核，Linux 系统则是指基于 Linux 内核的完整操作系统，即除了 Linux 内核还包括许多工具、软件包。

素养提升

Linux 的 Logo（标志）是一只企鹅，关于 Logo 的由来是一个很有意思的话题。为什么选择企鹅，而不是选择狮子、老虎？下面的说法更容易被大众所接受。

企鹅是南极洲的标志性动物，根据国际公约，南极洲为全人类共同所有，不属于世界上的任何国家，任何国家都无权将南极洲纳入其版图。选择企鹅图案作为 Linux 的 Logo，其含义是：开放源代码的 Linux 为全人类共同所有，任何公司无权将其私有化。

近些年，我国开源运动迎来了蓬勃发展，比如，华为公司先后推出的 openEuler、OpenHarmony 等开源项目，百度公司推出的开源深度学习平台 PaddlePaddle 等，无一不是开源领域的"明星"项目。开源运动不仅激发了我国基础软件的发展动力，也加快驱动了企业、行业的数字化转型、升级。

1.1.2 熟悉 Linux 系统的版本

Linux 系统分为两种版本：即内核（Kernel）版本与发行（Distribution）版本。

1. 内核版本

内核版本是 Linux 系统的内核在历次修改或增加功能后的版本，内核版本号的命名是有一定规则的，内核版本号的格式通常为"主版本号.次版本号.修正号"。例如，版本号 6.1.60 由用点分隔的 3 段数字组成，主版本号和次版本号的变化标志着重要功能的变动，修正号的变化表示较小的功能变更或 bug 的修复。用户可以通过 Linux 官方网站获取最新的内核版本信息。

微课 1-2 Linux 的组成与版本

2. 发行版本

Linux 系统的发行版本是指由一些组织或公司，将 Linux 内核、应用软件等包装起来形成的完整操作系统。市面上 Linux 系统的发行版本有上百种，下面介绍几款较为流行的 Linux 系统发行版本。

（1）Red Hat Enterprise Linux

红帽（Red Hat）公司将公开的 Linux 内核加上一些软件打包成的发行版本，称为 Red Hat Enterprise Linux（RHEL）。RHEL 侧重于安全性和合规性，主要用于服务器中，是在企业生产环境中广泛使用的 Linux 发行版本。RHEL 可以从互联网（Internet）中免费获得，但若用户想使用在线升级或技术支持等服务，就必须付费。

（2）CentOS/CentOS Stream

在发行 RHEL 时，除了二进制的发行方式，还有源代码的发行方式。开源社区获得 RHEL 的源码，再将其编译成操作系统重新发布，这就是 CentOS。CentOS 作为 RHEL 的克隆版本，可以免费得到 RHEL 的所有开源功能，但 CentOS 并不向用户提供商业技术支持，当然也不负任何商业责任。CentOS 项目停止维护之后，取而代之的 CentOS Stream 采用滚动更新模式，能够更快地获取最新的功能和安全更新，但也可能需要更频繁地处理更新带来的兼容性问题。

素养提升 CentOS 凭借其开源、免费、稳定等特性深受市场喜爱，不过红帽公司已于 2024 年 6 月 30 日停止对 CentOS 7 的维护，自此之后将只专注于对 CentOS Stream 项目的开发。CentOS 虽是国外软件，但在我国拥有大量的企业用户，CentOS 项目团队的这一举动引起了社会和用户的广泛关注和担忧。但从另一方面来说，CentOS 服务终止维护时间的发布再一次推动了国产操作系统的发展，国产操作系统替代市场空间大，银河麒麟等国产操作系统迎来了更好的发展时机，我国诸多企业或将受益于国产替代和自主可控的大趋势。

（3）Debian

Debian 是一款由社区维护的 Linux 系统发行版本，是迄今为止最遵循 GNU 计划的 Linux 系统。Debian 的软件库中有大量的软件供用户选择，而且都是免费的。Debian 是一个非常稳定且功能强大的操作系统。

（4）Ubuntu

Ubuntu 是基于 Debian 的 Linux 系统，在桌面办公、服务器领域有不俗的表现，总能将最新的应用特性包含其中。Ubuntu 包含常用的应用软件，如文字处理软件、电子邮箱、软件开发工具和 Web 服务等。用户下载、使用、分享 Ubuntu，以及获得技术支持，都无须支付任何许可费用。

（5）Deepin Linux

Deepin Linux 是一款基于 Debian 的国产 Linux 系统，专注于用户对日常办公、学习、生活和娱乐的操作体验，适用于笔记本电脑、桌面计算机。它包含大量的桌面应用程序，如浏览器、幻灯片、文档、电子表格、即时通信软件、声音和图片处理软件等。

（6）银河麒麟

银河麒麟是国产 Linux 操作系统，是目前国产化、信创等项目场景的主流操作系统之一，支持主流 x86 架构 CPU（中央处理器）以及飞腾、龙芯等国产 CPU 平台。银河麒麟分为服务器版和桌面版等版本。服务器版一般用于业务应用系统部署，桌面版一般用于日常办公。银河麒麟高级服务器版针对企业关键生产环境和特定场景进行调优，充分释放 CPU 算力，让用户业务系统运行更高效、更稳定。银河麒麟支持行业专用的软件系统，已被应用于政府、金融、教育、财税、公安、审计、交通、医疗、制造等领域。

1.2 理解 Linux 系统的组成

Linux 系统一般由内核、shell、文件系统和应用程序 4 个部分组成，如图 1-1 所示。

图 1-1 Linux 系统的组成

1. 内核

内核是操作系统的核心，利用内核可以实现软硬件的对话。启动 Linux 系统时，首先启动内核，内核是一段计算机程序，内核程序直接管理 CPU、存储器、网络设备、外围设备等硬件，所有的操作都要通过内核传递给硬件。

2. shell

shell 是操作系统的用户界面，是用户与内核进行交互操作的一种接口。shell 接收用户输入的命令并把它送入内核去执行，因此，shell 本质上是一个命令解释器。另外，shell 还可以像高级语言一样进行编程。

3. 文件系统

文件系统规定了文件在磁盘等存储设备上如何组织与存放。Linux 系统支持多种类型的文件系统，如 ext2、ext3、ext4、XFS、ISO 9660 和 swap 等类型的文件系统。

4. 应用程序

Linux 系统的发行版本一般都带有一套应用程序，通常包括文本编辑器、编程工具、X Window、办公软件、互联网工具等。

项目实施

任务 1-1 创建虚拟机

Linux 系统支持在物理机（真实的计算机）或虚拟机中安装，建议学习者在虚拟机中安装 Linux。虚拟机软件可以在物理机中虚拟出多个计算机硬件环境，并为每台虚拟机安装独立的操作系统。本书采用 VMware Workstation Pro 17 创建虚拟机，步骤如下。

1. 安装虚拟机软件

（1）访问 VMware 官方网站，下载 VMware Workstation Pro 17 虚拟机软件的安装文件。

（2）运行已下载的 VMware Workstation Pro 17 安装文件，出现图 1-2 所示的"欢迎使用 VMware Workstation Pro 安装向导"界面，单击"下一步"按钮后，显示"最终用户许可协议"界面，勾选此界面中的"我接受许可协议中的条款"复选框，然后单击"下一步"按钮。

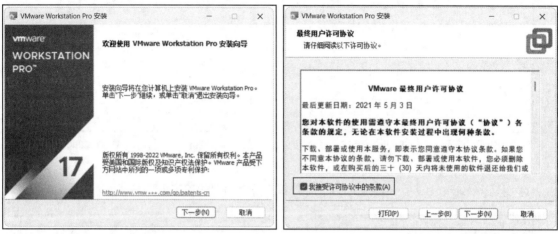

图 1-2 "欢迎使用 VMware Workstation Pro 安装向导"界面和"最终用户许可协议"界面

（3）在打开的"自定义安装"界面中选择软件的安装位置，"增强型键盘驱动程序"复选框默认不勾选，勾选"将 VMware Workstation 控制台工具添加到系统 PATH"复选框，如图 1-3 所示。本书使用默认安装位置，单击"下一步"按钮。

（4）在打开的"用户体验设置"界面中取消勾选"启动时检查产品更新"和"加入 VMware 客户体验提升计划"复选框，如图 1-4 所示，单击"下一步"按钮。

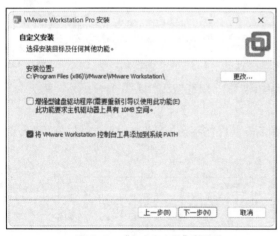 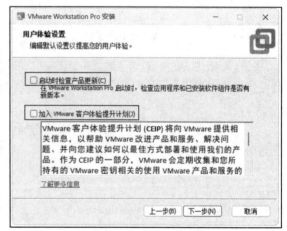

图 1-3 "自定义安装"界面 图 1-4 "用户体验设置"界面

（5）在打开的"快捷方式"界面中选择要放入系统的快捷方式，如图 1-5 所示，单击"下一步"按钮。

（6）在打开的"已准备好安装 VMware Workstation Pro"界面中，单击"安装"按钮，如图 1-6 所示，开始安装 VMware Workstation Pro 17，安装完毕，单击"完成"按钮，如图 1-7 所示。

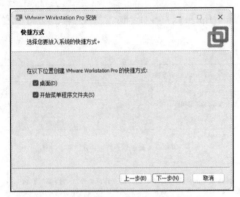

图 1-5　选择要放入系统的快捷方式　　　　图 1-6　准备安装 VMware Workstation Pro 17

2. 创建新的虚拟机

（1）打开 VMware Workstation Pro 17，其主界面如图 1-8 所示。

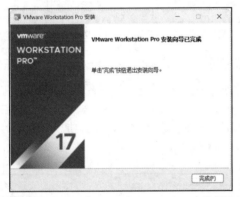

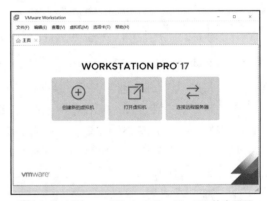

图 1-7　VMware Workstation Pro 17 安装完毕　　　图 1-8　VMware Workstation Pro 17 的主界面

（2）单击主界面中的"创建新的虚拟机"，或选择"文件"→"新建虚拟机…"命令，打开"欢迎使用新建虚拟机向导"界面。在此界面中选中"典型(推荐)"单选按钮，如图 1-9 所示，单击"下一步"按钮。

（3）在"安装客户机操作系统"界面中选中"稍后安装操作系统"单选按钮，如图 1-10 所示，然后单击"下一步"按钮。

图 1-9　"欢迎使用新建虚拟机向导"界面　　　图 1-10　"安装客户机操作系统"界面

（4）选择客户机操作系统的类型。首先选中界面中的"Linux"单选按钮，再从下方的"版本"下拉列表中选择 Linux 系统的发行版本。本书选择的发行版本为"Red Hat Enterprise Linux 9 64 位"，如图 1-11 所示，设置完毕，单击"下一步"按钮。

（5）为新建的虚拟机命名，并设置虚拟机文件的存放位置。由于虚拟机文件占用的磁盘空间较大，不建议将其放在系统盘分区中。本书将新建的虚拟机命名为 rhel9-mother，并将虚拟机文件存放在计算机的 D 分区中，如图 1-12 所示，设置完毕，单击"下一步"按钮。

图 1-11　选择客户机操作系统类型

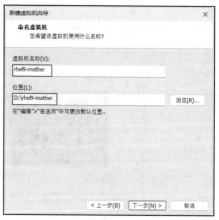

图 1-12　虚拟机命名及文件存放位置设置

（6）设置虚拟机的磁盘容量。虚拟机磁盘的大小是动态增加的，随着向虚拟机中添加的文件逐渐增多而逐渐变大。设置"最大磁盘大小"为 20GB，并选中"将虚拟磁盘存储为单个文件"单选按钮，以便提高虚拟磁盘的读写性能，如图 1-13 所示，设置完毕，单击"下一步"按钮。

（7）虚拟机创建完成。界面中显示新建的虚拟机的主要配置清单，如图 1-14 所示，单击"完成"按钮。

图 1-13　设置磁盘容量

图 1-14　新建的虚拟机的主要配置清单

任务 1-2　安装 RHEL 9.2 系统

创建和配置虚拟机完毕，接下来使用 Red Hat Enterprise Linux 9.2（简称 RHEL 9.2）系统

安装盘的 ISO 映像文件安装系统，安装完毕便可登录并使用系统。

1. 安装系统

（1）在 VMware Workstation Pro 17 中切换到"rhel9-mother"虚拟机管理界面，如图 1-15 所示，单击界面中的"编辑虚拟机设置"。

（2）打开"虚拟机设置"对话框，先选中"CD/DVD(SATA)"，然后勾选"启动时连接"复选框，再选中"使用 ISO 映像文件"单选按钮，接着单击"浏览"按钮，选择本地的 RHEL 9.2 系统安装盘 ISO 映像文件，如图 1-16 所示，设置完毕，单击"确定"按钮。

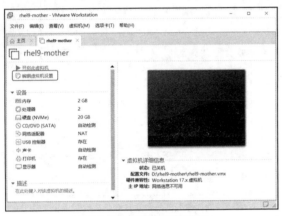

图 1-15　虚拟机管理界面　　　　　　　　　　图 1-16　"虚拟机设置"对话框

（3）单击虚拟机管理界面中的"开启此虚拟机"或工具栏中的 ▶ 按钮启动虚拟机，进入 RHEL 9.2 的初始安装界面，如图 1-17 所示。单击虚拟机窗口中央，将键盘焦点切换到虚拟机操作界面（按 Ctrl+Alt 组合键可以返回物理机操作界面）。在虚拟机操作界面中，可以使用键盘的上、下方向键选择要执行的项目，一般情况下选择第一项"Install Red Hat Enterprise Linux 9.2"，再按 Enter 键开始安装。

（4）选择安装操作系统过程中使用的语言，此处选择"简体中文(中国)"选项，如图 1-18 所示，单击"继续"按钮。

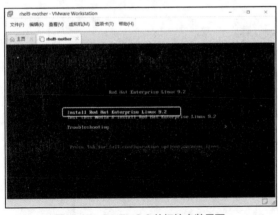

图 1-17　RHEL 9.2 的初始安装界面　　　　　　图 1-18　选择语言

（5）设置本地化参数。在图 1-19 所示的"安装信息摘要"界面中单击"时间和日期"，将地区设置为"亚洲/上海",并调整为当前正确的系统时间;单击"语言支持",选择当前安装系统支持的语言为"简体中文(中国)"。

> **提示** 不同的语言环境会导致用户主目录中子目录的名称不同。比如中文语言环境中名为桌面的目录在 English 语言环境中被命名为 desktop。因此,在实际生产环境中的服务器上,为了保证语言的统一,安装系统时"语言支持"会选择"English"。

(6)单击"安装信息摘要"界面中的"软件选择",打开"软件选择"界面,在界面左侧的"基本环境"列表中选中"带 GUI 的服务器"单选按钮,如图 1-20 所示。然后单击界面左上角的"完成"按钮,返回"安装信息摘要"界面。

图 1-19 "安装信息摘要"界面

图 1-20 "软件选择"界面

(7)单击"安装信息摘要"界面中的"安装目的地",打开"安装目标位置"界面,设置操作系统的安装位置,如图 1-21 所示。在虚拟机只有一块磁盘的情况下,安装程序会默认选中"自动"单选按钮。如果不需要更改设置,则直接单击左上角的"完成"按钮。

(8)单击"安装信息摘要"界面中的"网络和主机名",打开"网络和主机名"界面,单击右上角的开关按钮启用网卡。当连接网络后,以太网(ens160)状态会显示为"已连接",如图 1-22 所示,然后单击左上角的"完成"按钮。

图 1-21 "安装目标位置"界面

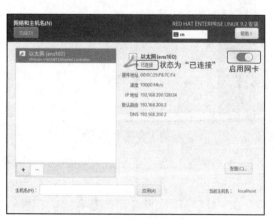

图 1-22 "网络和主机名"界面

> **提示**　VMware 支持虚拟机以 NAT（网络地址转换）、桥接等模式共享物理机的网络，虚拟机的以太网（ens160）会自动获取由 DHCP（动态主机配置协议）服务分配的 IP（互联网协议）地址等网络信息。如果在安装系统时，虚拟机无法获取 IP 地址，则要在系统安装完毕，重新检查网络环境的配置。

（9）设置 root 密码。单击"安装信息摘要"界面中的"root 密码"，在弹出的界面中为 root 用户设置密码，如图 1-23 所示。root 用户是 Linux 系统默认的超级用户，在此界面中设置 root 用户的密码为 000000，然后单击左上角的"完成"按钮两次，完成 root 用户密码的设置。

（10）安装参数配置完毕，单击"安装信息摘要"界面右下角的"开始安装"按钮开始安装系统，如图 1-24 所示。

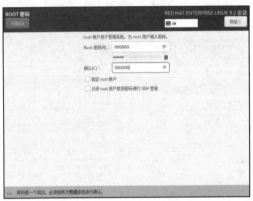
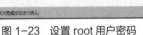

图 1-23　设置 root 用户密码

图 1-24　开始安装系统

（11）系统安装程序会将 RHEL 9.2 系统安装到虚拟机中，安装进度如图 1-25 所示。

（12）当系统安装完毕，界面右下角将出现"重启系统"按钮，如图 1-26 所示，单击此按钮。

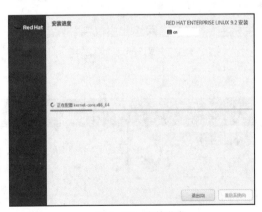

图 1-25　安装进度

图 1-26　出现"重启系统"按钮

（13）系统重启后，自动进入系统初始设置界面，如图 1-27 所示，单击界面中的"开始配置"按钮。

（14）在打开的"隐私"界面中，不需要做任何操作，直接单击界面右上角的"前进"按钮进行下一项配置，如图 1-28 所示。

图 1-27　系统初始设置界面

图 1-28　"隐私"界面

（15）在打开的"在线账号"界面中，不需要做任何操作，直接单击界面右上角的"跳过"按钮进行下一项配置，如图 1-29 所示。

（16）超级用户拥有最高的用户权限，为了降低操作风险，一般会在系统中创建权限受限的普通用户，用于完成日常工作。在图 1-30 所示的"关于您"界面中创建一个普通用户，在"全名"和"用户名"文本框分别输入 ops，然后单击界面右上角的"前进"按钮为 ops 用户设置密码。

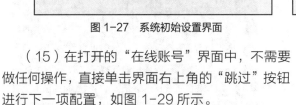

图 1-29　"在线账号"界面

（17）在打开的"密码"界面中输入两遍123456 作为新创建的用户 ops 的密码，如图 1-31 所示，然后单击界面右上角的"前进"按钮。

图 1-30　"关于您"界面

图 1-31　"密码"界面

（18）系统"配置完成"界面如图 1-32 所示。在"配置完成"界面中单击"开始使用 Red Hat Enterprise Linux"按钮，以 ops 用户身份登录系统桌面，如图 1-33 所示。

2. 以 root 用户身份登录系统

（1）注销 ops 用户。

若要注销当前用户，则可单击系统桌面右上角的 ⏻ 按钮，弹出图 1-34 所示的菜单。单击菜单中的"注销"以注销用户，注销后将返回登录界面。此外，关机、重启等操作也可以通过单击此菜单中的相应命令来完成。

（2）以 root 用户身份登录。

root 用户的账号不在登录界面中显示，如果要以 root 用户身份登录系统，可单击图 1-35 所示登录界面中的"未列出"，跳转到图 1-36 所示的 root 用户登录界面，在"用户名"文本框中输入 root（注意 root 全部是小写）并按 Enter 键，然后输入 root 用户的密码进行验证，如图 1-37 所示。当密码验证通过后，将以 root 用户身份登录系统。

图 1-32　"配置完成"界面

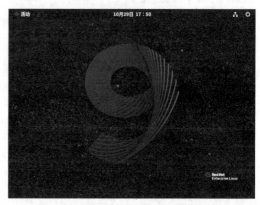

图 1-33　以 ops 用户身份登录系统桌面

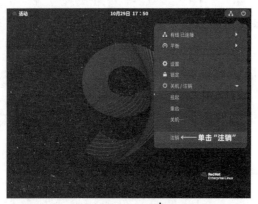

图 1-34　单击屏幕右上角的⏻按钮弹出的菜单

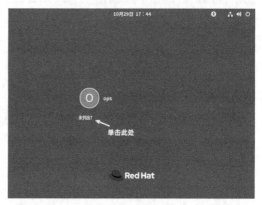

图 1-35　登录界面

图 1-36　root 用户登录界面

图 1-37　输入 root 用户的密码进行验证

任务 1-3　备份虚拟机

在日常工作中做好数据备份十分重要，在安装 Linux 系统后建议立即做一次备份，以便当系统崩溃或出现异常时能快速恢复。VMware 虚拟机软件提供了快照和克隆两种备份方式。

1. 创建虚拟机快照

快照又称为还原点。创建虚拟机快照就是将虚拟机当前的状态保存下来，用于在以后的任意时间点将操作系统恢复到拍摄快照时的状态。在 VMware Workstation Pro 17 中创建虚拟机快照的操作步骤如下。

（1）拍摄快照。在 VMware Workstation Pro 17 主界面中切换到要拍摄快照的虚拟机，然后依次选择"虚拟机"→"快照"→"拍摄快照"命令，打开"rhel9-mother-拍摄快照"对话框。在该对话框中输入快照的名称等信息，如图 1-38 所示，然后单击"拍摄快照"按钮。

（2）使用快照管理器对快照进行管理。在 VMware Workstation Pro 17 主界面中依次选择"虚拟机"→"快照"→"快照管理器"命令，打开"rhel9-mother-快照管理器"对话框，如图 1-39 所示。

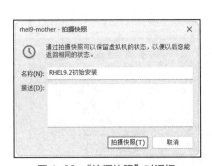

图 1-38　"拍摄快照"对话框　　　　图 1-39　"rhel9-mother-快照管理器"对话框

如果要将系统还原到拍摄快照时的状态，先选中相应的快照，然后单击"转到"按钮即可将系统还原到相应的状态。如果要删除不需要的快照，先选中要管理的快照，再单击"删除"按钮即可。

2. 克隆虚拟机

克隆虚拟机相当于复制虚拟机，克隆出来的虚拟机是原始虚拟机的副本。克隆的虚拟机与原始虚拟机可以同时开机并独立运行。在 VMware Workstation Pro 17 中克隆虚拟机的操作步骤如下。

（1）关闭将要被克隆的虚拟机。

（2）在 VMware Workstation Pro 17 主界面中依次选择"虚拟机"→"管理"→"克隆"命令，打开"克隆虚拟机向导"界面，如图 1-40 所示，单击"下一页"按钮继续操作。

（3）选择克隆源。克隆源是指被克隆的原始虚拟机，它可以是"虚拟机中的当前状态"或者"现有快照"。此处选择克隆自"虚拟机中的当前状态"，如图 1-41 所示，然后单击"下一页"按钮继续操作。

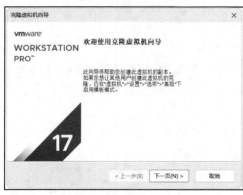
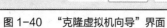

图 1-40　"克隆虚拟机向导"界面

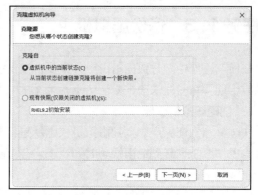

图 1-41　选择克隆源

（4）选择克隆类型。完整克隆是经常使用的克隆类型，完整克隆得到的新虚拟机完全独立，此处选中"创建完整克隆"单选按钮，如图 1-42 所示，然后单击"下一页"按钮。

（5）设置新虚拟机名称。在图 1-43 所示的界面中，将克隆的新虚拟机命名为 rhel9-clone，输入克隆的虚拟机的存储位置为 D:\rhel9-clone 目录（若此目录不存在，则系统会自动创建），然后单击"完成"按钮开始执行克隆操作。

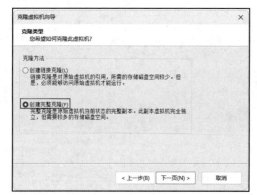

图 1-42　选择克隆类型

图 1-43　新虚拟机名称

（6）虚拟机克隆完成，如图 1-44 所示，单击界面中的"关闭"按钮关闭"克隆虚拟机向导"界面。

图 1-44　虚拟机克隆完成

小结

通过学习本项目，读者了解了 Linux 的发展历程，能区分 Linux 系统的内核版本和发行版本，理解了 Linux 系统的组成，掌握了 RHEL 9.2 操作系统的安装方法，并会登录和简单使用 Linux 图形化界面。

纵观国产操作系统，大多是基于开源的 Linux 内核进行二次开发得到的，由此看来，从零开始打造一款操作系统的难度相当大。学习和使用 Linux 系统能使我们站在巨人的肩膀上，符合未来软件开源的大趋势，是学习者的一个明智选择。虽然学好 Linux 系统不是一蹴而就的，但只要坚持学习，多动手实践，就一定会有收获。

本项目知识点的思维导图如图 1-45 所示。

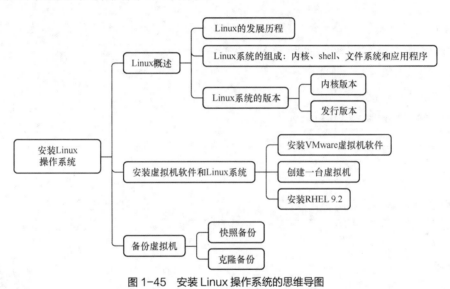

图 1-45　安装 Linux 操作系统的思维导图

习题

一、选择题

1. 以下软件中，（　　　）不是 Linux 系统的发行版本。

A. CentOS
B. Android
C. Red Hat Enterprise Linux
D. 银河麒麟

2. 下列不是 Linux 系统支持的特性的是（　　　）。

A. 多用户
B. 多任务
C. 内核源代码封闭
D. 广泛的硬件支持

二、填空题

1. Linux 系统一般由＿＿＿＿＿＿、＿＿＿＿＿＿、＿＿＿＿＿＿、＿＿＿＿＿＿4 个主要部分组成。

2. Linux 系统的版本分为＿＿＿＿＿＿和＿＿＿＿＿＿两种。

3. Linux 系统默认的超级用户是＿＿＿＿＿＿。

4. VMware 虚拟机软件提供的两种备份方式为＿＿＿＿＿＿和＿＿＿＿＿＿。

项目2
使用Linux命令

项目导入

小乔所在的部门采购了一批新的服务器，服务器预装了 Linux 操作系统。小乔要依照合同对服务器的软硬件进行验收，并对服务器进行基本配置。小乔抓紧查阅资料，学习相关 Linux 命令的使用，以便顺利地完成验收工作。

职业能力目标及素养目标

- 熟悉命令行界面的基本使用方法。
- 掌握 Linux 命令的命令格式。
- 掌握显示和设置系统基本信息的相关命令。

- 会获取 Linux 命令的帮助。
- 会配置主机名，设置日期、时间。
- 具备良好的时间管理意识。

知识准备

2.1 认识 Linux 命令行界面

微课 2-1 认识图形界面与字符界面

2.1.1 使用命令行界面

命令行界面（Command Line Interface，CLI）通常不支持鼠标操作，用户通过键盘输入命令，计算机接收到命令后，予以执行。大多数 Linux 发行版本提供了终端（Terminal），它是一个为用户提供命令行界面的窗口应用程序，用户能通过终端以命令行方式使用 Linux 系统。

用户登录 Linux 系统桌面，单击左上角的"活动"按钮，然后单击底部程序栏中的"终端"图标，如图 2-1 所示，即可打开终端窗口。

打开的终端窗口如图 2-2 所示。用户在终端窗口中输入的命令将由 shell 执行。

若要退出终端，可以单击终端窗口右上角的关闭按钮，也可以在终端窗口中执行 exit 命令，还可以按 Ctrl+D 组合键。

图 2-1　单击"活动"→"终端"打开终端窗口

图 2-2　终端窗口

2.1.2　shell、bash 与 Linux 命令

1. 了解 shell

shell 俗称为操作系统的"外壳",它实际上是命令的解释程序,提供用户与 Linux 内核之间的交互接口。用户在使用操作系统时,与用户直接交互的不是计算机硬件,而是 shell,用户把命令告诉 shell,shell 再将其传递给 Linux 内核,接着 Linux 内核支配计算机硬件去执行各种操作。

shell 通常分为两种类型:命令行 shell 与图形化 shell。顾名思义,前者提供命令行界面,后者提供图形化界面。Windows 系统中的 shell 有命令提示符 PowerShell 和窗口管理器 Explorer,而 Linux 系统的 shell 也包括命令行界面和图形化界面。在 Linux 系统中,我们通常所说的 shell 指的是命令行界面的 shell 程序。

shell 会分析、执行用户输入的命令,能给出结果或出错提示。在创建每个用户账号时,都要为它指定一个 shell 程序。当用户以该账号登录后,指定的 shell 程序立即启动,用户可以在屏幕上看到 shell 的命令提示符,并且用户处于与 shell 交互的状态,直至注销用户,shell 程序退出,如图 2-3 所示。

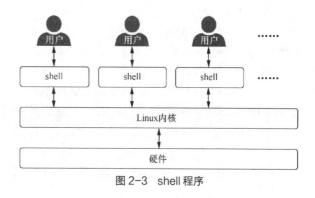

图 2-3　shell 程序

　　Linux 系统中的 shell 程序有很多版本，它们都有各自的风格和特点，常见的 shell 程序如表 2-1 所示。

表 2-1　常见的 shell 程序

名称	描述	shell 程序
sh	较早的 shell 程序，支持用户交互式的命令编程	/bin/sh
csh	使用 C 语言风格语法的 shell 程序，交互性更强	/bin/csh
tcsh	微型的 shell 程序，常在一些小型系统中应用	/bin/tcsh
bash	Linux 系统中常用的 shell 程序，也是 Linux 系统的默认 shell 程序	/bin/bash

2. 认识 bash

　　bash 是布莱恩·福克斯（Brian Fox）1987 年为 GNU 计划开发的 shell 程序。目前，bash 是大多数 Linux 系统默认的 shell 程序，bash 类似于 Windows 系统中的命令提示符。bash 不但支持交互操作，还可以进行批处理操作和程序设计。

　　root 用户登录 Linux 系统后，系统会显示 bash 的提示符，其含义如图 2-4 所示。

登录的用户名　　　当前所在的工作目录

[root@locahost ~]#

登录的主机名　命令提示符

图 2-4　bash 提示符的含义

　　标准的 bash 提示符包含登录的用户名、登录的主机名、当前所在的工作目录和命令提示符等信息。根据 bash 的规则，超级用户的提示符以#结尾，普通用户的提示符以$结尾，提示符中每个部分的显示格式都可以定制。~是特殊字符，表示用户的主目录（相当于 Windows 系统中的用户个人目录）。

　　在 bash 中运行命令，需在#或$提示符后面输入命令，再按 Enter 键。然后，bash 将搜索所输入的命令，如果找到就运行，并在命令行界面中输出命令的执行结果。命令执行结束后，重新显示 bash 提示符。如果 bash 找不到输入的命令，则显示出错信息 bash: command not found...，这时，应检查输入的命令是否正确。

　　在 Linux 系统中，命令可以分为两类：shell 命令和应用程序。

　　如果执行的是 shell 命令，则由 shell 负责回应；如果执行的是应用程序，那么 shell 会搜索并找到该应用程序，然后将控制权交给内核，由内核执行该应用程序，执行完成后，内核再将控制权交回给 shell。

3. shell 命令

　　shell 命令的一般命令格式如下。

```
命令  [选项]  [参数]
```

　　命令通常是表示相应功能的英文单词或英文单词的缩写，并区分大小写，例如，date 命令是日期命令。选项决定该命令的工作方式，参数用于确定该命令作用的目标。选项和参数都是可选的，既可以不带任何选项和参数，又可以带有多个选项和参数。命令、选项、参数之间使用空格分隔。

微课 2-2　认识 Linux 命令的基本格式

　　【例 2-1】　执行 whoami 命令，显示当前的用户名称。

```
[root@localhost ~]# whoami
root
```

　　说明：whoami 命令后面没有带任何选项和参数。

【例 2-2】 执行 ls 命令，以列表格式显示 root 用户主目录中的所有文件。

```
[root@localhost ~]# ls -l -a /root
总用量 52
dr-xr-x---. 14 root root 4096 6月  4 00:12 .
dr-xr-xr-x. 17 root root  224 4月 26 08:45 ..
-rw-------.  1 root root 2162 4月 26 08:58 anaconda-ks.cfg
-rw-------.  1 root root  681 6月  4 00:23 .bash_history
……
```

说明：-l 和-a 是 ls 命令的两个选项，-l 表示以详细列表格式显示文件的信息，-a 表示显示包括隐藏文件在内的全部文件，两个选项之间用空格分隔；而/root 作为 ls 命令的参数，表示显示/root 目录中的文件。

选项可以分为两种类型。

（1）短选项：由一个连字符和一个字母构成，如-a 选项。

多个短选项可以组合使用。上面的 -l 和 -a 选项可以组成 -la 的书写形式，如下。

```
ls -la /root
```

（2）长选项：由两个连字符或一些单词构成，如--help 选项。

使用--help 选项获取关于 ls 命令的帮助信息，如下。

```
[root@localhost ~]# ls --help
```

2.1.3 显示文本信息或 shell 变量的值：echo 命令

echo 命令用于显示文本信息或 shell 变量的值，命令格式如下。

```
echo [选项] [字符串|$变量名]
```

说明：字符串参数可以加引号，也可以不加引号。用 echo 命令输出加引号的字符串时，将按照原样输出字符串；用 echo 命令输出不加引号的字符串时，将字符串中的每个单词分别作为字符串输出，各字符串之间用一个空格分隔。

echo 命令的常用选项如表 2-2 所示。

表 2-2　echo 命令的常用选项

选项	说明
-n	输出文本后不换行

【例 2-3】 使用 echo 命令输出 how are you。

```
[root@localhost ~]# echo how are you
how are you
```

【例 2-4】 使用 echo 命令输出 how   are   you（各单词之间有 3 个空格）。

```
[root@localhost ~]# echo "how   are   you"
how   are   you
```

说明：用 echo 命令按照原样输出字符串时，要给字符串参数加上引号，否则单词之间的多个空格将被替换为 1 个空格显示。

【例 2-5】 显示 SHELL 变量的值。

```
[root@localhost ~]# echo $SHELL
/bin/bash
```

说明：在变量名称前面加上$符号，表示提取出该变量的值。

【例 2-6】 使用 echo 命令显示用户交互的提示信息。

```
[root@localhost ~]# echo -n "INPUT:" ; read msg; echo "OUTPUT:" $msg
```

说明：

① read 命令用于读取用户输入的内容，并将输入的内容存放到名为 msg 的变量中；

② 两条命令之间的;表示先执行前面的命令，再执行后面的命令。

2.2 显示和设置系统基本信息

微课 2-3 显示和
设置系统基本
信息相关命令

2.2.1 显示计算机和操作系统的信息：uname 命令

使用 uname 命令可以显示计算机和操作系统的相关信息，如内核版本号、计算机硬件架构、操作系统名称等，命令格式如下。

```
uname [选项]
```

uname 命令的常用选项如表 2-3 所示。

表 2-3　uname 命令的常用选项

选项	说明
-r	显示系统的内核版本号
-m	显示计算机硬件架构
-a	显示全部的信息

【例 2-7】 显示操作系统的内核版本号。

```
[root@localhost ~]# uname -r
5.14.0-284.11.1.el9_2.x86_64
```

说明：RHEL9.2 系统使用的 Linux 内核版本为 5.14.0。

> **提示**　执行 cat /etc/os-release 命令，可以显示当前操作系统的发行版本号。

【例 2-8】 显示计算机硬件架构。

```
[root@localhost ~]# uname -m
x86_64
```

2.2.2 显示 CPU 的相关信息：lscpu 命令

lscpu 命令用于显示 CPU 的相关信息，包括 CPU 型号、CPU 数量、内核数量等。

【例 2-9】 显示计算机的 CPU 的相关信息。

```
[root@localhost ~]# lscpu
架构:                    x86_64
  CPU 运行模式:          32-bit, 64-bit
  Address sizes:          45 bits physical, 48 bits virtual
  字节序:                Little Endian
CPU:                     2
  在线 CPU 列表:         0,1
```

```
厂商 ID:               GenuineIntel
 BIOS Vendor ID:      GenuineIntel
型号名称:              Intel(R) Core(TM) i7-9750H CPU @ 2.60GHz
 BIOS Model name:     Intel(R) Core(TM) i7-9750H CPU @ 2.60GHz
 CPU 系列:             6
……
```

2.2.3 显示内存的使用情况: free 命令

free 命令用于显示系统内存的使用情况,包括物理内存、交换内存和内核缓冲区内存等的使用情况,命令格式如下。

```
free [选项]
```

free 命令的常用选项如表 2-4 所示。

表 2-4 free 命令的常用选项

选项	说明
-b	以字节为单位显示系统内存使用情况
-k	以 KiB 为单位显示系统内存使用情况
-m	以 MiB 为单位显示系统内存使用情况
-g	以 GiB 为单位显示系统内存使用情况
-h	以合适的单位显示系统内存使用情况

说明: KiB 和 KB 都是用来表示数据存储容量的计量单位,但两者换算方式不同。KB 通常简写为 K,它是十进制的信息计量单位,即 1KB=1000 字节;而 KiB 通常简写为 Ki,它是二进制的信息计量单位,即 1KiB=1024 字节。计量单位 KiB 在 Linux 系统中广泛使用,相关的计量单位还有 MiB、GiB 等。

【例 2-10】 以合适的单位显示系统内存使用情况。

```
[root@localhost ~]# free -h
              total        used        free      shared  buff/cache   available
Mem:          1.7Gi       1.2Gi        92Mi        15Mi       547Mi       473Mi
Swap:         2.0Gi        34Mi       2.0Gi
```

2.2.4 显示和更改主机名: hostname、hostnamectl 命令

bash 提示符中@分隔符后面的内容就是主机名,也可以使用 hostname 命令显示主机名,hostnamectl 命令一般用于更改主机名。

【例 2-11】 显示主机名。

```
[root@localhost ~]# hostname
localhost
```

【例 2-12】 使用 hostnamectl 命令将主机名更改为 Server。

```
[root@localhost ~]# hostnamectl set-hostname Server
[root@localhost ~]# hostname
Server
[root@localhost ~]# bash
[root@Server ~]#
```

说明: 主机名更改完毕,执行 bash 命令,bash 提示符中的主机名会立即更新。

2.3 关闭与重启 Linux 系统

2.3.1 关闭 Linux 系统：shutdown、poweroff 命令

shutdown 命令是 Linux 中最常用的关机命令之一，用于关闭或重启系统，命令格式如下。

```
shutdown [选项] [执行时间]
```

shutdown 命令的常用选项如表 2-5 所示。

表 2-5 shutdown 命令的常用选项

选项	说明
-h	关闭系统
-r	重启系统
-c	取消当前的 shutdown 任务

该命令还允许用户指定一个"执行时间"参数。它可以是一个描述时间的字符串，比如"now"；也可以是以"hh:mm"（24 小时制时/分）格式表示的精确时间，比如"12:00"；还可以是从现在开始的一个分钟数，比如"10"表示 10 分钟后执行。

【例 2-13】 计划在 10min 后关闭系统。

```
[root@Server ~]# shutdown -h 10
```

【例 2-14】 取消当前的 shutdown 任务。

```
[root@Server ~]# shutdown -c
```

【例 2-15】 使用 shutdown 命令立即关闭系统。

```
[root@Server ~]# shutdown now
```

此外，poweroff 命令也可用于关闭系统，输入该命令后按 Enter 键即可。执行 poweroff 命令会立即关闭系统，等价于执行 shutdown now 命令。

2.3.2 重启 Linux 系统：reboot 命令

reboot 命令用于重启系统，输入该命令后按 Enter 键即可。

执行 reboot 命令会立即重启系统，等价于执行 shutdown -r now 命令。

【例 2-16】 使用 reboot 命令重启系统。

```
[root@Server ~]# reboot
```

2.4 获取命令的帮助

2.4.1 命令行自动补全

使用 Linux 命令行界面时，准确记住每条 shell 命令的拼写并非易事，此时可使用 bash 命令行自动补全功能，在提示符下输入某条命令的前面几个字符，然后按 Tab 键，系统会自动补全要使用的命令，或列出以这几个字符开头的命

微课 2-4 获取命令的帮助信息

令供用户选择。

【例 2-17】 用户输入 shut 字符后，按 Tab 键补全 shutdown 命令。

```
[root@Server ~]# shut<Tab>
```

说明：以上命令中的<Tab>表示按 Tab 键。

bash 除了支持自动补全 shell 命令，还支持自动补全文件名、路径、用户名、主机名等。

【例 2-18】 使用 cd 命令从当前目录切换到/etc 目录，输入 cd 命令的部分参数/e 后，按 Tab 键补全目录/etc。

```
[root@Server ~]# cd /e<Tab>
```

但在某些情况下，按 Tab 键后，shell 没有任何反应，可连续按两次 Tab 键，如下。

```
[root@Server ~]# cd /b<Tab><Tab>
bin/  boot/
```

说明：在/目录下存在多个以 b 开头的文件或目录，仅输入一个字符 b，系统无法判断具体指的是哪个文件，此时，连续按两次 Tab 键，shell 将列出当前目录下所有以 b 开头的文件或目录。

2.4.2 使用 man 命令显示联机帮助手册

Linux 系统中有大量的命令，命令又有不同的选项和参数，对于大多数用户来说，将它们全部记住很难，也没有必要这样做，为此，Linux 系统提供了 man 联机帮助手册（简称 man 手册），包含命令、编程函数和文件格式等帮助信息。

man 命令用于显示 man 手册。通常用户只要在 man 命令后面输入想要获取帮助信息的命令的名称再按 Enter 键，man 命令就会显示关于该命令的详细说明。man 手册分为不同的章，如表 2-6 所示。man 命令按照手册中的章号顺序进行搜索，也允许用户指定要搜索的章号。

表 2-6 man 手册的章

章	描述
1	可执行的程序或 shell 命令
2	系统调用（内核提供的函数）
3	库调用（程序库中的函数）
4	特殊文件（通常位于/dev 目录中）
5	文件格式和规范，如/etc/passwd
6	游戏
7	杂项
8	系统管理命令（通常只针对 root 用户）
9	内核例程

【例 2-19】 显示 who 命令的 man 手册。

```
[root@Server ~]# man who
```

说明：执行以上 man 命令会打开一个文本界面显示关于 who 命令的帮助信息，使用键盘上、下方向键可以滚动浏览帮助信息，当浏览完毕，可以按 q 键退出此界面并返回到命令行界面。

【例 2-20】 显示/etc/passwd 文件的格式说明。

```
[root@Server ~]# man 5 passwd
```

说明：在 man 命令后加上章号可指定要搜索的章，关于文件格式的说明在 man 手册的第 5 章。

2.4.3 使用--help 选项

使用--help 选项可以显示命令的用法和选项的含义等帮助信息，只要在命令后面跟上--help
选项即可。使用--help 选项显示的命令帮助信息是程序作者写入程序内部的，比 man 手册显示的帮
助信息更简洁。

【例 2-21】 使用--help 选项查看 reboot 命令的帮助信息。

```
[root@Server ~]# reboot --help
```

> **素养提升**
> 2023 年 1 月 22 日，"探索一号"科考船搭载"奋斗者"号全海深载人潜水器在印度洋
> 蒂阿蔓蒂那海沟最深点完成深潜作业后，成功回收。这是人类历史上首次抵达该海沟的
> 最深点。作为 Linux 系统的学习者也应当有不断探索的精神，这样才能灵活掌握 Linux
> 命令的使用方法，深入理解系统的工作原理。

2.5 管理日期和时间

2.5.1 显示和设置系统日期、时间：date 命令

date 命令用于显示和设置系统的日期、时间。普通用户只能使用 date 命令显示日期、时间，
只有超级用户才有权限设置日期、时间，命令格式如下。

```
date [-s <字符串>]
date [+"日期和时间的显示格式"]
```

date 命令的常用选项如表 2-7 所示。

表 2-7 date 命令的常用选项

选项	说明
-s "字符串"	根据字符串的内容设置系统日期、时间

【例 2-22】 显示当前的日期、时间。

```
[root@Server ~]# date
2024 年 02 月 25 日 星期日 17:54:25 CST
```

【例 2-23】 设置时间为 11:25:30，日期不改变。

```
[root@Server ~]# date -s "11:25:30"
2024 年 02 月 25 日 星期日 11:25:30 CST
```

【例 2-24】 设置日期为 2026 年 10 月 1 日。

```
[root@Server ~]# date -s "20261001"
2026 年 10 月 01 日 星期四 00:00:00 CST
```

【例 2-25】 设置日期和时间为 2024 年 8 月 2 日 9:00:00。

```
[root@Server ~]# date -s "20240802 9:00:00"
2024 年 08 月 02 日 星期五 09:00:00 CST
```

> **提示**
> 使用 date 命令只设置日期时，当前时间将自动重置为 00:00:00（清零）；如果只设置时
> 间，则不影响当前的日期设置。

若要以指定格式显示日期和时间，可以使用+开头的字符串对其进行格式化，常用于格式化的日期和时间域如表 2-8 所示。

表 2-8 常用于格式化的日期和时间域

日期和时间域	含义
%Y	4 位数字表示的年
%m	两位数字表示的月
%d	两位数字表示的日
%H	时（24h 制）
%M	分（00~59）
%S	秒（00~59）
%F	完整的日期格式，等价于 %Y-%m-%d
%T	完整的时间格式，等价于 %H:%M:%S
%A	星期（星期一至星期日）
%s	从 1970 年 1 月 1 日 0 点整到当前时刻历经的时间（时间戳，以 s 为单位）

【例 2-26】 自定义格式，显示当前的日期。

```
[root@Server ~]# date +"%Y-%m-%d %A"
2024-02-25 星期日
```

【例 2-27】 显示当前时间戳。

```
[root@Server ~]# date +"%s"
1708884008
```

2.5.2 控制系统时间和日期：timedatectl 命令

timedatectl 命令可以用来查询和校正系统时间、时区，命令格式如下。

```
timedatectl 子命令
```

timedatectl 命令的常用子命令如表 2-9 所示。

表 2-9 timedatectl 命令的常用子命令

子命令	作用
list-timezones	列出已知的时区
set-timezone [时区]	设置时区
set-time [日期和时间]	手动设置系统日期、时间，格式类似于 2000-10-20 16:17:18
set-ntp [true|false]	指定是否允许同步网络时间，设置为 true 时不允许手动设置日期、时间

【例 2-28】 查看系统时间与时区。

```
[root@Server ~]# timedatectl
               Local time: 日 2024-02-25 20:16:28 CST
           Universal time: 日 2024-02-25 12:16:28 UTC
                 RTC time: 日 2024-02-25 12:16:27
                Time zone: Asia/Shanghai (CST, +0800)
System clock synchronized: yes
              NTP service: active
          RTC in local TZ: no
```

25

说明：

Local time 是本地时间，它是系统时间经过时区转换后的时间，即中国标准时间（China Standard Time，CST）；

Universal time（UTC）是世界标准时间，Linux 系统将 UTC 作为系统时间，中国标准时间则是 UTC+8（世界标准时间加上 8h）；

RTC time 是硬件时间，也被称为实时时钟（RTC），它是计算机主板上独立于操作系统的时钟，当 Linux 系统启动时会读取硬件时间并将其作为系统时间。

【例 2-29】 手动设置时区为上海（Asia/Shanghai）。

```
[root@Server ~]# timedatectl set-timezone Asia/Shanghai
```

【例 2-30】 手动设置时间为 2000-10-20 16:17:18。

```
[root@Server ~]# timedatectl set-ntp false
[root@Server ~]# timedatectl set-time "2000-10-20 16:17:18"
[root@Server ~]# timedatectl
               Local time: 五 2000-10-20 16:17:49 CST
          Universal time: 五 2000-10-20 08:17:49 UTC
                RTC time: 五 2000-10-20 08:17:50
               Time zone: Asia/Shanghai (CST, +0800)
System clock synchronized: no
              NTP service: inactive
          RTC in local TZ: no
```

【例 2-31】 启用系统时钟的自动同步。

```
[root@Server ~]# timedatectl set-ntp true
```

说明：当命令执行完毕，Linux 系统时钟将自动与网络中可用的服务器进行时间同步。

素养提升 服务器时间对各种应用和系统的正常运行至关重要。在金融领域，银行、证券的交易需要高度精确的时间戳，用于确保金融交易的时间同步，以防止欺诈和确保合规性。在航空、航天领域，飞机等飞行器需要与地面保持高度精确的时间同步，以确保导航和通信的准确性，保障飞行安全。而对于我们个人而言，具备时间管理能力也是非常重要的。在提高时间管理能力的过程中，我们需要学会分析时间被浪费的原因，制订合理的计划，学会更好地管理自己的时间，将使生活更加充实。

项目实施

任务 2-1 查看服务器的软硬件信息

（1）查看服务器的 CPU 信息（包括 CPU 型号、CPU 数量等）。

```
[root@Server ~]# lscpu
```

（2）查看服务器内存使用情况。

```
[root@Server ~]# free -h
```

（3）查看 Linux 操作系统的内核版本号和发行版本号。

```
[root@Server ~]# uname -r
[root@Server ~]# cat /etc/os-release
```

（4）通过 man 命令查看 lshw 命令的功能和用法。

```
[root@Server ~]# man lshw
```

（5）通过 lshw 命令查看服务器的硬盘信息（包括硬盘数量、存储容量等）。

```
[root@Server ~]# lshw -short -class disk
```

任务 2-2　对服务器进行基础配置

（1）更改主机名为 computer。

```
[root@Server ~]# hostnamectl set-hostname computer
```

（2）启用 Linux 系统时钟的自动同步。

```
[root@Server ~]# timedatectl set-ntp true
```

（3）查看系统的本地时间和时区信息。

```
[root@Server ~]# timedatectl
```

（4）计划 3min 后关闭服务器。

```
[root@Server ~]# shutdown -h 3
```

小结

通过学习本项目，读者了解了 Linux 命令行界面的基本使用方法，认识了 bash 提示符与 shell 命令的命令格式，掌握了 echo、free、hostnamectl 等常见 Linux 命令的用法。

在使用 Linux 系统时，有经验的用户都习惯使用终端和命令行进行操作，而不像使用 Windows 系统那样，在图形化界面中使用鼠标、键盘操作。在 Linux 系统中要想准确、高效地完成各种任务，就要学习各种 Linux 命令的用法，并能根据实际情况灵活调整各种命令的选项和参数。

本项目知识点的思维导图如图 2-5 所示。

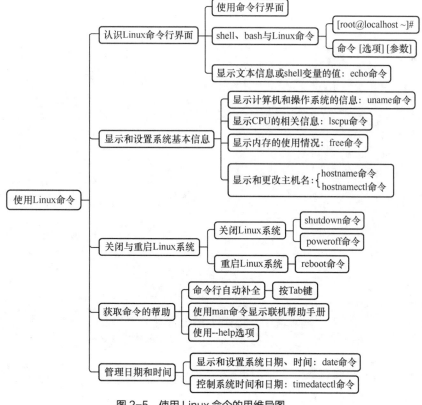

图 2-5　使用 Linux 命令的思维导图

习题

一、选择题

1. 在 Linux 命令行中，命令提示符最后面的符号是#，表示当前的用户是（　　　）。

A. adminstrator　　　　B. root　　　　　　　C. guest　　　　　　　D. admin

2. shell 在 Linux 系统中的主要作用是（　　　）。

A. 管理计算机硬件资源　　　　　　　　B. 提供图形化界面

C. 作为命令的解释器　　　　　　　　　D. 编译和执行应用程序

3. 要使用命令关闭 Linux 系统，可用（　　）命令。

A. quit　　　　　　　B. reboot　　　　　　C. exit　　　　　　D. shutdown

4. 使用（　　）命令可以了解当前系统内存的使用情况。

A. man　　　　　　　B. echo　　　　　　　C. free　　　　　　D. du

5. whoami 命令的作用是（　　　）。

A. 显示当前的用户名称　　　　　　　　B. 显示当前用户的登录信息

C. 显示系统中已登录的全部用户信息　　D. 以上都不是

二、填空题

1. 在 Linux 命令行界面中，输入命令时，可以按_____键自动补全命令。

2. 在 bash 中，超级用户的命令提示符是_____，普通用户的命令提示符是_____。

项目3
管理文件与目录

项目导入

充实而忙碌的一年即将过去，在公司年度总结会上，上级领导对各部门材料的归档做了进一步要求，因此，部门经理要求小乔先将服务器中的项目资料整理归档，再打包到指定文件夹 2023project 中，并上传到部门内部的项目库目录/source 下。

对于部门经理交代的任务，小乔在请教了导师大路后，有了大致的思路。

职业能力目标及素养目标

- 了解 Linux 系统的文件类型。
- 了解 Linux 系统的目录结构。
- 筑牢基础意识。

- 掌握 Linux 系统中文件的基本操作。
- 掌握 Linux 系统中的文件打包、压缩等操作。
- 善于思考，拥有坚持不懈的精神。

知识准备

3.1 了解文件类型与目录结构

3.1.1 了解 Linux 系统的文件类型

1. Linux 系统中文件和目录的命名规则

Linux 系统中，文件和目录的命名规则如下。

（1）文件名或目录名可以包含字母、数字、下画线、句点、短画线和中画线等。

微课 3-1 Linux 文件类型

（2）文件名或目录名不能以空格开头。

（3）文件名或目录名的长度一般不超过 255 个字符。

（4）文件名或目录名是区分大小写的。例如，DOG、dog、Dog 和 DOg 是互不相同的目录名或文件名，但使用字符大小写来区分不同的文件或目录是不明智的。

（5）与 Windows 系统不同，文件的扩展名对 Linux 系统没有特殊的含义，换句话说，Linux 系统并不以文件的扩展名来区分文件类型。例如，dog.exe 只是一个文件，其扩展名.exe 并不代表此文件就一定是可执行文件。

Linux 系统中使用扩展名一般是为了使文件容易区分和符合用户使用 Windows 系统的习惯。Linux 系统中常见的扩展名如下。

- .tar、.tar.gz、.tgz、.zip、.tar.bz 等表示压缩文件。
- .sh 表示 shell 脚本文件，是使用 shell 开发的程序。
- .py 表示 Python 文件，是使用 Python 开发的程序。
- .html、.htm、.php、.jsp 等表示网页文件。
- .conf 表示系统服务的配置文件。
- .rpm 表示 rpm 安装包文件。

2. Linux 系统中的文件类型

文件提供了一种存储数据、触发设备及运行进程之间通信的机制。文件类型不同，存储数据的方式、触发的设备、触发的方式及通信机制等都不同。所以，如果不能理解文件类型，毫无顾忌地任意修改，就会导致文件系统毁坏等严重后果。

在 Linux 系统中总共有 7 种文件，分为 3 类：普通文件、目录文件和特殊文件。特殊文件有 5 种：链接文件、字符设备文件、块设备文件、套接字（Socket）文件和管道文件。

（1）普通文件。

普通文件是 Linux 系统中常见的一种文件类型，包括可读写的纯文本文件和二进制文件，如配置文件、代码文件、命令文件、压缩文件、图片文件、视频文件等。

（2）目录文件。

目录文件就是我们平时所说的文件夹，在 Linux 系统中，可以使用 cd 命令进入相关的目录文件。

（3）链接文件。

链接文件就像是我们给文件起的一个别名或者快捷方式。通过别名或快捷方式，我们可以访问到真实的文件，但是实际上并没有复制文件的内容。

（4）字符设备文件。

字符设备文件描述的是以字符流方式进行操作的接口设备，如键盘、鼠标等。

（5）块设备文件。

块设备文件描述的是以数据块为单位进行随机访问的接口设备，常见的块设备是磁盘。

（6）套接字文件。

套接字文件通常用于网络数据连接。系统启动一个程序来监听客户端的请求，客户端就可以通过套接字文件来进行数据通信。

（7）管道文件。

管道是 Linux 系统中的一种进程通信机制。管道文件是建立在内存中可以同时被两个进程访问的文件。通常，一个进程写一些数据到管道中，这些数据就可以被另一个进程从这个管道中读取出来。管道文件可以分为两种类型：无名管道文件与命名管道文件。

素养提升 Linux 系统中存在多种文件类型，每一种文件类型都有其特定的功能，它们的存在保证了系统的正常运转。

世界上也存在各种各样的人，每个人都有其存在的意义。要将个人价值发挥出来，需要我们找准定位，设定目标，并为之不断地努力，最终才能成为社会需要的专业人才。

3. 查看不同类型的文件

ls -l 命令用来查看文件的详细信息。

```
[root@Server ~]# ls -l
总计 32
-rw-------. 1 root root 1086 07月 29 18:35 anaconda-ks.cfg
```

命令的执行结果中列出了文件的详细信息，共分为 7 段，其中第一段表示文件类型和权限，第一段中的第一位字符就代表文件的类型，文件类型与符号如表 3-1 所示。

表 3-1　文件类型与符号

符号	说明
-	普通文件，长列表中以中画线-开头
d	目录文件，长列表中以英文字母 d 开头
l	链接文件，长列表中以英文字母 l 开头
c	字符设备文件，长列表中以英文字母 c 开头
b	块设备文件，长列表中以英文字母 b 开头
s	套接字文件，长列表中以英语字母 s 开头
p	管道文件，长列表中以英文字母 p 开头

需要注意的是，如果要查看目录文件的属性，需使用 ll -d 命令或者 ls -ld 命令。

【例 3-1】 查看主目录下的文件的类型。

```
[root@Server ~]# ls -l
总用量 10
drwxrwxr-x+ 2 root root    6  7月 28  2023 公共
drwxrwxr-x+ 2 root root    6  7月 28  2023 模板
drwxrwxr-x+ 2 root root    6  7月 28  2023 视频
......
```

【例 3-2】 查看/目录下的文件的类型。

```
[root@Server ~]# ls -l /
总用量 28
dr-xr-xr-x.  2 root root    6  8月 10  2021 afs
lrwxrwxrwx.  1 root root    7  8月 10  2021 bin -> usr/bin
dr-xr-xr-x.  5 root root 4096  6月 25  2023 boot
......
```

【例 3-3】 查看/bin 目录的属性信息。

```
[root@Server ~]# ls -ld /bin
lrwxrwxrwx. 1 root root 7 2月 24 04:14 /bin -> usr/bin
```

【例 3-4】 查看/dev 目录下的文件的类型。

```
[root@Server ~]# ls -l /dev
总用量 0
```

```
crw-r--r--. 1 root root     10, 235  2月 19 09:16 autofs
drwxr-xr-x. 2 root root          260  2月 26 16:36 block
......
```

3.1.2　了解 Linux 系统的目录结构

在 Linux 系统中"一切皆文件"，但是，文件多了就容易产生混乱，因此目录出现了。目录就是存放一组文件的"夹子"，或者说目录就是一组相关文件的集合，Windows 系统中的"文件夹"就是这个概念，因此，目录实际上是一种特殊的文件。

1. Linux 系统的目录结构

在 Linux 系统中并不存在 C、D、E、F 等盘符，Linux 系统中的一切文件都是从根（/）目录开始的，这是一种单一的目录结构。Linux 系统的目录结构如图 3-1 所示。

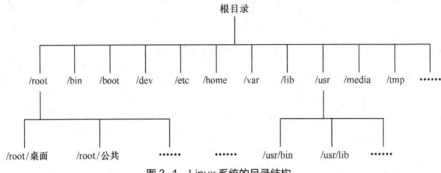

图 3-1　Linux 系统的目录结构

根目录是 Linux 文件系统的入口，所有的目录、文件、设备等都在根目录之下，它是 Linux 文件系统顶层的目录。Linux 系统的根目录非常重要，其原因主要有以下两点。

（1）所有目录都是由根目录衍生出来的。

（2）根目录与系统的开机、修复、还原等密切相关。

因此，根目录必须包含开机软件、核心文件、开机所需程序、函数库、系统修复程序等。Linux 系统中的常见目录如表 3-2 所示。

表 3-2　Linux 系统中的常见目录

目录	说明
/	根目录
/boot	存放开机启动所需的文件，包括内核、开机菜单及所需的配置文件等
/bin	存放可运行的程序或命令
/dev	存放设备相关的文件
/etc	存放配置文件
/home	普通用户的主目录
/media	挂载设备文件，如光盘
/tmp	存放临时文件
/var	存放经常变化的文件，如日志

续表

目录	说明
/opt	存放第三方软件
/root	root 用户的主目录
/sbin	存放与系统环境设置相关的命令
/usr	存储系统软件资源

2. 目录与路径

（1）主目录。

在 Linux 系统的命令行界面中，用户登录后要有一个初始位置，这个初始位置就称为主目录。

 注意 超级用户的主目录是/root，普通用户的主目录是/home/用户名。

（2）工作目录。

用户当前所处的目录就是其工作目录，也称为当前目录。

当用户执行一条 Linux 命令但没有指定该命令或参数所在的目录时，Linux 系统会首先在当前目录中搜寻这条命令或它的参数。因此，用户在执行命令之前，常常需要确定当前所在的工作目录。用户登录 Linux 系统之后，其工作目录就是主目录。

（3）路径。

根据路径可以定位到某个文件，路径分为绝对路径（Absolute Path）与相对路径（Relative Path）。绝对路径是指从根目录开始写起的文件名或目录名，相对路径是指相对于当前目录的文件名或目录名。

 素养提升 现代人的生活、学习和工作都离不开计算机。在使用计算机时，A 习惯将各类文件杂乱无章地存放，B 习惯将文件分门别类地存放，如系统盘仅存放安装系统时生成的文件，将安装的软件统一放到 D 盘，学习资料放在 E 盘。

当需要查找某个特定的文件时，A 可能经常找不到，但是 B 能快速、准确地找到。相比而言，B 的效率更高。可见，良好的行为习惯使人终身受益。

3.2 文件和目录的基本操作

3.2.1 显示工作目录绝对路径与切换工作目录：pwd、cd 命令

使用 pwd 命令可以显示当前目录的绝对路径，命令格式如下。

```
pwd
```

需要切换工作目录时，使用 cd 命令，命令格式如下。

```
cd  [目录名]
```

通过 cd 命令可以灵活地切换到不同的工作目录。cd 命令后面可以跟一些特殊符号，用于表达

固定的含义，如表 3-3 所示。

表 3-3　cd 命令及特殊符号的用法

特殊符号用法	说明
cd	返回用户主目录
cd ~	切换至当前登录用户的主目录
cd ~用户名	切换至指定用户的主目录
cd -	切换至上次所在目录
cd ..或 cd .	切换至上级目录或工作目录，..代表上级目录，.代表工作目录

【例 3-5】 将工作目录切换到/usr/local，显示工作目录的绝对路径。

```
[root@Server ~]# cd /usr/local
[root@Server local]# pwd
/usr/local
```

【例 3-6】 使用绝对路径分别将工作目录切换到/usr/local 与/etc/sysconfig，并显示工作目录的绝对路径。

```
[root@Server ~]# cd /usr/local
[root@Server local]# pwd
/usr/local
[root@Server ~]# cd /etc/sysconfig
[root@Server sysconfig]# pwd
/etc/sysconfig
```

【例 3-7】 使用相对路径将工作目录从主目录切换到/usr/local，并显示工作目录的绝对路径。

```
[root@Server ~]# cd
[root@Server ~]# cd ../usr/local
[root@Server local]# pwd
/usr/local
```

【例 3-8】 将工作目录切换到/usr/local/share/man，显示工作目录的绝对路径；再切换至/etc/sysconfig，最后返回/usr/local/share/man。

```
[root@Server ~]# cd /usr/local/share/man
[root@Server man]# pwd
/usr/local/share/man
[root@Server man]# cd /etc/sysconfig
[root@Server sysconfig]# cd -
[root@Server man]#
```

3.2.2　列出目录内容：ls 命令与通配符

　　ls 是 list 的缩写，ls 命令是常用的目录操作命令，用于显示目录中的文件信息，命令格式如下。

```
ls [选项] [文件]
```

ls 命令的常用选项如表 3-4 所示。

微课 3-2　文件管理
相关的 Linux 命令

表 3-4　ls 命令的常用选项

选项	说明
-a	显示全部文件，包括隐藏文件（开头为.的文件），是最常用的选项之一

续表

选项	说明
-A	显示全部文件，但不包括.与..这两个目录下的文件
-d	仅列出目录本身，而不是列出目录内的文件信息
-h	以人们易读的方式显示文件或目录的大小，如 1KB、234MB、2GB 等
-i	显示索引节点（inode）信息
-l	使用长格式列出文件和目录信息
-r	将排序结果反向输出，例如，若原本文件名由 a 到 z，反向则为由 z 到 a
-R	连同子目录内容一起列出来，等于将该目录下的所有文件都显示出来
-S	以文件大小排序，而不是以文件名排序
-t	以文件修改时间排序，而不是以文件名排序

【例 3-9】 显示工作目录下的文件，显示/etc 目录下的文件。

```
[root@Server ~]# ls
anaconda-ks.cfg 公共 模板 视频 图片 文档 下载 音乐 桌面
[root@Server ~]# ls /etc
accountsservice        dnsmasq.d        kdump.conf              ostree          sos
adjtime                dracut.conf      kernel       PackageKit   speech-dispatcher
……
```

【例 3-10】 递归列出/usr/local/share/man 目录及其子目录中的文件。

```
[root@Server ~]# ls -R /usr/local/share/man
/usr/local/share/man:
man1   man2   man3   man4   man5   man6   man7   man8   man9   mann
man1x  man2x  man3x  man4x  man5x  man6x  man7x  man8x  man9x
/usr/local/share/man/man1:
/usr/local/share/man/man1x:
……
```

通配符是一种特殊语句，主要有星号（＊）和问号（？），通配符及其含义如表 3-5 所示。当不知道真正的字符或者不想输入多个字符时，常常使用通配符代替一个或多个真正的字符。熟练运用通配符可以提高工作效率并简化一些烦琐的处理步骤。

表 3-5　通配符及其含义

通配符	含义
＊	代表任意数量的字符（包含 0）
？	代表任意一个字符
[]	表示可以匹配字符组中的任意一个字符，例如，[abc]表示可以匹配 a、b、c 中的任意一个字符，[1-9]表示可以匹配 1~9 的任意一个字符

【例 3-11】 先列出/etc 目录下所有以.conf 结尾的文件，再列出该目录下文件名包含 3 个字符且以.conf 结尾的文件。

```
[root@Server ~]# cd /etc
[root@Server etc]# ls *.conf
appstream.conf fprintd.conf libaudit.conf  nsswitch.conf sestatus.conf
……
[root@Server etc]# ls ???.conf
yum.conf
```

3.2.3 创建空文件：touch 命令

touch 命令用于创建空文件，命令格式如下。

```
touch   文件名
```

【例 3-12】 使用 touch 命令创建空文件 file1，再使用 touch 命令同时创建空文件 file2、file3 和 file4。

```
[root@Server ~]# touch file1
[root@Server ~]# touch file2 file3 file4
[root@Server ~]# ls file*
file1  file2  file3  file4
```

使用 touch 命令可以非常简捷地创建空文件，创建完成后，每个文件主要有 3 个时间参数，可以通过 stat 命令查看，分别是文件的访问时间、数据修改时间及状态修改时间，这里不详细描述。

3.2.4 创建目录：mkdir 命令

mkdir 命令用于创建目录，所有用户都可以使用此命令，命令格式如下。

```
mkdir [-mp] 目录名
```

mkdir 命令的常用选项如表 3-6 所示。

表 3-6 mkdir **命令的常用选项**

选项	说明
-m	手动配置所创建的目录的权限，不使用默认权限
-p	递归创建所有目录

【例 3-13】 使用 mkdir 命令创建目录 abc，再使用 mkdir 命令同时创建 dir1、dir2。

```
[root@Server ~]# mkdir abc
[root@Server ~]# mkdir dir1 dir2
[root@Server ~]# ls
公共 模板 视频 图片 文档 下载 音乐 桌面 abc dir1 dir2 file1 file2 file3 file4
……
```

说明：以上命令在创建目录时使用了相对路径，新目录被创建到当前目录下。

【例 3-14】 使用-p 选项递归创建目录。

```
[root@Server ~]# mkdir -p a1/a2/a3/a4
[root@Server ~]# ls
公共 模板 视频 图片 文档 下载 音乐 桌面 a1 abc dir1 dir2 file1 file2 file3
file4
……
```

3.2.5 删除文件或目录：rmdir、rm 命令

1. rmdir 命令

rmdir 命令用于删除空目录，命令格式如下。

```
rmdir [-p] 目录名
```

-p 选项用于递归删除空目录。

【例 3-15】 删除空目录 abc。

```
[root@Server ~]# rmdir abc
```

rmdir 命令后面加目录名即可，但命令执行成功与否，取决于要删除的目录是否是空目录，因为 rmdir 命令只能删除空目录。

【例 3-16】 使用-p 选项递归删除目录 a1/a2/a3/a4。

```
[root@Server ~]# rmdir -p a1/a2/a3/a4
```

注意，此方式先删除最低一层的目录（即先删除 a4），然后逐层删除上级目录，删除时也需要保证各级目录均是空目录。

2. rm 命令

rmdir 命令的作用十分有限，因为只能删除空目录，所以并不常用。为此 Linux 系统提供了 rm 命令。

rm 命令不但可以删除非空目录，还可以删除文件，命令格式如下。

```
rm [选项] 文件名或目录名
```

rm 命令的常用选项如表 3-7 所示。

表 3-7　rm 命令的常用选项

选项	说明
-f	强制删除，系统不给出提示信息
-i	在删除文件或目录之前，系统会给出提示信息，使用-i 选项可以有效防止不小心删除有用文件或目录的情况发生
-r	递归删除，主要用于删除目录，可删除指定目录及其包含的所有内容，包括所有子目录和文件

【例 3-17】 在 dir1 目录中创建空文件 file1、file2、file3，然后使用 rm 命令删除 file3。

```
[root@ Server ~]# cd dir1/
[root@ Server dir1]# touch file1 file2 file3
[root@Server dir1]# ls
file1  file2  file3
[root@ Server dir1]# rm file3
rm: 是否删除普通空文件 "file3"? y
[root@Server dir1]# ls
file1  file2
```

【例 3-18】 切换到 dir1 目录的上一级，删除 dir1 目录。

```
[root@Server dir1]# cd ..
[root@Server ~]# rm dir1
rm: 无法删除"dir1": 是一个目录
[root@Server ~]# rm -r dir1
rm: 是否进入目录"dir1"? y
rm: 是否删除普通空文件 "dir1/file1"? y
rm: 是否删除普通空文件 "dir1/file2"? y
rm: 是否删除目录 "dir1"? y
```

如果要删除的目录中有 1 万个子目录或子文件，那么普通 rm 命令的删除操作最少需要确认 1 万次。所以，在真正确定要删除文件时，可以选择强制删除。

【例 3-19】 创建/test/abc 目录，并强制删除/test 目录。

```
[root@Server ~]# mkdir -p /test/abc
[root@Server ~]# rm -rf /test
```

注意 （1）rm 命令具有破坏性，因为 rm 命令会永久删除文件或目录，这就意味着，如果没有对文件或目录进行备份，一旦使用 rm 命令将其删除，将无法恢复，所以，在使用 rm 命令删除目录时要慎之又慎。

（2）如果 rm 命令后任何选项都不加，则对于超级用户，默认执行的是 rm -i 文件名，也就是在删除一个文件之前会先询问是否删除；对于普通用户，则不询问直接删除，除非明确使用 rm -i 方式。

3.2.6 复制文件或目录：cp 命令

cp 命令用于复制文件或目录，命令格式如下。

```
cp [选项] 源文件 目标文件
```

在 Linux 系统中，复制操作具体分为 3 种情况。

（1）如果目标文件是目录，则会把源文件复制到该目录中。

（2）如果目标文件是同名的普通文件，则会询问是否要覆盖它。

（3）如果目标文件不存在，则执行正常的复制操作。

cp 命令的常用选项如表 3-8 所示。

表 3-8　cp 命令的常用选项

选项	说明
-p	保留源文件的属性
-d	若对象为链接文件，则保留该链接文件的属性
-r	递归复制（用于目录）
-a	相当于-pdr（即上述选项-p、-d、-r）
-i	若目标文件存在，则询问是否覆盖
-u	若目标文件与源文件有差异，则使用该选项可以更新目标文件

需要注意的是，源文件可以有多个，但这种情况下，目标文件必须是目录才可以。

【例 3-20】 在 dir2 目录中创建 3 个空文件 a1.log、a2.log、a3.log，分别完成：将 a1.log 复制到当前目录下，将副本命名为 a1.copy；将 a2.log 和 a3.log 复制到 dir2 目录下的 log 子目录中（如果 dir2 不存在，请先执行 mkdir dir2 命令）。

```
[root@Server ~] cd dir2
[root@Server dir2]# touch a1.log a2.log a3.log
a1.log a2.log a3.log
[root@Server dir2]# cp a1.log a1.copy
[root@Server dir2]# ls
a1.copy a1.log a2.log a3.log
[root@Server dir2]# mkdir log
[root@Server dir2]# cp a2.log a3.log log
[root@Server dir2]# ls
a1.copy a1.log a2.log a3.log log
[root@Server dir2]# cd log/
[root@Server log]# ls
a2.log a3.log
```

【例 3-21】 将/etc/passwd 文件复制到主目录中，并将副本命名为 pass。

```
[root@Server ~]# cp /etc/passwd pass
[root@Server ~]# ls-l pass
-rw-r--r--. 1 root root 2126 5月  24 20:41 pass
```

【例 3-22】 将 dir2 目录复制到当前目录下，并将副本命名为 dir2copy。

```
[root@Server log]# cd
[root@Server ~]# ls
公共 模板 视频 图片 文档 下载 音乐 桌面 dir2 file1 file2 file3 file
[root@Server ~]# cp -r dir2 dir2copy
[root@Server ~]# ls dir2copy/
a1.copy a1.log a2.log a3.log log
```

3.2.7　移动或重命名文件、目录：mv 命令

mv 命令用于移动或重命名文件、目录，命令格式如下。

mv [选项] 源文件 目标文件

mv 命令的常用选项如表 3-9 所示。

表 3-9　mv 命令的常用选项

选项	说明
-f	强制覆盖，如果目标文件已经存在，则不询问，直接强制覆盖
-n	如果目标文件已经存在，则不会覆盖或移动，且不询问用户
-v	显示文件或目录的移动过程
-i	若目标文件存在，则询问是否覆盖
-u	若目标文件已经存在，但两者相比，源文件更新，则会对目标文件进行升级

【例 3-23】 将目录 dir2 中的文件 a1.log 移动到目录 log 中。

```
[root@Server dir2]# ls
a1.copy a1.log a2.log a3.log log
[root@Server dir2]# ls log
a2.log a3.log
[root@Server dir2]# mv a1.log log
[root@Server dir2]# ls log
a1.log a2.log a3.log
```

【例 3-24】 将目录 log 移动到新建的目录 dir1 中。

```
[root@Server dir2]# mkdir dir1
[root@Server dir2]# ls
a1.copy a2.log a3.log dir1 log
[root@Server dir2]# ls dir1
[root@Server dir2]# mv log/ dir1
[root@Server dir2]# ls dir1
log
```

【例 3-25】 将文件 a2.log 重命名为 a2.log-new。

```
[root@Server dir2]# ls
a1.copy a2.log a3.log dir1
[root@Server dir2]# mv a2.log  a2.log-new
[root@Server dir2]# ls
a1.copy a2.log-new a3.log dir1
```

3.2.8 显示文本文件：cat、more、less、head、tail 命令

Linux 系统中对服务程序进行配置离不开查看、编辑文件。

1. cat 命令

cat 命令主要用来显示文本文件，适用于显示内容较少的文件。另外，还能够用来连接两个或多个文件，形成新的文件，命令格式如下。

```
cat [选项] 文件名
```

cat 命令的常用选项如表 3-10 所示。

表 3-10 cat 命令的常用选项

选项	说明
-n	由 1 开始对所有输出的行编号
-b	和-n 选项相似，不过不对空白行编号
-s	将两行以上的连续空白行替换为一行

cat 命令主要有 3 个功能，命令格式如下。

（1）一次显示整个文件：cat 文件名。

（2）通过键盘输入创建一个文件：cat > 文件名。此方式只能创建新文件，不能编辑已有文件，按 Ctrl+D 组合键结束输入。

（3）将几个文件合并为一个文件：cat file1 file2 > file。

【例 3-26】使用 cat 命令显示/etc/passwd 文件内容，可借助-n 选项显示带有行号的文件内容。

```
[root@Server ~]# cat /etc/passwd
[root@Server ~]# cat -n /etc/passwd
```

【例 3-27】 使用键盘输入方式创建文件 test1。

```
[root@Server ~]# cat > test1
This is a test from keyboard
123456
Byebye
# 按 Ctrl+D 组合键结束输入
[root@Server ~]# cat test1
This is a test from keyboard
123456
Byebye
```

cat 命令可以同时显示多个文件，让文件内容依次显示；如果将多个文件的内容输出重定向到指定文件，则实现了文件内容合并。

2. more 命令

more 命令用于分页显示文本文件，尤其适用于显示内容较多的文件，命令格式如下。

```
more [选项] 文件名
```

more 命令的常用选项如表 3-11 所示。

表 3-11 more 命令的常用选项

选项	说明
-n	用来指定分页显示时每页的行数
+n	从第 n 行开始显示

使用 more 命令显示文件时，会逐行或逐页显示，方便用户阅读，基本的操作是按 Enter 键显示下一行，按空格键（Space 键）显示下一页，按 B 键显示上一页，按 Q 键退出，文件显示结束自动退出。

【例 3-28】使用 more 命令实现：显示/etc/passwd 文件的全部内容，每页显示 5 行，从第 5 行开始显示。

```
[root@Server ~]# more /etc/passwd
[root@Server ~]# more -5 /etc/passwd
[root@Server ~]# more +5 /etc/passwd
```

3. less 命令

less 命令的功能和 more 命令的功能基本相同，也是按页显示文件。不同之处在于，使用 less 命令显示文件时，允许用户使用上、下方向键向前及向后逐行翻阅文件，而 more 命令只能向后翻阅文件，且不能使用方向键。less 命令的显示必须用 Q 键退出。

less 命令的命令格式如下。

```
less  [选项] 文件名
```

4. head 命令

head 命令用于指定显示文本文件的前几行，默认显示文件的前 10 行，可以通过选项-n 设置显示的行数。该命令的命令格式如下。

```
head  [选项] 文件名
```

【例 3-29】 使用 head 命令显示/etc/passwd 文件的前 10 行内容、前 5 行内容。

```
[root@Server ~]# head /etc/passwd
[root@Server ~]# head -5  /etc/passwd
```

5. tail 命令

tail 命令用于指定显示文本文件的最后几行，其使用方式与 head 命令的类似，该命令的命令格式如下。

```
tail  [选项] 文件名
```

总的来说，cat 命令用于一次性显示文件，more 命令和 less 命令用于分页显示文件，head 命令和 tail 命令用于部分显示文件，这些命令都可以同时显示多个文件。

3.2.9　创建链接：ln 命令

ln 命令用于在两个文件之间创建链接。通常用于给系统中已有的某个文件指定另外一个可用于访问的名称。对于这个新的文件名，可以为其指定不同的访问权限，以解决信息的共享和安全性问题。

该命令的命令格式如下。

```
ln  [选项] 源文件或者目录 链接文件名
```

微课 3-3　链接文件及 ln 命令

链接有两种，一种称为硬链接（Hard Link）；另一种称为符号链接（Symbolic Link），也称为软链接（Soft Link）。创建硬链接时，链接文件和被链接文件必须位于同一个文件系统中，并且不能创建指向目录的硬链接。

ln 命令常用的选项为-s，表示创建的链接为软链接，如果不加该选项，代表创建的链接为硬链接，即默认创建硬链接。

这里需要注意以下两点。

（1）ln 命令会保持每一处链接文件的同步性，也就是说，不论改动了哪一处，其他文件都会发生相同的变化。

（2）软链接只会在选定的位置生成一个文件的映像，类似于 Windows 系统中的快捷方式。硬链接在选定的位置生成一个和源文件大小相同的文件。无论是软链接还是硬链接，链接文件都保持同步变化。

【例 3-30】 在当前目录下为/etc/passwd 文件分别创建硬链接和软链接。

```
[root@Server ~]# ln /etc/passwd pass-h
[root@Server ~]# ln -s /etc/passwd pass-s
[root@Server ~]# ls -l pass*
-rw-r--r--. 2 root root 2258  8月  6 09:11 pass-h
lrwxrwxrwx. 1 root root   11 10月 25 14:51 pass-s -> /etc/passwd
```

3.2.10 显示文件或目录的磁盘占用量：du 命令

du 命令用来显示文件或目录的磁盘占用量，命令格式如下。

```
du [选项][文件]
```

du 命令的常用选项如表 3-12 所示。

表 3-12　du 命令的常用选项

选项	说明
-k	以 KB 为计数单位
-m	以 MB 为计数单位
-b	以字节为计数单位
-a	对所有文件与目录进行统计
-c	显示所有文件和目录的磁盘占用量总和
-h	以可读的方式显示（KB/MB/GB）
-s	仅显示总磁盘占用量

【例 3-31】 以可读方式统计当前目录中 pass-h 文件的磁盘占用量（如果 pass-h 文件不存在，请先执行 ln /etc/passwd pass-h 命令）。

```
[root@Server ~]# du -h pass-h
4.0K  pass-h
```

3.3　查找文件内容或文件位置

3.3.1　查找与条件匹配的字符串：grep 命令

grep 命令用于在文本文件中查找指定字符串，命令格式如下。

```
grep [选项] 要查找的字符串 [文件名]
```

grep 命令的常用选项如表 3-13 所示。

微课 3-4　查找文件内容或文件位置

表 3-13 grep 命令的常用选项

选项	说明
-v	显示不包含匹配字符串的所有行，相当于反向选择
-c	对匹配的行进行计数
-l	只显示包含匹配字符串的文件名
-a	对所有文件与目录进行统计
-An	显示匹配字符串所在的行及其后 n 行
-n	对于匹配的行，标示出该行的编号
-i	不区分大小写

grep 命令是用途非常广泛的文本搜索匹配命令，有很多功能选项，结合正则表达式可以实现强大的文本搜索功能。例如，正则表达式 ^ 表示以什么开头，$ 表示以什么结尾。

【例 3-32】 在 /etc/passwd 文件中查找包含 root 的行。

```
[root@Server ~]# grep root /etc/passwd
root:x:0:0:root:/root:/bin/bash
operator:x:11:0:operator:/root:/sbin/nologin
```

【例 3-33】 在 /etc/passwd 和 /etc/shadow 文件中查找包含 root 的行，并显示行号。

```
[root@Server ~]# grep -n "root" /etc/passwd /etc/shadow
/etc/passwd:1:root:x:0:0:root:/root:/bin/bash
/etc/passwd:10:operator:x:11:0:operator:/root:/sbin/nologin
/etc/shadow:1:root:$6$01lUkljsL0qGBfJr$wyTfJwteWGGjYD65b7nX0YJVyqDQMT0np71nKxaIdj/
DkfVoJ/V72T9PPR6UNnU.kGQjUMO1Gn0V8ReGj14/G.::0:99999:7:::
```

3.3.2 查找命令文件：whereis、which 命令

whereis 命令用于查找命令的可执行文件所在的位置，命令格式如下。

```
whereis [选项] 文件名
```

whereis 命令的常用选项如表 3-14 所示。

表 3-14 whereis 命令的常用选项

选项	说明
-b	只查找二进制文件
-m	只查找命令的 man 手册
-s	只查找源文件

查找 grep 命令的可执行文件所在的位置，如下。

```
[root@Server ~]# whereis grep
grep: /usr/bin/grep /usr/share/man/man1/grep.1.gz /usr/share/man/man1p/grep.1p.gz
/usr/share/info/grep.info.gz
```

which 命令会在环境变量 $PATH 设置的目录里查找符合条件的文件，一般用于查找可执行文件的绝对路径。查找 grep 命令的可执行文件的绝对路径，如下。

```
[root@Server ~]# which grep
alias grep='grep --color=auto'
        /usr/bin/grep
```

3.3.3　列出文件系统中与条件匹配的文件：find 命令

find 命令用于按照指定条件查找文件，命令格式如下。

```
find  [查找路径] [选项] 匹配条件
```

find 命令的常用选项如表 3-15 所示。

表 3-15　find 命令的常用选项

选项	说明
-name	匹配名称
-user	匹配所有者
-group	匹配所属组
-mtime –n/+n	匹配修改内容的时间（-n 指 n 天以内，+n 指 n 天以前）
-atime –n/+n	匹配访问文件的时间（-n 指 n 天以内，+n 指 n 天以前）
-ctime –n/+n	匹配修改文件属性的时间（-n 指 n 天以内，+n 指 n 天以前）
-type b/d/c/p/l/f	匹配文件类型（后面的字母依次表示块设备文件、目录文件、字符设备文件、管道文件、链接文件、普通文件等）
-size	匹配文件的大小（+50KB 表示查找超过 50KB 的文件，-50KB 表示查找小于 50KB 的文件）

【例 3-34】 find 命令常用功能示例。

（1）将/usr 目录下所有以.c 结尾的文件列出来。

```
[root@Server ~]# find /usr -name "*.c"
```

（2）将当前目录及其子目录下的所有普通文件列出。

```
[root@Server ~]# find . -type f
```

（3）将当前目录及其子目录下所有最近 20 天内修改过文件属性的文件列出。

```
[root@Server ~]# find . -ctime -20
```

（4）查找/var/log 目录下修改内容的时间在 7 天以前的普通文件，并在删除之前询问。

```
[root@Server ~]# find /var/log -type f -mtime +7 -ok rm {} \;
```

3.3.4　在数据库中查找文件：locate 命令

locate 命令也用于查找符合条件的文件。locate 命令和 find –name 命令的功能差不多，但是比 find –name 命令搜索要快。因为 find –name 命令搜索的是具体目录文件，而 locate 命令搜索的是数据库/var/lib/mlocate/mlocate.db，这个数据库中存有本地的所有文件信息，该数据库由 Linux 系统自动创建并每天自动更新维护。该命令的命令格式如下。

```
locate  [选项] 匹配条件
```

locate 命令的常用选项如表 3-16 所示。

表 3-16　locate 命令的常用选项

选项	说明
-i	忽略大小写
-c	仅输出找到的文件的数量

续表

选项	说明
-r	以正则表达式的方式显示结果
-l	仅输出几行

【例 3-35 】 使用 locate 命令搜索/etc 目录下所有以 net 开头的文件。

```
[root@Server ~]# locate /etc/net
/etc/netconfig
/etc/networks
```

> **注意** 对于新增的文件，如果使用 locate 命令找不到，则需要用 updatedb 命令更新数据库。

3.4 打包与压缩

3.4.1 认识 tar 包

微课 3-5 打包
与压缩文件

在 Windows 系统中，常见的压缩文件是.zip 和.rar，Linux 系统就不同了，它有.gz、.tar.gz、.tgz、.bz2、.tar 等众多类型的压缩文件。在具体讲述压缩文件之前，需要先了解 Linux 系统中打包和压缩的概念。

（1）打包是指将许多文件和目录集中存储在一个文件中。

（2）压缩是指利用算法对文件进行处理，从而达到缩减占用的磁盘空间的目的。

Linux 系统中的很多压缩命令只能针对一个文件进行压缩，这样当需要压缩大量文件时，常常借助 tar 命令将这些文件先打成一个包，再使用压缩命令对其进行压缩。这种打包和压缩的操作在进行网络传输时是非常有必要的。

3.4.2 使用和管理 tar 包

Linux 系统常用的归档命令是 tar 命令，使用 tar 命令归档的包称为 tar 包，tar 包的名称通常都是以.tar 结尾的，命令格式如下。

```
tar [选项] 源文件或目录
```

tar 命令的常用选项如表 3-17 所示。

表 3-17 tar 命令的常用选项

选项	说明
-c	对多个文件或目录进行打包
-A	追加 tar 包到归档文件
-f 包名	指定包名
-v	显示打包或解包的过程

续表

选项	说明
-x	对 tar 包做解包操作
-t	只查看 tar 包中有哪些文件或目录，不对 tar 包做解包操作
-C 目录	指定解包位置
-z	通过 gzip 命令过滤归档
-j	通过 bzip2 命令过滤归档

【例 3-36】 在用户主目录下创建 abc 目录，在该目录下创建 a、b、c 这 3 个空文件，然后对 a、b、c 文件进行打包。

```
[root@Server ~]# mkdir abc
[root@Server ~]# cd abc
[root@Server abc]# touch a b c
[root@Server abc]# ls
a  b  c
[root@Server abc]# cd ..
[root@Server ~]# tar cvf  abc.tar abc
abc/
abc/a
abc/b
abc/c
[root@Server ~]# ls abc*
abc.tar
abc:
a  b  c
```

【例 3-37】 查看归档文件 abc.tar 中的内容。

```
[root@Server ~]# tar tvf abc.tar
drwxr-xr-x root/root          0 2023-10-25 15:19 abc/
-rw-r--r-- root/root          0 2023-10-25 15:19 abc/a
-rw-r--r-- root/root          0 2023-10-25 15:19 abc/b
-rw-r--r-- root/root          0 2023-10-25 15:19 abc/c
```

【例 3-38】 将归档的文件 abc.tar 解包。

```
[root@Server ~]# tar xvf abc.tar
abc/
abc/a
abc/b
abc/c
```

以上操作将 abc.tar 文件解包后存放在当前目录下，可以使用-C 选项将解包的文件存放到指定目录下。

【例 3-39】 将归档的文件 abc.tar 解包到指定的目录 test 中。

```
[root@Server ~]# mkdir test
[root@Server ~]# tar xvf abc.tar -C test/
abc/
abc/a
abc/b
abc/c
[root@Server ~]# cd test/
[root@Server test]# ls
abc
```

```
[root@Server test]# cd abc/
[root@Server abc]# ls
a  b  c
```

关于 tar 命令有以下几点需要说明。

（1）选项前的-可以省略。

（2）选项-cvf 一般是习惯用法，记住打包时，需要指定打包之后的文件名，而且要用.tar 作为扩展名。上例展示的是打包单个文件和目录的方法，tar 命令也可以打包多个文件或目录，用空格分开文件或目录即可。

（3）解包和打包相比，只是把打包选项-cvf 更换为-xvf。

（4）使用-xvf 选项解包，会把包中的文件释放到工作目录下。如果想要指定目录，则需要使用-C 选项。

3.4.3 压缩命令：gzip、bzip2、xz

常用的压缩命令有 gzip、bzip2 和 xz。

1. gzip 命令

gzip 是 GNU 计划开发的压缩和解压缩命令，对于通过此命令压缩得到的新文件，其扩展名通常为.gz。该命令的命令格式如下。

```
gzip [选项] 源文件
```

当进行压缩操作时，gzip 命令中的源文件指的是普通文件；当进行解压缩操作时，gzip 命令中的源文件指的是压缩文件。gzip 命令的常用选项如表 3-18 所示。

表 3-18 gzip **命令的常用选项**

选项	说明
-c	将压缩数据输出到标准输出文件中，并保留源文件
-d	对压缩文件进行解压缩
-r	递归压缩指定目录及其子目录下的所有文件
-v	对于每个压缩和解压缩文件，显示相应的文件名和压缩比
-l	对于每一个压缩文件，显示以下字段：压缩文件的大小、未压缩文件的大小、压缩比、未压缩文件的名称等

【例 3-40 】 使用 gzip 命令压缩文件 abc.tar。

```
[root@Server ~]# cd
[root@Server ~]# gzip abc.tar
[root@Server ~]# ls abc.tar.gz
abc.tar.gz
```

【例 3-41 】 对 abc.tar.gz 文件进行解压。

```
[root@Server ~]# gzip -d abc.tar.gz
[root@Server ~]# ls abc.tar
abc.tar
```

一般而言，使用 gzip 命令压缩文件时不能保留源文件。但是使用-c 选项，可以使得压缩数据不输出到屏幕上，而是重定向到压缩文件中，这样可以在压缩文件的同时不删除源文件，但是比较麻烦。在进行解压操作时，可以用 gunzip 命令代替 gzip -d。

2. bzip2 命令

bzip2 命令与 gzip 命令类似，只能对文件进行压缩（或解压缩），执行完压缩任务后，会生成以.bz2 为扩展名的压缩文件。

.bz2 格式是 Linux 系统的另一种压缩格式，从理论上来讲，.bz2 格式的算法更先进、压缩比更大，而.gz 格式相对来讲操作更快。

bzip2 命令的常用选项如表 3-19 所示。

表 3-19　bzip2 命令的常用选项

选项	说明
-d	执行解压缩，此时该选项后的源文件应为以.bz2 为扩展名的压缩文件
-k	bzip2 命令在压缩或解压缩任务完成后，会删除源文件，若要保留源文件，可使用此选项
-f	bzip2 命令在压缩或解压缩时，若输出文件与现有文件同名，默认不会覆盖现有文件，使用此选项，则会强制覆盖现有文件
-t	测试压缩文件的完整性
-v	压缩或解压缩文件时，显示详细信息

注意　bzip2 命令与 gzip 命令的区别如下。

（1）gzip 命令不打包目录，但是使用-r 选项，可以分别压缩目录下的每个文件。

（2）bzip2 命令不支持压缩目录，也没有-r 选项。

（3）bzip2 命令可以使用-k 选项保留源文件。

3. xz 命令

xz 命令与 gzip、bzip2 命令类似，可以对文件进行压缩和解压缩，压缩完成后，系统会自动在源文件后加上.xz 扩展名并删除源文件。xz 命令具有更大的压缩比。

3.4.4　tar 命令的特殊用法

在实际应用中，为了使操作简便、高效，通常在 tar 命令中直接调用 gzip、bzip2 或 xz 命令来压缩和解压缩文件或目录。

1. 在 tar 命令中调用 gzip 命令

tar 命令可以在归档或者解包的同时调用 gzip 命令，通常使用-z 选项来调用 gzip 命令。

【例 3-42】 将 abc 目录压缩成 abc.tar.gz 文件。

```
[root@Server ~]# tar zcvf abc.tar.gz abc
abc/
abc/a
abc/b
abc/c
[root@Server ~]# ls abc.tar.gz
abc.tar.gz
[root@Server ~]# tar tvf abc.tar.gz
drwxr-xr-x root/root         0 2023-10-25 15:19 abc/
-rw-r--r-- root/root         0 2023-10-25 15:19 abc/a
-rw-r--r-- root/root         0 2023-10-25 15:19 abc/b
-rw-r--r-- root/root         0 2023-10-25 15:19 abc/c
```

【例 3-43】 将压缩文件 abc.tar.gz 解压缩。

```
[root@Server ~]# tar zxvf abc.tar.gz
abc/
abc/a
abc/b
abc/c
```

2. 在 tar 命令中调用 bzip2 命令

tar 命令可以在归档或者解包的同时调用 bzip2 命令，通常使用-j 选项来调用 bzip2 命令。

【例 3-44】 将 abc 目录压缩成 abc.tar.bz2 文件。

```
[root@Server ~]# tar jcvf abc.tar.bz2 abc
abc/
abc/a
abc/b
abc/c
[root@Server ~]# ls abc.tar.bz2
abc.tar.bz2
```

3. 在 tar 命令中调用 xz 命令

tar 命令可以在归档或者解包的同时调用 xz 命令，通常使用-J 选项来调用 xz 命令。

【例 3-45】 将 abc 目录压缩成 abc.tar.xz 文件。

```
[root@Server ~]# tar Jcvf abc.tar.xz abc
abc/
abc/a
abc/b
abc/c
```

项目实施

任务 3-1 归档文件

（1）使用 ls 命令查看部门项目目录/develop 下要归档的项目资料。

```
[root@Server ~]# cd /develop
[root@Server develop]# ls
基于大数据与 AI 的微表情分析系统-sql 脚本.sql
基于大数据与 AI 的微表情分析系统-程序源代码.zip
基于大数据与 AI 的微表情分析系统-项目汇报.pptx
基于大数据与 AI 的微表情分析系统-项目展示.mp4
基于大数据与 AI 的微表情分析系统-需求分析文档.docx
学生信息管理系统-sql 脚本.sql
学生信息管理系统-程序源代码.zip
学生信息管理系统-架构设计.zip
学生信息管理系统-前期调研.zip
学生信息管理系统-需求分析文档.docx
```

（2）在当前目录下分别创建目录 information 和 bigdata。

```
[root@Server develop]# mkdir information
[root@Server develop]# mkdir bigdata
```

（3）将基于大数据与 AI 的微表情分析系统的相关项目资料存放入 bigdata 目录，将学生信息管理系统的相关项目资料存放入 information 目录。

```
[root@Server develop]# mv 基于* bigdata/
[root@Server develop]# mv 学生* information/
[root@Server develop]# ls
bigdata  information
[root@Server develop]# cd bigdata/
[root@Server bigdata]# ls
基于大数据与 AI 的微表情分析系统-sql 脚本.sql
基于大数据与 AI 的微表情分析系统-程序源代码.zip
基于大数据与 AI 的微表情分析系统-项目汇报.pptx
基于大数据与 AI 的微表情分析系统-项目展示.mp4
基于大数据与 AI 的微表情分析系统-需求分析文档.docx
[root@Server bigdata]# cd ..
[root@Server develop]# cd information/
[root@Server information]# ls
学生信息管理系统-sql 脚本.sql        学生信息管理系统-前期调研.zip
学生信息管理系统-程序源代码.zip   学生信息管理系统-需求分析文档.docx
学生信息管理系统-架构设计.zip
```

任务 3-2　压缩文件

（1）将 bigdata 目录下的文件打包并压缩。

```
[root@Server develop]# tar zcvf bigdata.tar.gz bigdata/
bigdata/
bigdata/基于大数据与 AI 的微表情分析系统-sql 脚本.sql
bigdata/基于大数据与 AI 的微表情分析系统-程序源代码.zip
bigdata/基于大数据与 AI 的微表情分析系统-项目汇报.pptx
bigdata/基于大数据与 AI 的微表情分析系统-项目展示.mp4
bigdata/基于大数据与 AI 的微表情分析系统-需求分析文档.docx
```

（2）将 information 目录下的文件打包并压缩。

```
[root@Server develop]# tar zcvf information.tar.gz information
information/
information/学生信息管理系统-sql 脚本.sql
information/学生信息管理系统-程序源代码.zip
information/学生信息管理系统-架构设计.zip
information/学生信息管理系统-前期调研.zip
information/学生信息管理系统-需求分析文档.docx
```

（3）查看打包后的文件。

```
[root@Server develop]# ls
bigdata bigdata.tar.gz information information.tar.gz
```

任务 3-3　上传文件

将 bigdata.tar.gz 和 information.tar.gz 压缩文件上传至新创建的/source 目录。

```
[root@Server develop]# mkdir /source
[root@Server develop]# mv bigdata.tar.gz  information.tar.gz /source
[root@Server develop]# cd /source
[root@Server source]# ls
bigdata.tar.gz information.tar.gz
```

小结

通过学习本项目，读者了解了 Linux 系统中的文件类型和目录结构，学会了文件和目录的基本操作命令，掌握了查找文件内容或文件位置、打包和压缩文件的方法。

其实，随着 Linux 系统的发展，Linux 的图形化界面越来越友好。本项目涉及的操作基本上都可以使用图形化界面的操作来完成，但是经过对项目 2 的学习，我们知道使用命令可以提高操作效率，安全性也更高，所以当同一问题有多种解决方法时，需要找到更加高效的实现方案，从而提高工作效率。

本项目知识点的思维导图如图 3-2 所示。

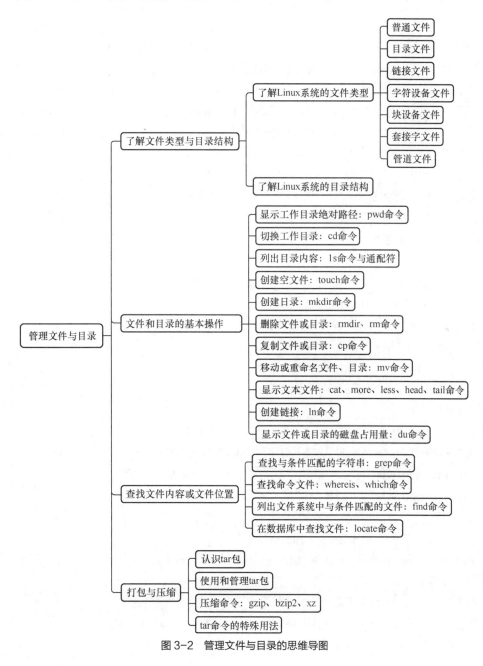

图 3-2　管理文件与目录的思维导图

习题

一、选择题

1. （　　）命令用于创建一个新的空文件。

A. touch　　　　B. mkdir　　　　C. cp　　　　D. mv

2. 以下命令能用来查找在文件 TESTFILE 中仅包含 4 个字符的行的是（　　）。

A. grep '????' TESTFILE　　　　B. grep '....' TESTFILE

C. grep '^????$' TESTFILE　　　　D. grep '^....$' TESTFILE

3. 以下命令可以获取 ls 命令的帮助信息的是（　　）。

A. ? ls　　　　B. help ls　　　　C. man ls　　　　D. get ls

4. 以下命令能用来显示/home 及其子目录下的文件名的是（　　）。

A. ls –a /home　　B. ls –R /home　　C. ls –l /home　　D. ls –d /home

5. 以下命令可以复制 file1.txt 并将副本命名为 file2.txt 的是（　　）。

A. copy file1.txt　file2.txt　　　　B. cp file1.txt | file2.txt

C. cat file2.txt　file1.txt　　　　D. cat file1.txt > file2.txt

6. Linux 系统中有多个可以用于查看文件的命令，可以在查看文件内容过程中通过上下方向键来翻阅文件内容的命令是（　　）。

A. cat　　　　B. more　　　　C. less　　　　D. head

7. 若要将当前目录中的 myfile.txt 文件压缩成 myfile.txt.tar.gz，则实现的命令为（　　）。

A. tar –cvf myfile.txt myfile.txt.tar.gz

B. tar –zcvf myfile.txt myfile.txt.tar.gz

C. tar –zcvf myfile.txt.tar.gz myfile.txt

D. tar –cvf myfile.txt.tar.gz myfile.txt

8. 为文件 file 创建软链接的命令是（　　）。

A. ln file file-ln　　　　B. ls file file-ln

C. ll –n file file-ln　　　　D. ln –s file file-ln

9. 强制删除目录/tmp/mydir 及其所有子目录和文件的命令是（　　）。

A. rm –r /tmp/mydir　　　　B. rm –rf /tmp/mydir

C. rm –f /tmp/mydir　　　　D. rm /tmp/mydir

二、填空题

1. 在 Linux 系统中，用于创建目录的命令是_____。

2. 假如 root 用户当前所在目录为/tmp/dir1，若要进入其主目录的子目录 dir2 中，需要执行_____命令。

3. 在 Linux 系统中，压缩文件后生成扩展名为.gz 文件的命令是_____。

4. 要搜索系统/root 目录下所有名称包含 install 的文件，可执行命令_____。

项目4
管理文本文件

项目导入

公司开发部有个实习生，在登录 Linux 系统时，发现命令提示符[root@Server ~]变成了 [root@localhost ~]，于是向小乔求助。

小乔恰巧之前遇到过类似的问题，于是她远程登录了出问题的系统，发现 /etc 目录下缺少了 hostname 文件。小乔记得导师大路说过，主机名是存放在 hostname 文件中的，因此现在只需要创建 hostname 文件，并在该文件中添加主机名 Server 并保存，然后重启 Linux 系统就可以了。

但是对于编辑文件时用到的 vim 命令，小乔还不是很熟悉，为了更好地帮助同事解决问题，小乔对 vim 编辑器的用法进行了细致的研究。

职业能力目标及素养目标

- 了解 Vim 编辑器的工作模式。
- 熟练掌握 Vim 编辑器中的光标定位 与跳转操作。
- 具有勇于探索的创新精神。

- 熟练掌握 Vim 编辑器中常用的文本编辑操作。
- 熟练使用文本的末行模式。
- 掌握输入输出重定向。
- 具有善于解决实际问题的能力。

知识准备

4.1 Vim 编辑器

在 Linux 系统中"一切皆文件"，因此当我们在命令行界面中更改文件内容时，不可避免地要用 到文本编辑器，Vim 编辑器是一个基于文本的编辑工具，使用简单且功能强大。

4.1.1 Vim 编辑器的工作模式

Vi 是 Visual Interface 的缩写，Vi 编辑器是 Linux 系统的第一个全屏幕交互式编辑器，从诞生 至今历经数十年，仍然是 Linux 用户主要使用的文本编辑器，足见其功能强大。

Vim 编辑器对 Vi 编辑器的多种功能进行了增强，如多层撤销、多窗口、高亮度语法显示、命令行编辑等。Vim 是一个高度可配置的文本编辑器，它构建于 Vi 编辑器之上，适用于多种平台。Vim 编辑器的设计理念是提供一种高效的文本编辑环境，通过按键的组合来完成不同的操作，而不依赖鼠标或图形化界面的操作。

1. 启动与退出 Vim 编辑器

在命令提示符下，输入 vim 文件名或 vim 并按 Enter 键。如果指定文件存在，则打开该文件，否则新建该文件；如果不指定文件名，则新建一个未命名的文本文件，保存时要指定文件名。在终端提示符中输入 vim，按 Enter 键打开图 4-1 所示的 Vim 编辑器欢迎界面。

2. Vim 编辑器的工作模式

Vim 编辑器有 3 种主要的工作模式。

（1）命令模式。

使用 Vim 编辑器编辑文件时，默认处于命令模式。在此模式下，按键将作为命令直接执行，可使用方向键（上、下、左、右方向键）或 K、J、H、L 等键移动光标，还可以对文件内容进行复制、粘贴、删除等操作。

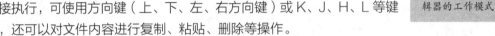

微课 4-1　vim 编辑器的工作模式

（2）插入模式。

在插入模式下，按键将作为输入内容或相应操作对文件执行写操作，文件编辑完成后，按 Esc 键可返回命令模式。

（3）末行模式。

在命令模式下按：键，Vim 编辑器窗口的左下方出现一个：符号，即进入末行模式，在此模式下输入相应命令，按 Enter 键后执行，执行完会自动返回命令模式。

这 3 种工作模式的切换关系如图 4-2 所示。

图 4-1　Vim 编辑器欢迎界面

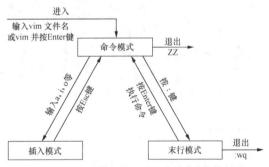

图 4-2　Vim 编辑器的 3 种工作模式的切换关系

> **注意**　新用户经常不知道当前处于什么工作模式。这时，可以按 Esc 键返回命令模式。

4.1.2　使用 Vim 编辑器编辑文件

1. 打开文件

使用 Vim 编辑器打开文件很简单，在命令提示符后输入 vim 文件名并按 Enter 键即可。

微课 4-2　光标定位命令和编辑命令

2. 编辑文件

使用 Vim 编辑器打开文件后默认进入命令模式，在命令模式下有大量的编辑命令，主要分为 3 类：插入命令、光标定位命令和编辑命令。

（1）插入命令

输入内容需要切换到插入模式，在命令模式下输入 a、A、i、I、o、O 等插入命令可以切换到插入模式，各插入命令的具体功能如表 4-1 所示。

表 4-1　各插入命令的具体功能

插入命令	功能
a	在当前光标所在位置之后插入随后输入的文本
A	在当前光标所在行的行尾插入随后输入的文本，相当于将光标移动到行尾再执行 a 命令
i	在当前光标所在位置插入随后输入的文本，光标后的文本相应向右移动
I	在当前光标所在行的行首插入随后输入的文本，相当于将光标移动到行首再执行 i 命令
o	在当前光标所在行的下面插入新的一行。光标停在空行的行首，等待输入文本
O	在当前光标所在行的上面插入新的一行

（2）光标定位命令

Vim 作为命令行界面全屏幕编辑器，光标的移动与定位需要用键盘按键实现。在命令模式下，Vim 编辑器提供了许多高效的移动光标的方法，具体方法如表 4-2 所示。

表 4-2　移动光标的方法

命令或快捷键	功能
h 或左方向键（←）	将光标向左移动一个字符
j 或下方向键（↓）	将光标向下移动一个字符
k 或上方向键（↑）	将光标向上移动一个字符
l 或右方向键（→）	将光标向右移动一个字符
Ctrl + F	将光标向下移动一页，相当于按 Page Down 键（常用）
Ctrl + B	将光标向上移动一页，相当于按 Page Up 键（常用）
Ctrl + D	将光标向下移动半页
Ctrl + U	将光标向上移动半页
+	将光标移动到下一行的第一个非空格字符
–	将光标移动到上一列的第一个非空格字符
n<Space>	n 表示数字，如 20。按下数字键后再按 Space 键，光标会向右移动 n 个字符。例如，输入 20<Space>，光标会右移动 20 个字符
0 或功能键 Home	将光标移动到所在行的首字符处（常用）
$ 或功能键 End	将光标移动到所在行的末字符处（常用）
H	将光标移动到屏幕最上方那一行的首字符处
M	将光标移动到屏幕中央那一行的首字符处
L	将光标移动到屏幕最下方那一行的首字符处

续表

命令或快捷键	功能
G	将光标移动到文件的最后一行（常用）
nG	n 表示数字，表示将光标移动到文件的第 *n* 行。例如，输入 20G 会将光标移动到文件的第 20 行（可配合:set nu 命令使用）
gg	将光标移动到文件的第一行，相当于 1G（常用）
n\<Enter>	n 表示数字，表示将光标向下移动 *n* 行（常用）

（3）编辑命令

常用的编辑操作，如删除、复制与粘贴等命令或快捷键如表 4-3 所示。

表 4-3　删除、复制与粘贴等的命令或快捷键

命令或快捷键	功能
x、X	在一行字符当中，x 用于向后删除一个字符（相当于按 Delete 键），X 用于向前删除一个字符（相当于按 BackSpace 键）（常用）
nx	n 表示数字，表示连续向后删除 *n* 个字符。例如，要连续删除 10 个字符，输入 10x
dd	删除或剪切光标所在的那一整行（常用）
ndd	n 表示数字，向下删除或剪切 *n* 行，例如，20dd 表示向下删除 20 行（常用）
d1G	剪切从光标所在行到第一行的所有字符
dG	剪切从光标所在行到最后一行的所有字符
d$或 D	剪切从光标所在位置到该行末尾的所有字符
d0	剪切从光标所在行的前一个字符到该行首字符之间的所有字符
yy	复制光标所在的那一行（常用）
nyy	n 表示数字，表示向下复制 *n* 行，例如，20yy 表示向下复制 20 行（常用）
y1G	复制从光标所在行到第一行的所有字符
yG	复制从光标所在行到最后一行的所有字符
y0	复制从光标所在的那个字符到该行起首的所有字符
yw	复制光标所在的单词
p、P	p 表示将已复制的字符粘贴到光标所在行的下一行，P 表示将已复制的数据粘贴到光标所在行的上一行
J	将光标所在行与下一行的字符合为一行
u	撤销前一个动作（常用）
Ctrl+R	重做前一个动作（常用）
.	重复前一个动作，若要重复删除、重复粘贴等动作，按.键即可（常用）

4.1.3　末行模式下的操作

如果当前是插入模式，则需先按 Esc 键进入命令模式，然后按:键进入末行模式。如果当前是命令模式，则直接按:键进入末行模式。多数文件管理命令都是在末行模式下执行的。命令执行完后，Vim 编辑器自动回到命令模式。

微课 4-3　末行模式下的相关命令

（1）保存与退出

保存文件、退出编辑等的命令如表 4-4 所示。

表 4-4　保存文件、退出编辑等的命令

命令	功能
:w	将编辑的数据写入硬盘文件中（常用）
:w!	文件属性为只读时，强制写入该文件。不过，到底能不能写入，还与用户对该文件的权限有关
:q	退出 Vim 编辑器（常用）
:q!	若修改过文件，又不想保存，则使用:q!强制退出而不保存文件。注意，!在 Vim 编辑器当中常常具有强制的意思
:wq	保存后退出 Vim 编辑器，若为:wq!，则表示强制保存并退出（常用）
:w [filename]	将编辑的文件保存为另一个文件（类似另存为新文件）
:r [filename]	在编辑的数据中读取另一个文件的数据，即将 filename 这个文件的内容加到光标所在行的后面
:n1,n2 w [filename]	将 n1～n2 行的内容保存为 filename 文件
:! command	暂时退出 Vim 编辑器，到命令行模式下执行 command 的命令。例如，:! ls /home 可在 Vim 编辑器中查看/home 目录下的文件信息
:set nu	显示行号，设定之后，会在每一行的前面显示行号
:set nonu	与:set nu 相反，表示取消显示行号

（2）查找与替换

Vim 编辑器在命令模式和末行模式下都有文本查找与替换功能，命令模式下的文本查找与替换命令如表 4-5 所示，末行模式下的文本查找与替换命令如表 4-6 所示。

表 4-5　命令模式下的文本查找与替换命令

命令	功能
/abc	从光标所在位置正向查找字符串 abc
/^abc	查找以 abc 为起首的行
/abc$	查找以 abc 为末尾的行
?abc	从光标所在位置反向查找字符串 abc
n	向同一方向重复执行上次的查找命令
N	向相反方向重复执行上次的查找命令
r	替换光标所在位置的字符
R	从光标所在位置开始替换字符，其输入内容会覆盖掉后面等长的文本内容，按 Esc 键结束输入

表 4-6　末行模式下的文本查找与替换命令

命令	功能
:/abc	从光标所在位置正向查找字符串 abc
:/^abc	查找以 abc 为起首的行
:/abc$	查找以 abc 为末尾的行

续表

命令	功能
:?abc	从光标所在位置反向查找字符串 abc
:s/a1/a2/g	将当前光标所在行中的所有 a1 用 a2 替换
:n1,n2s/a1/a2/g	将文件中 n1～n2 行中的所有 a1 都用 a2 替换

【例 4-1】 将/etc/passwd 文件复制到工作目录下，并重命名为 sort.txt，然后使用 Vim 编辑器编辑 sort.txt，复制第 1～5 行，并将其粘贴在第 9 行后，最后将该文件保存。

```
[root@Server ~]# cp /etc/passwd ./sort.txt
[root@Server ~]# vim sort.txt
root:x:0:0:root:/root:/bin/bash
bin:x:1:1:bin:/bin:/sbin/nologin
daemon:x:2:2:daemon:/sbin:/sbin/nologin
adm:x:3:4:adm:/var/adm:/sbin/nologin
lp:x:4:7:lp:/var/spool/lpd:/sbin/nologin
sync:x:5:0:sync:/sbin:/bin/sync
......
```

在上述案例中，使用 vim 命令打开 sort.txt 文件后，默认进入命令模式。在命令模式下，先输入"1G"，将光标定位在第 1 行；接着执行"5yy"，复制 1～5 行；再执行"9G"，将光标移动到第 9 行；然后输入"p"键粘贴，第 1～5 行内容即被粘贴在第 9 行后；最后输入":wq!"保存退出。

素养提升 一直使用 Windows 系统的用户在初学 Vim 编辑器时，可能会因为它的编辑方式和大量的操作命令产生不适感和畏难情绪。但是，只要坚持便会发现，Vim 编辑器可以编辑 Linux 系统中任何类型的文本文件，而不用额外安装任何软件包。

适应一段时间后，Vim 编辑器的使用就再无难度，习惯后，甚至可能主动尝试优化各种配置。

所以，当我们接触一种新知识时，千万不要消极怠工，只要以积极的态度适应变化，就会有意想不到的收获。

4.2 处理文件内容

在 Linux 系统中，除了需要对文件进行编辑外，还可能需要对文件进行内容排序、差异比较、数据统计等操作。Linux 系统提供了功能强大的文本文件处理命令，用于满足各种操作需求。

4.2.1 文件内容排序：sort 命令

sort 命令的功能是将文件的每一行作为一个单位，从每一行的首字符开始，依次按照 ASCII 码值进行比较，默认按升序输出排序结果。

sort 命令的命令格式如下。

```
sort [选项] 文本文件
```

sort 命令的常用选项如表 4-7 所示。

微课 4-4 文件内容排序和检索

表 4-7　sort 命令的常用选项

选项	说明
-c	检查文件是否已经按照指定顺序排序
-k	指定排序的字段（列）编号
-n	依照数值的大小排序
-u	去除重复行，仅保留第一次出现的行
-o<输出文件>	将排序后的结果存入指定的文件
-r	以相反的顺序排序
-t	指定字段（列）分隔符

【例 4-2】使用 sort 命令对 sort.txt 文件进行排序（如果当前目录下没有 sort.txt 文件，请先执行 cp　/etc/passwd　./sort.txt）。

```
[root@Server ~]# sort sort.txt
```

【例 4-3】使用 sort 命令降序排列 sort.txt 文件。

```
[root@Server ~]# sort -r sort.txt
```

【例 4-4】使用 sort 命令，以 ":" 为分隔符，对 sort.txt 文件按照第 3 个字段的数值大小降序排列。

```
[root@Server ~]# sort -t ":" -k 3 -nr sort.txt
systemd-coredump:x:999:997:systemd Core Dumper:/:/sbin/nologin
polkitd:x:998:996:User for polkitd:/:/sbin/nologin
colord:x:997:993:User for colord:/var/lib/colord:/sbin/nologin
clevis:x:996:992:Clevis Decryption Framework unprivileged user:/var/cache/clevis:/
usr/sbin/nologin
sssd:x:995:991:User for sssd:/:/sbin/nologin
……
```

【例 4-5】使用 sort 命令，以 ":" 为分隔符，对 sort.txt 文件按照第 3 个字段的数值大小降序排列后，存放至源文件 sort.txt 文件中。

```
[root@Server ~]# sort -t ":" -k 3 -nr sort.txt -o sort.txt
```

4.2.2　去除重复行：uniq 命令

uniq 命令用于去除文件中的重复行，留下每条记录的唯一样本。

uniq 命令的命令格式如下。

```
uniq [选项] 文本文件
```

uniq 命令的常用选项如表 4-8 所示。

微课 4-5　文件
内容处理命令

表 4-8　uniq 命令的常用选项

选项	说明
-c	在输出结果中每行起首加上本行在文件中出现的次数
-d	只显示重复的行
-u	只显示文件中不重复的各行
-n	前 *n* 个字段与每个字段前的空白一起被忽略。一个字段是一个非空格、非制表符的字符串，彼此由制表符和空格隔开（字段从 0 开始编号）
+n	前 *n* 个字符被忽略，之前的字符被跳过（字符从 0 开始编号）

在实际应用中，一般是先对文本进行排序，再用 uniq 命令去掉重复行。

【例 4-6】 只显示 sort.txt 文件中重复的行及行数，并将结果保存到 uniq.txt 文件中。

```
[root@Server ~]# sort sort.txt -o uniq.txt
[root@Server ~]# uniq -cd uniq.txt
      2 adm:x:3:4:adm:/var/adm:/sbin/nologin
      2 bin:x:1:1:bin:/bin:/sbin/nologin
      2 daemon:x:2:2:daemon:/sbin:/sbin/nologin
      2 lp:x:4:7:lp:/var/spool/lpd:/sbin/nologin
      2 root:x:0:0:root:/root:/bin/bash
```

4.2.3　截取文件内容：cut 命令

cut 命令用于截取文件中指定的内容，并显示在标准输出窗口中。同时，还具有与 cat 命令类似的功能，不仅可以显示文件中的特定内容，还可以将多个文件的特定内容合并。

cut 命令的命令格式如下。

```
cut [选项] 文本文件
```

cut 命令的常用选项如表 4-9 所示。

表 4-9　cut 命令的常用选项

选项	说明
-b	按字节显示行中指定范围的内容
-c	按字符显示行中指定范围的内容
-f	显示指定字段的内容
-d	指定字段的分隔符，默认的字段分隔符为 Tab
-n	与-b 选项连用，不分隔多字节字符

【例 4-7】 只显示 uniq.txt 文件中以：分隔的每行的第一个字段。

```
[root@Server ~]# cut -f1 -d ':' uniq.txt
abrt
adm
adm
avahi
bin
……
```

4.2.4　比较文件内容：comm、diff 命令

1. comm 命令

comm 命令用于对两个排好序的文件进行比较。该命令的命令格式如下。

```
comm [选项] 文本文件 1 文本文件 2
```

命令执行结果默认包含 3 列。

（1）第一列显示仅在文本文件 1 中出现的行。

（2）第二列显示仅在文本文件 2 中出现的行。

（3）第三列显示在两个文件中同时出现的行。

comm 命令的常用选项如表 4-10 所示。

表 4-10　comm 命令的常用选项

选项	说明
-1	不显示只在第 1 个文件中出现的行
-2	不显示只在第 2 个文件中出现的行
-3	不显示在第 1 和第 2 个文件中同时出现的行

【例 4-8】在用户主目录中创建 test 目录，在该目录中新建并编辑 aaa.txt 和 bbb.txt 两个文件，aaa.txt 和 bbb.txt 文件内容分别如下，比较这两个文件，列出它们的共有行及各自独有的行。

```
[root@Server ~]# mkdir text
[root@Server ~]# cd text/
#编辑 aaa.txt、bbb.txt，内容分别用 cat 命令显示
[root@Server text]# vim aaa.txt
[root@Server text]# vim bbb.txt
[root@Server text]# cat aaa.txt
aaa
bbb
ccc
ddd
eee
111
222
[root@Server text]# cat bbb.txt
bbb
ccc
aaa
hhh
ttt
jjj
```

执行 comm 命令，结果如下。

```
[root@Server text]# comm aaa.txt bbb.txt
aaa
                bbb
                ccc
        aaa
ddd
eee
111
222
        hhh
        ttt
        jjj
第一列    第二列        第三列
```

> **注意**　bbb.txt 文件中的内容没有排序，比较结果不理想，所以需要先排序再比较。

2. diff 命令

diff 命令有两个作用。

（1）以逐行的方式比较文件的异同。

（2）比较两个目录下同名的文件，列出其中不同的二进制文件、公共子目录和只在一个目录中

出现的文件。

diff 命令的命令格式如下。

```
diff [选项] 文本文件1 文本文件2
diff [选项] 目录文件1 目录文件2
```

在实际应用中，该命令常用于比较不同文件的差异。diff 命令的常用选项如表 4-11 所示。

表 4-11　diff 命令的常用选项

选项	说明
-b	忽略空格，如果对两行进行比较，则多个连续的空格会被当作一个空格处理，同时忽略行尾的空格差异
-c	使用上下文输出格式
-w	忽略所有空格，其忽略范围比-b 选项的更大，很多不可见的字符都会被忽略
-B	忽略空白行
-y	输出两列，一个文件占一列，使输出结果更加简洁易读
-W	指定-y 时，用于设置列的宽度，默认值为 130
-i	忽略两个文件中大小写的不同
-r	递归比较目录下的所有文件和子目录
-q	只显示文件名，而不显示文件内容的差异
-u	显示完整的差异内容

假设有两个文件 sum1.py 和 sum2.py，其内容如下。

sum1.py 的内容如下。

```
a = 1
sum = 0
while a <= 100:
    sum = sum + a
    a = a + 1
print(sum)
```

sum2.py 的内容如下。

```
a = 1
sum = 0
while a < 101:
    sum += a
    a += 1
print(sum)
```

【例 4-9】 使用 diff 命令比较 sum1.py 和 sum2.py 的不同。

```
[root@Server ~]# diff sum1.py sum2.py
3,5c3,5
< while a <= 100:
<     sum = sum + a
<     a = a + 1
---
> while a < 101:
>     sum += a
>     a += 1
```

应该如何理解上面的结果？

（1）字母 c 表示需要在第一个文件中做的操作（a=add，c=change，d=delete）。3,5c3,5
表示需要对第一个文件中的第[3,5]行做出修改，才能与第二个文件中的第[3,5]行相匹配。

（2）带<的部分表示第一个文件第[3,5]行的内容，带>的部分表示第二个文件第[3,5]行的内容，---表示两个文件内容的分隔符。

快来尝试下，如何修改才能使两个文件完全相同吧！

在例 4-9 的执行结果中，sum1.py 和 sum2.py 中的内容是上下排列输出的。实际上，diff 命令提供的-y 选项可以将两个文件并排输出，从而使对比结果一目了然，便于快速找到不同。

【例 4-10】 使用 diff 命令的并排格式比较 sum1.py 和 sum2.py 文件的不同。

```
[root@Server ~]# diff sum1.py sum2.py -y -W 50
a = 1                        a = 1
sum = 0                      sum = 0
while a <= 100:            |   while a < 101:
    sum = sum +a          |   sum += a
    a = a + 1             |   a += 1
print(sum)                   print(sum)
```

-W 表示指定输出列的宽度，这里指定输出列宽为 50。

diff 命令除了默认模式之外，还提供了另外两种模式，即上下文（Context）模式和统一（Unified）模式，对于具体使用方式，请扫描右侧二维码。

4.2.5 文件内容统计：wc 命令

wc 命令用于对指定文件中的输出行、单词和字节等进行计数。如果指定的是多个文件，则结果中会显示总行数。如果没有指定文件或指定的文件是普通文件，则读取标准输入文件。

wc 命令的命令格式如下。

```
wc [选项] 文本文件1 文本文件n
```

wc 命令的常用选项如表 4-12 所示。

表 4-12 wc 命令的常用选项

选项	说明
-c	表示统计文件的字节数
-l	表示统计文件的行数
-w	表示统计文件的单词数

【例 4-11】 使用 wc 命令统计 sum1.py 与 sum2.py 文件的行数与字节数。

```
[root@Server ~]# wc -l -c sum1.py sum2.py
  6  79 sum1.py
  6  70 sum2.py
 12 149 总用量
```

4.3 重定向

在 Linux 系统中执行某条命令时，其执行结果无论是正确结果还是错误信息，都会直接显示在终端中。同样，当需要为命令输入参数时，也总是先从键盘输入。如果需要改变输入参数的来源或执行结果的位置，就需要使用重定向操作。

微课 4-6 输入输出重定向

4.3.1 标准输入、标准输出、标准错误文件与重定向

1. 标准输入、标准输出、标准错误文件

Linux 命令执行时，会打开 3 个文件：标准输入（stdin）文件、标准输出（stdout）文件和标准错误（stderr）文件。

一般情况下，命令从键盘（即标准输入文件）处接收输入内容并将产生的正确结果输出到终端（即标准输出文件）以在终端显示，如果出错，则将错误提示输出到终端（即标准错误文件）中。

标准输入、标准输出、标准错误文件相关内容如表 4-13 所示。

表 4-13　标准输入、标准输出、标准错误文件相关内容

设备	文件名	文件描述符	类型	重定向符号	
键盘	/dev/stdin	0	标准输入	<	<<
终端	/dev/stdout	1	标准输出	>	>>
终端	/dev/stderr	2	标准错误	2>	2>>

文件描述符可以理解为 Linux 系统为文件分配的一个数字，范围是 0~2。通常 0 表示标准输入，1 表示标准输出，2 表示标准错误。

2. 重定向

重定向就是不使用系统提供的标准输入、标准输出、标准错误文件，而是重新指定。重定向分为输入重定向、输出重定向和错误重定向。

表 4-13 中的重定向符号代表实现方式。>表示覆盖源文件中的内容，如果文件不存在，就创建文件；如果文件存在，就将其清空。>>表示追加到源文件中的内容之后，如果文件不存在，就创建文件；如果文件存在，则将新的内容追加到该文件的末尾，该文件中的原有内容不受影响。

4.3.2 输入重定向

输入重定向是一种将文件内容、命令或程序等的输出作为另一个命令的输入的技术。它允许用户从一个非标准输入（如文件或另一个命令的输出）读取数据，而不是从键盘（标准输入）读取。输入重定向有两种用法，命令格式如下。

```
command < 文件
command << 文件
```

【例 4-12】 使用输入重定向显示日期时间。

```
[root@Server ~]# echo "date" > command.txt
[root@Server ~]# sh < command.txt
2024 年 08 月 26 日 星期一 12:12:29 CST
```

4.3.3 输出重定向

输出重定向是一种将命令或程序的标准输出或标准错误输出重定向到文件或其他命令的技术。输出重定向有两种用法，命令格式如下。

```
command > 文件
```

```
command >> 文件
```

 注意 使用>符号时，表示文件的所有内容将被新内容替代，如果要将新内容添加在文件末尾，则需使用>>符号。

【例 4-13】 显示当前目录中的文件，并将文件名存入 files 中。

```
[root@Server ~]# ls
dir1                     mydoc  newsoft  sum1.py uniq.txt  模板  图片  下载  桌面
initial-setup-ks.cfg mysoft  sort.txt sum2.py 公共      视频  文档  音乐
[root@Server ~]# ls > files
[root@Server ~]# head files
dir1
files
initial-setup-ks.cfg
mydoc
mysoft
newsoft
sort.txt
sum1.py
sum2.py
uniq.txt
```

【例 4-14】 统计 files 的行数，并以追加的形式将其写入 files 中。

```
[root@Server ~]# wc -l files
18 files
[root@Server ~]# wc -l files >> files
[root@Server ~]# tail -3 files
音乐
桌面
18 files
```

4.3.4　错误重定向

错误重定向是指将命令返回的错误信息输出到某个指定的文件中。错误重定向有两种用法，命令格式如下。

```
command 2> 文件
command 2>> 文件
```

【例 4-15】 查看不存在的 mysoft 目录，并将错误信息输出到 error.txt 中。

```
[root@Server ~]# ls mysoft
ls: 无法访问 mysoft: 没有那个文件或目录
[root@Server ~]# ls mysoft 2> error.txt
[root@Server ~]# cat error.txt
ls: 无法访问 mysoft: 没有那个文件或目录
```

4.3.5　同时实现输出重定向和错误重定向

需要同时重定向标准错误信息、标准输出信息到文件时，要使用两个重定向符号。

【例 4-16】 同时查看 dir1 和 mysoft 目录，其中 mysoft 目录输入错误，将正确结果输出到 out.txt 中，将错误信息输出到 err.txt 中。

```
[root@Server ~]# ls dir1 mysoft 1>out.txt 2>err.txt
```

```
[root@Server ~]# head out.txt err.txt
==> out.txt <==
dir1:
a1
a2.log
a3.log
==> err.txt <==
ls: 无法访问 mysoft: 没有那个文件或目录
```

【例 4-17】 同时查看 dir1 和 mysoft 目录，将正确结果和错误信息都输出到 out.txt 中。

```
[root@Server ~]# ls dir1 mysoft >out.txt 2>&1
[root@Server ~]# head out.txt
ls: 无法访问 mysoft: 没有那个文件或目录
dir1:
a1
a2.log
a3.log
```

说明：2>&1 表示将标准错误信息重定向到标准输出信息所在的文件中保存。

【例 4-18】 同时查看 dir1 和 mysoft 目录，将标准输出信息和标准错误信息重定向到同一个文件中。

```
[root@Server ~]# ls dir1 mysoft &>out.txt
[root@Server ~]# head out.txt
ls: 无法访问 mysoft: 没有那个文件或目录
dir1:
a1
a2.log
a3.log
```

&>file 是一种特殊的用法，也可以写成>&file，二者的意思完全相同。

项目实施

任务 4-1　创建 hostname 文件

在/etc 目录下创建空文件 hostname。

```
[root@localhost ~]# touch /etc/hostname
```

任务 4-2　修改主机名

（1）使用 vim 命令打开/etc/hostname 文件。

```
[root@localhost ~]# vim /etc/hostname
```

（2）打开文件后，输入 i，将命令模式切换为插入模式，输入主机名 Server。添加完毕，按 Esc 键切换到命令模式，输入:wq，保存并退出。

（3）使用 cat 命令查看/etc/hostname 文件的内容，并重启 Linux 系统。

```
[root@localhost ~]# cat /etc/hostname
Server
[root@localhost ~]# reboot
```

（4）重新启动命令终端，主机名已修改成功。

小结

通过学习本项目，读者学会了使用 Vim 编辑器编辑文件，掌握了处理文本文件的常用命令。其实很多精通 Linux 系统的高手们，对 Vim 编辑器的使用可以说是达到了"行云流水，出神入化"的境界。所以，如果日后想从事 Linux 系统管理员的工作，不妨从现在开始努力，逐步熟练使用 Vim 编辑器。

本项目知识点的思维导图如图 4-3 所示。

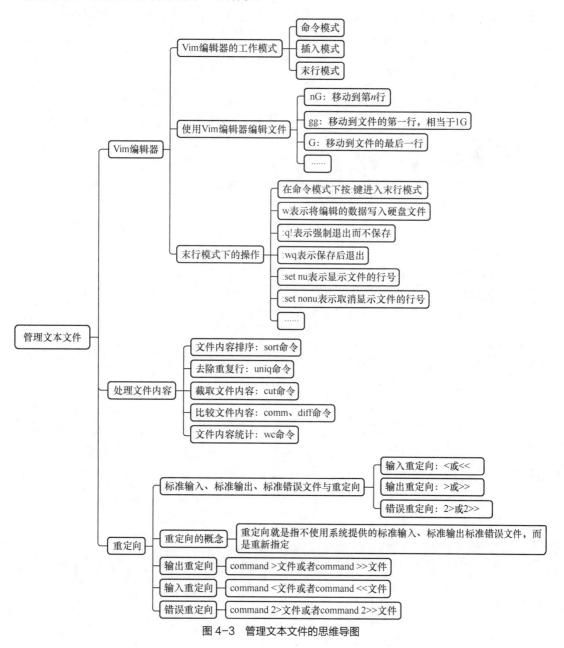

图 4-3　管理文本文件的思维导图

习题

一、选择题

1. 使用 vim 命令编辑文件后，保存并退出的命令是（　　）。

A. w!　　　　　　　　B. wq!　　　　　　　　C. q!　　　　　　　　D. q

2. 使用 vim 命令编辑文件时，使用（　　）命令可以将光标快速移动到文件的最后一行。

A. G　　　　　　　　B. g　　　　　　　　C. ggg　　　　　　　　D. 1G

3. 在 Vim 编辑器中的命令模式下，输入（　　）可在光标当前所在行下面添加新的一行。

A. a　　　　　　　　B. o　　　　　　　　C. I　　　　　　　　D. A

4. 使用（　　）命令，可将 file 文件中的内容以追加的方式输出到 file.copy 文件中的内容之后。

A. cat file > file.copy　　　　　　　　B. cat file >> file.copy

C. cat file < file.copy　　　　　　　　D. cat file << file.copy

二、填空题

1. Vim 编辑器有 3 种工作模式：插入模式、_____和末行模式。

2. 在 Vim 编辑器中，要想定位到文件的第 10 行可输入_____，删除一个字母后可输入_____撤销。

3. 在 Vim 编辑器中编辑文件时，跳到文件最后一行的命令是 G，跳到第 100 行的命令是_____。

4. 在 Vim 编辑器中，执行_____命令可删除当前光标所在的一整行。

5. 在插入模式下，使用_____可以返回命令模式。

项目5
配置网络功能

项目导入

根据公司的生产部署，要将开发部的 Linux 服务器全部迁移到数据中心机房，因此这些服务器的 IP 地址等网络参数都需要重新配置，以使服务器都具备远程访问的条件。

大路安排小乔跟他一起去完成这项工作。初学 Linux 的小乔对网络配置功能并不熟悉，她准备先学习相关的知识，学会常用的网络管理命令，掌握 SSH 远程登录服务的配置与使用，以便能顺利地完成工作任务。

职业能力目标及素养目标

- 掌握 VMware 中网络工作模式的设置。
- 会使用网络命令配置 Linux 的基本网络功能。

- 掌握 SSH 远程登录服务的配置与使用。
- 增强网络安全意识，提高网络安全技能。

知识准备

5.1 了解 VMware 的网络工作模式

5.1.1 了解 VMware 的 3 种网络工作模式

VMware 提供了 3 种常用的网络工作模式，分别是桥接模式、NAT 模式和仅主机模式。

在 VMware Workstation Pro 17 主界面中选择"虚拟机"→"设置"命令，打开"虚拟机设置"对话框。在该对话框中选中"硬件"选项卡下的"网络适配器"选项，界面右侧便可显示出支持的网络工作模式，如图 5-1 所示。

这 3 种网络工作模式会使用不同的虚拟网卡和虚拟交换机等网络设备，安装 VMware 虚拟机软件时，会在物理机系统中安装虚拟网卡、虚拟交换机等网络设备。

（1）虚拟网卡

以 Windows 11 为例，打开"控制面板"→"网络和 Internet"→"网络连接"窗口，找到新增的两个 VMware 虚拟网卡，如图 5-2 所示。这两个虚拟网卡用于物理机与虚拟机之间的通信，其作用如下。

图 5-1　"虚拟机设置"对话框

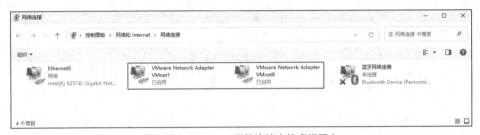

图 5-2　Windows 网络连接中的虚拟网卡

- VMware Network Adapter VMnet1：用于仅主机模式通信的虚拟网卡。
- VMware Network Adapter VMnet8：用于 NAT 模式通信的虚拟网卡。

（2）虚拟交换机

在 VMware Workstation Pro 17 主界面中选择"编辑"→"虚拟网络编辑器"命令，打开"虚拟网络编辑器"对话框，如图 5-3 所示。该对话框中显示默认的 3 个虚拟网络 VMnet0、VMnet1 和 VMnet8，它们分别对应 3 种网络工作模式。

（a）

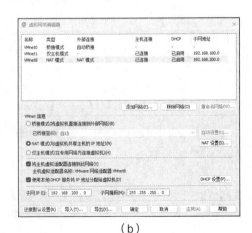

（b）

图 5-3　打开"虚拟网络编辑器"对话框

在这 3 个虚拟网络中，分别创建了以下默认的虚拟交换机。

- VMnet0：桥接模式网络中的虚拟交换机。
- VMnet1：仅主机模式网络中的虚拟交换机。
- VMnet8：NAT 模式网络中的虚拟交换机。

1. 桥接模式

桥接模式将物理机网卡与虚拟机网卡利用虚拟网桥进行通信。在桥接模式中，增加了一个虚拟交换机（默认名称是 VMnet0），将桥接的虚拟机连接到此交换机的接口上，物理机也同样连接到此交换机上。使用桥接模式，虚拟机的 IP 地址需要与物理机在同一个网段，如果需要连接外网，则虚拟机的网关和域名系统（Domain Name System，DNS）服务器的设置需要与物理机的一致。桥接模式的网络结构如图 5-4 所示。

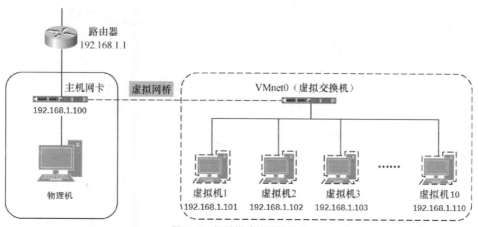

图 5-4　桥接模式的网络结构

2. 仅主机模式

在仅主机模式中，通过将物理机中的虚拟网卡 VMware Network Adapter VMnet1 连接到虚拟交换机 VMnet1 上与虚拟机通信。仅主机模式将虚拟机与外网隔开，使得虚拟机仅与物理机相互通信。在该模式中，如果要使虚拟机连接外网，则可以通过将物理机中能连接到互联网的网卡共享给虚拟网卡 VMware Network Adapter VMnet1 来实现。仅主机模式的网络结构如图 5-5 所示。

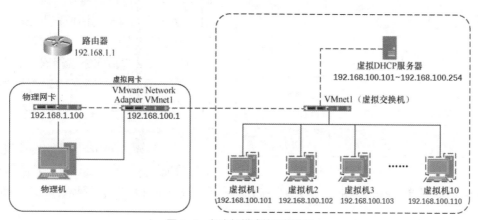

图 5-5　仅主机模式的网络结构

3. NAT 模式

如果网络 IP 地址资源紧缺，但又希望虚拟机能够联网，NAT 模式就是非常好的选择。在 NAT 模式中，物理机网卡直接与虚拟 NAT 设备相连，然后虚拟 NAT 设备与虚拟 DHCP 服务器一起连接到虚拟交换机（默认名称是 VMnet8）上，从而实现虚拟机连接外网。如果物理机与虚拟机之间需要网络通信，则可将物理机中的虚拟网卡（VMware Network Adapter VMnet8）连接到虚拟交换机（VMnet8）上。NAT 模式的网络结构如图 5-6 所示。

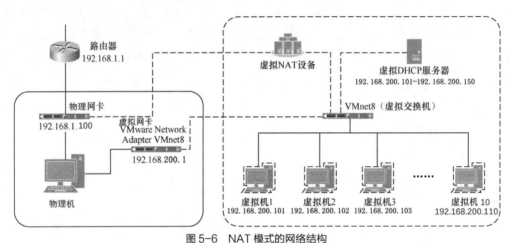

图 5-6　NAT 模式的网络结构

5.1.2　配置 VMware 虚拟网络

通过虚拟网络编辑器可以配置 VMware 虚拟网络的子网 IP 地址、子网掩码、DHCP 地址池等

图 5-7　"虚拟网络编辑器"对话框

网络参数。NAT 模式是 VMware 虚拟机默认的网络工作模式，接下来以 NAT 模式的网络为例，介绍虚拟网络参数的配置方法。

（1）在 VMware Workstation Pro 17 主界面中选择"编辑"→"虚拟网络编辑器"命令，打开"虚拟网络编辑器"对话框。如图 5-7 所示，单击对话框右下角的"更改设置"按钮获取虚拟网络的编辑权限。

（2）在"虚拟网络编辑器"对话框中选择名称为 VMnet8 的 NAT 模式的虚拟网络，将"子网 IP"配置为 192.168.200.0，子网掩码配置为 255.255.255.0。

（3）勾选"使用本地 DHCP 服务将 IP 地址分配给虚拟机"复选框，开启 VMware

虚拟 DHCP 服务器。单击"DHCP 设置"按钮，打开"DHCP 设置"对话框，设置本网络的 IP 地址池信息，如图 5-8 所示。

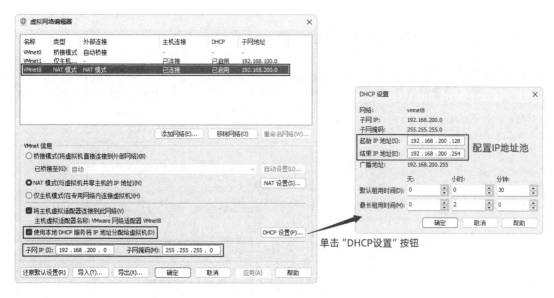

图 5-8　DHCP 设置

（4）设置网关。如果虚拟机要联网，则需要设置 NAT 模式网络的网关。在图 5-8 所示的"虚拟网络编辑器"对话框中单击"NAT 设置"按钮打开"NAT 设置"对话框，将"网关 IP"设置为192.168.200.2，如图 5-9 所示。

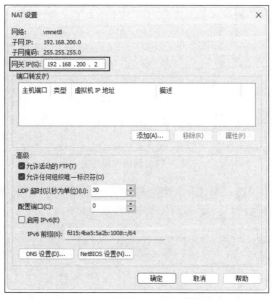

图 5-9　"NAT 设置"对话框

5.2　配置网络功能

　　配置好 VMware 虚拟网络后，还需要配置 Linux 虚拟机的 IP 地址、子网掩码、默认网关、DNS服务器等网络参数，Linux 虚拟机才能连接到网络。

5.2.1 通过图形化界面配置网络连接

下面以配置 Linux 虚拟机的有线网络为例，介绍在图形化界面中配置网络连接的操作步骤。

（1）在虚拟机关闭的状态下，打开"虚拟机设置"对话框，查看虚拟机网络适配器的设备状态，勾选"启动时连接"复选框，如图 5-10 所示，以确保虚拟机连接到网络。

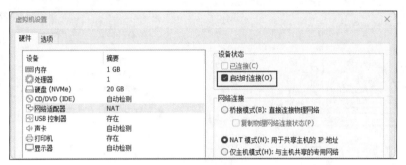

图 5-10 虚拟机网络适配器的设备状态

（2）开启虚拟机并登录 Linux 系统，在桌面上右击，选择快捷菜单中的"设置"命令打开"设置"对话框，然后单击该对话框左侧导航栏中的"网络"进入网络设置界面，如图 5-11 所示。

图 5-11 网络设置界面

（3）在网络设置界面中单击"有线"网络的开关按钮（图标为 ），如图 5-12 所示，当界面中显示"已连接"时表示计算机已经通过有线方式连接网络。

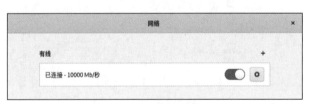

图 5-12 连接有线网络

（4）单击"有线"网络的配置按钮（图标为 ），打开有线网络的配置窗口，如图 5-13 所示。

（5）在有线网络的配置窗口中单击"IPv4"选项卡，切换到 IPv4 的配置界面，如图 5-14 所示。

图 5-13 有线网络的配置窗口

图 5-14 IPv4 的配置界面

在此界面中，如果设置 IPv4 方式为"自动(DHCP)"，则用户无须手动配置网络参数，此连接会自动从 DHCP 服务器获取网络参数（在此之前需配置 VMware 虚拟网络，勾选"使用本地 DHCP 服务将 IP 地址分配给虚拟机"复选框）；如果设置 IPv4 方式为"手动"，则用户需要在下方填写地址、子网掩码、网关、DNS 等。

（6）网络参数配置完毕，单击"应用"按钮关闭有线网络的配置窗口。

（7）在网络设置界面中，通过切换"有线"网络开关按钮的状态，重新连接有线网络，使新配置生效。

5.2.2　编辑网络连接的配置文件

在 RHEL 9.2 中使用 NetworkManager 服务管理网络连接，NetworkManager 为计算机中的每个网络适配器（网卡）创建了 keyfiles 格式的网络连接配置文件，允许用户以编辑配置文件的方式来配置 IPv4 和 IPv6 网络的连接参数。

网络连接的配置文件存储在/etc/NetworkManager/system-connections 目录中，这些配置文件的扩展名为.nmconnection，如 ens160.nmconnection，其中 ens160 是网卡 ID。

【例 5-1】查看/etc/NetworkManager/system-connections/ens160.nmconnection 配置文件的内容。

```
[root@Server ~]# cd /etc/NetworkManager/system-connections
[root@Server system-connections]# ls
ens160.nmconnection
```

ens160.nmconnection 文件的默认内容如下。

```
[root@Server system-connections]# cat -n ens160.nmconnection
    1    [connection]                                   # 以下是 connection 配置段
    2    id=ens160                                       # 网卡 ID
    3    uuid=e4304b16-bae8-361d-8897-00868d266174       # 网卡的唯一标志
    4    type=ethernet                                   # 网卡类型是 Ethernet，即以太网
    5    autoconnect-priority=-999
    6    interface-name=ens160
    7    timestamp=1709188575
    8
    9    [ethernet]                                      # 以下是 ethernet 配置段
```

```
10
11    [ipv4]                                          # 以下是 ipv4 配置段
12    method=auto                                     # IPv4 方式为自动
13
14    [ipv6]                                          #以下是 ipv6 配置段
15    addr-gen-mode=eui64
16    method=auto
17
18    [proxy]                                         # 以下是 proxy 配置段
```

【例 5-2】配置网卡（ens160）的 IPv4 网络参数，具体配置：设置静态 IP 地址为 192.168.200.8，设置子网掩码为 255.255.255.0，设置默认网关为 192.168.200.2，设置 DNS 服务器为 8.8.8.8。

首先打开 ens160.nmconnection 文件进行编辑，将 ipv4 配置段的 method 参数值修改为 manual。

```
        method=manual                               # 配置 ipv4 方式为手动
```

然后在 ipv4 配置段中 method 参数的下方增加以下两行配置。

```
        address=192.168.200.8/24,192.168.200.2      # 配置静态 IP 地址、子网掩码、默认网关
        dns=8.8.8.8                                 # 配置 DNS 服务器
```

保存修改完毕的配置文件。接着执行 systemctl restart NetworkManager 命令，重新启动 NetworkManager 服务使新配置生效。

```
[root@Server ~]# systemctl restart NetworkManager
```

最后执行以下命令，查看网卡的网络参数，确保新配置已生效。

```
[root@Server ~]# ip a show ens160
2: ens160: <BROADCAST,MULTICAST,UP,LOWER_UP> mtu 1500 qdisc mq state UP group default
qlen 1000
    link/ether 00:0c:29:76:63:e3 brd ff:ff:ff:ff:ff:ff
    altname enp3s0
    inet 192.168.200.8/24 brd 192.168.200.255 scope global noprefixroute ens160
       valid_lft forever preferred_lft forever
    inet6 fe80::20c:29ff:fe76:63e3/64 scope link noprefixroute
       valid_lft forever preferred_lft forever
```

5.2.3　配置主机名查询静态表：/etc/hosts 文件

/etc/hosts 文件（主机名查询静态表）是 RHEL 9.2/CentOS Stream 9 中负责主机名和域名解析的文件。在没有 DNS 服务器的情况下，可以查询该文件来解析某个主机名或域名对应的 IP 地址。

在/etc/hosts 文件中，每行都描述一个映射关系，每行由 3 个部分组成，每个部分由空格隔开，格式如下。

```
IP 地址  主机名/域名  [主机别名]
```

主机名一般在局域网内使用，而域名一般在互联网上使用，配置好/etc/hosts 文件中的映射关系，主机名或域名就能被解析为对应的 IP 地址。主机别名是可选的配置项。

【例 5-3】 使用 cat 命令查看/etc/hosts 文件的默认配置。

```
[root@Server ~]# cat /etc/hosts
127.0.0.1    localhost localhost.localdomain localhost4 localhost4.localdomain4
::1          localhost localhost.localdomain localhost6 localhost6.localdomain6
```

说明：/etc/hosts 文件中默认配置了本地回环地址（IPv4 地址为 127.0.0.1，IPv6 地址为::1）与主机名 localhost 的映射关系。

【例 5-4】 编辑/etc/hosts 文件，添加主机名 Computer 与本机 IP 地址（以 192.168.200.8

为例）的映射关系。

```
[root@Server ~]# vim /etc/hosts
......
192.168.200.8  Computer                    # 在/etc/hosts 文件尾部添加此行配置
```

5.2.4　常用网络命令：ip、ping、nmcli、ss、wget

微课 5-1　ifconfig
和 ip 命令

1. ip 命令

ip 是一个强大的网络配置命令，用来显示或操作路由、网络设备、网络接口
和 IP 隧道等。

【例 5-5】　使用 ip 命令查看所有网络设备的 IP 地址等信息。

```
[root@Server ~]# ip a
1: lo: <LOOPBACK,UP,LOWER_UP> mtu 65536 qdisc noqueue state UNKNOWN group default qlen
1000
    link/loopback 00:00:00:00:00:00 brd 00:00:00:00:00:00
    inet 127.0.0.1/8 scope host lo
      valid_lft forever preferred_lft forever
    inet6 ::1/128 scope host
      valid_lft forever preferred_lft forever
2: ens160: <BROADCAST,MULTICAST,UP,LOWER_UP> mtu 1500 qdisc mq state UP group default
qlen 1000
    link/ether 00:0c:29:76:63:e3 brd ff:ff:ff:ff:ff:ff
    altname enp3s0
    inet 192.168.200.8/24 brd 192.168.200.255 scope global noprefixroute ens160
      valid_lft forever preferred_lft forever
    inet6 fe80::20c:29ff:fe76:63e3/64 scope link noprefixroute
      valid_lft forever preferred_lft forever
```

【例 5-6】　使用 ip 命令查看 ens160 网卡的 IP 地址。

```
[root@Server ~]# ip a show ens160
2: ens160: <BROADCAST,MULTICAST,UP,LOWER_UP> mtu 1500 qdisc mq state UP group default
qlen 1000
    link/ether 00:0c:29:76:63:e3 brd ff:ff:ff:ff:ff:ff
    altname enp3s0
    inet 192.168.200.8/24 brd 192.168.200.255 scope global noprefixroute ens160
      valid_lft forever preferred_lft forever
    inet6 fe80::20c:29ff:fe76:63e3/64 scope link noprefixroute
      valid_lft forever preferred_lft forever
```

【例 5-7】　使用 ip 命令停用、启用 ens160 网卡。

```
[root@Server ~]# ip link set ens160 down
[root@Server ~]# ip link set ens160 up
```

2. ping 命令

ping 是常用的网络诊断命令，它通过发送 Internet 控制报文协议（Internet Control Message
Protocol，ICMP）请求报文用于测试本机与目标主机的连通性，命令格式如下。

```
ping [选项] 目标主机 IP 地址/域名
```

ping 命令的常用选项如表 5-1 所示。

表 5-1　ping 命令的常用选项

选项	说明
-c 次数	发送 ICMP 请求的次数

【例 5-8】　使用 ping 命令测试 Linux 虚拟机与物理机（192.168.200.1）的连通性。

```
[root@Server ~]# ping 192.168.200.1
PING 192.168.200.1 (192.168.200.1) 56(84) bytes of data.
64 bytes from 192.168.200.1: icmp_seq=1 ttl=128 time=0.385 ms
64 bytes from 192.168.200.1: icmp_seq=5 ttl=128 time=0.236 ms
^C
--- 192.168.200.1 ping statistics ---
2 packets transmitted, 2 received, 0% packet loss, time 4000ms
rtt min/avg/max/mdev = 0.197/0.252/0.385/0.068 ms
```

说明：使用 ping 命令时如果不指定请求次数，则测试过程不会自动终止，需要按 Ctrl+C 组合键终止。

【例 5-9】 使用 ping 命令测试本机与 www.ryjiaoyu.com 网站的连通性，设置请求 4 次。

```
[root@Server ~]# ping -c 4 www.ryjiaoyu.com
......
```

3. nmcli 命令

nmcli 是用于控制 NetworkManager 服务和显示网络状态的命令，命令格式如下。

```
nmcli [选项] 操作对象 { 子命令 | help }
```

nmcli 命令常用的操作对象是 device 和 connection。device 是指物理网络设备，比如网卡；而 connection 是指与物理网络设备关联的连接配置。多个 connection 可以关联到同一个 device，但是同一时刻，一个 device 只能启用其中一个 connection。

nmcli 命令的常见用法如表 5-2 所示。

表 5-2 nmcli 命令的常见用法

用法	简化用法	功能
nmcli help	nmcli h	显示 nmcli 命令的帮助信息
nmcli device status	nmcli d s	显示全部网络设备的状态信息
nmcli device show ens160	nmcli d show ens160	显示 ens160 网卡的状态信息
nmcli device disconnect ens160	nmcli d dis ens160	断开 ens160 网卡的连接配置
nmcli device connect ens160	nmcli d con ens160	激活 ens160 网卡的连接配置
nmcli connection show	nmcli c s	显示所有连接配置的状态信息
nmcli connection show ens160	nmcli c show ens160	显示 ID 为 ens160 的连接配置
nmcli connection down ens160	nmcli c down ens160	停用 ID 为 ens160 的连接配置
nmcli connection up ens160	nmcli c up ens160	激活 ID 为 ens160 的连接配置
nmcli connection modify ens160 con.autoconnect yes	nmcli c modify ens160 c.autoconnect yes	设置 ens160 自动连接网络
nmcli connection modify ens160 ipv4.method auto	nmcli c modify ens160 ipv4.method auto	设置 ens160 的 IPv4 方式为自动

【例 5-10】 显示 nmcli 命令的帮助信息。

```
[root@Server ~]# nmcli help
用法: nmcli [选项] 对象 { 命令 | help }

选项
 -a, --ask                           询问缺少的参数
 -c, --colors auto|yes|no            是否在输出中使用颜色
 -e, --escape yes|no                 转义值中的列分隔符
 -f, --fields <字段,...>|all|common   指定要输出的字段
```

```
-g, --get-values <字段,...>|all|common    -m tabular -t -f 的快捷方式
-h, --help                               打印此帮助
-m, --mode tabular|multiline             输出模式
-o, --overview                           概览模式
-p, --pretty                             美化输出
-s, --show-secrets                       允许显示密码
-t, --terse                              简介输出
-v, --version                            显示程序版本
-w, --wait <秒数>                         设定操作完成的等待超时

对象
  g[eneral]                              NetworkManager 的常规状态和操作
  n[etworking]                           整体网络控制
  r[adio]                                NetworkManager 无线电开关
  c[onnection]                           NetworkManager 的连接
  d[evice]                               NetworkManager 管理的设备
  a[gent]                                NetworkManager 机密（secret）或 polkit 代理
  m[onitor]                              监视 NetworkManager 更改
```

【例 5-11】 使用 nmcli 命令显示全部网络设备的状态信息。

```
[root@Server ~]# nmcli d s
DEVICE  TYPE      STATE       CONNECTION
ens160  ethernet  已连接       ens160
lo      loopback  连接（外部）  lo
```

【例 5-12】 使用 nmcli 命令显示所有连接配置的状态信息。

```
[root@Server ~]# nmcli c s
NAME    UUID                                  TYPE      DEVICE
ens160  e4304b16-bae8-361d-8897-00868d266174  ethernet  ens160
lo      f744b9e0-4deb-4ad6-819a-e7bd36c61c3d  loopback  lo
```

【例 5-13】 使用 nmcli 命令查看 ens160 网卡的状态信息和连接配置。

```
[root@Server ~]# nmcli d show ens160
GENERAL.DEVICE:             ens160
GENERAL.TYPE:               ethernet
GENERAL.HWADDR:             00:0C:29:76:63:E3
GENERAL.MTU:                1500
GENERAL.STATE:              100（已连接）
GENERAL.CONNECTION:         ens160
GENERAL.CON-PATH:           /org/freedesktop/NetworkManager/ActiveConnection/2
WIRED-PROPERTIES.CARRIER:   开
IP4.ADDRESS[1]:             192.168.200.8/24
IP4.GATEWAY:                192.168.200.2
IP4.ROUTE[1]:               dst = 192.168.200.0/24, nh = 0.0.0.0, mt = 100
IP4.ROUTE[2]:               dst = 0.0.0.0/0, nh = 192.168.200.2, mt = 100
IP4.DNS[1]:                 114.114.114.114
……
[root@Server ~]# nmcli c show ens160
connection.id:              ens160
connection.uuid:            e4304b16-bae8-361d-8897-00868d266174
connection.stable-id:       --
connection.type:            802-3-ethernet
connection.interface-name:  ens160
connection.autoconnect:     是
……
ipv4.method:                manual
ipv4.dns:                   114.114.114.114
ipv4.dns-search:            --
ipv4.dns-options:           --
```

```
ipv4.dns-priority:                    0
ipv4.addresses:                       192.168.200.8/24
ipv4.gateway:                         192.168.200.2
```

【例 5-14】 使用 nmcli 命令更改 ens160 连接配置并将其激活。要求此连接配置的 IPv4 方式为自动。

```
[root@Server ~]# nmcli c modify ens160 ipv4.method auto
[root@Server ~]# nmcli c up ens160
连接已成功激活（D-Bus 活动路径: /org/freedesktop/NetworkManager/ActiveConnection/7）
```

查看网卡 ens160 自动获取的 IP 地址。

```
[root@Server ~]# ip a show ens160
2: ens160: <BROADCAST,MULTICAST,UP,LOWER_UP> mtu 1500 qdisc mq state UP group default
qlen 1000
    link/ether 00:0c:29:76:63:e3 brd ff:ff:ff:ff:ff:ff
    altname enp3s0
    inet 192.168.200.8/24 brd 192.168.200.255 scope global noprefixroute ens160
      valid_lft forever preferred_lft forever
    inet 192.168.200.128/24 brd 192.168.200.255 scope global dynamic noprefixroute
ens160
      valid_lft 1790sec preferred_lft 1790sec
    inet6 fe80::20c:29ff:fe76:63e3/64 scope link noprefixroute
      valid_lft forever preferred_lft forever
```

【例 5-15】 使用 nmcli 命令更改 ens160 连接配置并将其激活。具体配置：设置静态 IP 地址为 192.168.200.8，设置子网掩码为 255.255.255.0，设置默认网关为 192.168.200.2，设置 DNS 服务器为 8.8.8.8，启用自动连接网络。

```
[root@Server ~]# nmcli c modify ens160 \
ipv4.method manual \
ipv4.addr 192.168.200.8/24 \
ipv4.gateway 192.168.200.2 \
ipv4.dns 8.8.8.8 \
connection.autoconnect yes
```

说明：如果 Linux 命令太长，可以使用反斜线（\）进行换行，将命令分成多行输入，需要注意，反斜线前面需要输入一个空格。

在例 5-14 和例 5-15 中，nmcli 命令的参数功能如表 5-3 所示。

表 5-3　nmcli 命令的参数功能

nmcli 命令的参数	功能
ipv4.method manual	IPv4 方式为手动（分配静态 IP 地址）
ipv4.method auto	IPv4 方式为自动
ipv4.addr 192.168.200.8/24	设置 IP 地址与掩码位数
ipv4.gateway 192.168.200.2	设置网关
ipv4.dns 8.8.8.8	设置 DNS 服务器
connection.autoconnect yes	设置此网络设备自动连接网络

配置完毕，需要重新激活连接使配置生效。

```
[root@Server ~]# nmcli c up ens160
连接已成功激活（D-Bus 活动路径: /org/freedesktop/NetworkManager/ActiveConnection/8）
[root@Server ~]# ip a show ens160
2: ens160: <BROADCAST,MULTICAST,UP,LOWER_UP> mtu 1500 qdisc mq state UP group default
```

```
qlen 1000
    link/ether 00:0c:29:76:63:e3 brd ff:ff:ff:ff:ff:ff
    altname enp3s0
    inet 192.168.200.8/24 brd 192.168.200.255 scope global noprefixroute ens160
       valid_lft forever preferred_lft forever
......
```

说明：执行以下命令重启 NetworkManager 服务也可激活新的连接配置。

```
[root@Server ~]# systemctl restart NetworkManager
```

4. ss 命令

ss 命令用于显示网络套接字状态，比如显示当前监听的端口。该命令的命令格式如下。

```
ss [选项]
```

ss 命令的常用选项如表 5-4 所示。

表 5-4　ss 命令的常用选项

选项	说明
-t	只显示传输控制协议（Transmission Control Protocol，TCP）的 Socket 连接
-u	只显示用户数据报协议（User Datagram Protocol，UDP）的 Socket 连接
-n	以数字形式显示 IP 地址和端口号，不进行域名解析
-l	仅列出正在监听的 Socket 连接
-p	显示相关连接的进程信息，如进程名称、PID（进程号）

【例 5-16】 使用 ss 命令列出正在监听的 TCP 端口信息。

```
[root@Server ~]# ss -ntlp
State  Recv-Q Send-Q Local Address:Port Peer Address:Port  Process
LISTEN 0      128        127.0.0.1:631      0.0.0.0:*  users:(("cupsd",pid=981,fd=7))
LISTEN 0      128        127.0.0.1:6010     0.0.0.0:*  users:(("sshd",pid=3849,fd=9))
LISTEN 0      128          0.0.0.0:22       0.0.0.0:*  users:(("sshd",pid=983,fd=3))
LISTEN 0      128            [::1]:631         [::]:*  users:(("cupsd",pid=981,fd=6))
LISTEN 0      128            [::1]:6010        [::]:*  users:(("sshd",pid=3849,fd=8))
LISTEN 0      128             [::]:22          [::]:*  users:(("sshd",pid=983,fd=4))
```

命令执行结果的每一列都提供了有用的信息。例如，State 列显示连接的状态，Local Address:Port 列显示本地 IP 地址和端口，Peer Address:Port 列显示远程 IP 地址和端口，Process 列显示监听此端口的进程信息。

5. wget 命令

wget 是用于从指定统一资源定位符（Uniform Resource Locator，URL）下载文件的命令，它支持超文本传送协议（HyperText Transfer Protocol，HTTP）、超文本传输安全协议（HyperText Transfer Protocol Secure，HTTPS）和文件传输协议（File Transfer Protocol，FTP）等下载协议。其命令格式如下。

```
wget [选项] URL
```

wget 命令的常用选项如表 5-5 所示。

表 5-5　wget 命令的常用选项

选项	说明
-P <目录路径>	将文件下载到指定目录

【例 5-17】 下载 nginx 软件安装包到当前目录。

```
[root@Server ~]# wget http://n***x.org/download/nginx-1.24.0.tar.gz
```

5.2.5 管理系统服务：systemctl 命令

微课 5-2 系统
服务

系统服务是指在操作系统中运行，用于提供某项功能的程序，比如邮件服务、FTP 服务等。

使用 systemctl 命令可以对服务进行管理，如启动、停止、查看服务及允许服务开机启动等。systemctl 命令的主要子命令如表 5-6 所示。

表 5-6 systemctl 命令的主要子命令

用法	说明
systemctl start 服务名称	启动服务
systemctl stop 服务名称	停止服务
systemctl status 服务名称	显示服务的运行状态
systemctl restart 服务名称	重启服务
systemctl enable 服务名称	设置服务开机启动
systemctl disable 服务名称	禁止服务开机启动
systemctl reload 服务名称	重新加载服务的配置
systemctl list-units --type=service	查看系统中的所有服务
systemctl set-default multi-user.target	设置开机默认进入命令行界面
systemctl set-default graphical.target	设置开机默认进入图形化界面

【例 5-18】 查看 NetworkManager 服务的运行状态。

```
[root@Server ~]# systemctl status NetworkManager
● NetworkManager.service - Network Manager
    Loaded: loaded (/usr/lib/systemd/system/NetworkManager.service; enabled; preset:
enabled)
    Active: active (running) since Thu 2024-02-29 13:35:35 CST; 2h 37min ago
      Docs: man:NetworkManager(8)
  Main PID: 975 (NetworkManager)
     Tasks: 3 (limit: 10804)
    Memory: 9.1M
       CPU: 590ms
    CGroup: /system.slice/NetworkManager.service
            └─975 /usr/sbin/NetworkManager --no-daemon
```

【例 5-19】 停止 NetworkManager 服务，并查看服务的运行状态。

```
[root@Server ~]# systemctl stop NetworkManager
[root@Server ~]# systemctl status NetworkManager
○ NetworkManager.service - Network Manager
    Loaded: loaded (/usr/lib/systemd/system/NetworkManager.service; enabled; preset:
enabled)
    Active: inactive (dead) since Thu 2024-02-29 16:16:50 CST; 2min 32s ago
......
```

【例 5-20】 启动、重启 NetworkManager 服务。

```
[root@Server ~]# systemctl start NetworkManager
[root@Server ~]# systemctl restart NetworkManager
```

5.3　配置和使用 SSH 服务

5.3.1　使用 SSH 方式远程登录 Linux 主机

微课 5-3　使用
ssh 命令远程登录
Linux

安全外壳（Secure Shell，SSH）协议是一种能够以安全的方式提供远程登录的协议。目前，远程管理 Linux 系统的首选方式就是 SSH 远程登录，用户在使用 SSH 远程登录后，就可以对计算机进行远程控制或在计算机之间传送文件。

OpenSSH 是一套基于 SSH 协议的开源软件，在 RHEL 9.2/CentOS Stream 9 系统中已经默认安装。完整的 OpenSSH 包含两个程序：客户端程序（ssh）、服务器程序（sshd）。Linux 通过 sshd 服务提供 Linux 服务器的远程登录，它提供两种验证身份的方法。

- 基于密码的验证：通过用户名和密码来验证登录。
- 基于密钥的验证：需要在客户端本地生成密钥对（私钥和公钥），自己保留私钥，将公钥上传至服务器。登录时，服务器使用公钥对客户端发来的加密字符串进行解密认证，从而验证客户端用户的身份。该方法相较来说更安全。

【例 5-21】 查看 sshd 服务的运行状态。

```
[root@Server ~]# systemctl status sshd
● sshd.service - OpenSSH server daemon
    Loaded: loaded (/usr/lib/systemd/system/sshd.service; enabled; preset: enabled)
    Active: active (running) since Thu 2024-03-07 13:35:35 CST; 2h 56min ago
……
```

【例 5-22】 使用 ssh 命令远程登录服务器。

ssh 是 OpenSSH 的客户端程序，用于从客户端远程登录服务器，Linux 系统默认已安装了 ssh 命令。此外，Windows 10、Windows 11 系统也提供了 ssh 命令，用于从 Windows 客户端通过 SSH 协议连接到 Linux 服务器。

使用 ssh 命令基于密码验证方式远程登录的命令格式如下。

```
ssh　[选项]　用户名@主机 IP 地址
```

假设 Linux 服务器的主机名为 Server，IP 地址为 192.168.200.8。下面以 Windows 物理机作为客户端，以 Linux 服务器中的 ops 用户身份远程登录服务器。

首先在 Windows 中打开命令提示符界面，使用 ssh 命令远程登录。

```
Microsoft Windows [版本 10.0.22631.3155]
(c) Microsoft Corporation。保留所有权利。

C:\Users\leeb>ssh ops@192.168.200.8
The authenticity of host '192.168.200.8 (192.168.200.8)' can't be established.
ED25519 key fingerprint is SHA256:RdwY2TSqzim3BfmoIi+yOcxIsbzGgEsePqPN1+MrV/Y.
This key is not known by any other names
Are you sure you want to continue connecting (yes/no/[fingerprint])? yes
Warning: Permanently added '192.168.200.8' (ED25519) to the list of known hosts.
ops@192.168.200.8's password:              # 在此处输入 Linux 服务器的 ops 用户的密码
Activate the web console with: systemctl enable --now cockpit.socket

Register this system with Red Hat Insights: insights-client --register
Create an account or view all your systems at https://red.ht/insights-dashboard
```

```
Last login: Mon Mar 11 10:39:07 2024 from 192.168.200.1
[ops@Server ~]$
```

登录成功后，界面如图 5-15 所示。

图 5-15　成功从 Windows 客户端远程登录 Linux 服务器的界面

然后查看 ops 用户的登录信息。

```
[ops@Server ~]$ who am i
ops        pts/0        2024-03-11 10:39 (192.168.200.164)
```

最后执行 exit 命令注销登录。

```
[ops@Server ~]$ exit
注销
Connection to 192.168.200.8 closed.
```

> **注意**　ssh 命令默认使用 TCP 22 号端口进行远程登录，如果要更换为其他端口，则使用 -P 选项设置端口号，命令格式如下。
>
> ssh -P 端口号 用户名@主机 IP 地址

【例 5-23】　配置 root 用户以密码验证方式进行 SSH 登录。

RHEL 9.2/CentOS Stream 9 默认不支持 root 用户以密码验证方式进行 SSH 登录，以确保服务器的安全性。如果希望允许 root 用户能以密码验证方式进行 SSH 登录，需要修改 sshd 服务的主配置文件/etc/ssh/sshd_config，在该文件中将 PermitRootLogin 参数值设置为 yes。具体步骤如下。

（1）使用 Vim 编辑器打开配置文件/etc/ssh/sshd_config。

```
[root@Server ~]# vim /etc/ssh/sshd_config
```

（2）在 Vim 编辑器中搜索 PermitRootLogin，找到如下的配置行。

```
#PermitRootLogin prohibit-password
```

（3）删除#PermitRootLogin 前的#以取消注释，并把参数值 prohibit-password 改成 yes，然后保存文件并退出。

```
PermitRootLogin yes
```

（4）重启 sshd 服务，使新配置生效。

```
[root@Server ~]# systemctl restart sshd
```

（5）在 Windows 客户端中打开命令提示符界面，以 root 用户身份登录 Linux 服务器。

```
Microsoft Windows [版本 10.0.22631.3155]
(c) Microsoft Corporation。保留所有权利。

C:\Users\leeb>ssh root@192.168.200.8
root@192.168.200.8's password:          # 在此处输入 root 用户的密码
```

```
Activate the web console with: systemctl enable --now cockpit.socket

Register this system with Red Hat Insights: insights-client --register
Create an account or view all your systems at https://red.ht/insights-dashboard
Last login: Mon Mar 11 09:08:19 2024 from 192.168.200.1
[root@Server ~]#
```

5.3.2　配置 SSH 密钥验证

微课 5-4　配置
SSH 密钥验证

使用基于密码的验证方式进行 SSH 远程登录时，密码有可能被截获进而被暴力破解。使用密钥验证方式则无须输入密码，消除了密码验证存在的风险，因此密钥验证方式更加安全、快捷。

【例 5-24】 配置 root 用户以密钥验证方式进行 SSH 登录。

准备两台 Linux 虚拟机，以其中一台作为服务器，另一台作为客户端，如表 5-7 所示。配置实现 Linux 客户端通过密钥验证登录服务器。

表 5-7　例 5-24 中 Linux 服务器和客户端的信息

主机类型	IP 地址	主机名
Linux 服务器	192.168.200.8	Server
Linux 客户端	192.168.200.101	Client

配置 root 用户以密钥验证方式登录服务器时，需要在客户端执行 ssh-keygen 命令生成密钥对，然后执行 ssh-copy-id 命令将密钥对中的公钥上传至服务器。

具体操作步骤如下。

（1）在服务器 Server 中配置允许 root 用户以 SSH 方式远程登录。

```
[root@Server ~]# vim /etc/ssh/sshd_config
......
PermitRootLogin yes                # 配置 PermitRootLogin 参数值为 yes
......
```

配置完毕，重启 sshd 服务。

```
[root@Server ~]# systemctl restart sshd
```

（2）在客户端 Client 中生成密钥对。

```
[root@Client ~]# ssh-keygen
Generating public/private rsa key pair.
Enter file in which to save the key (/root/.ssh/id rsa):    #直接按 Enter 键
Enter passphrase (empty for no passphrase):                 #直接按 Enter 键
Enter same passphrase again:                                #直接按 Enter 键
Your identification has been saved in /root/.ssh/id rsa
Your public key has been saved in /root/.ssh/id rsa.pub
The key fingerprint is:
SHA256:aU7g8VhwH7cnB27OzTOBVbQnKKy6jsboi3qzJvdDWB8 root@client
The key's randomart image is:
+---[RSA 3072]----+
|     . . . o .oo|
|      o o + * .|
|     o . + B =..|
|    ..E* o = * o.|
|    o .o.S  o = |
|    . . .=      o |
|    . . .       |
```

```
|..* +. .          |
|+*+*ooo           |
+----[SHA256]-----+
```

说明：执行以上命令后，在/root/.ssh/目录中生成了私钥文件 id_rsa 和公钥文件 id_rsa.pub。

（3）在客户端 Client 中执行 ssh-copy-id 命令，将公钥文件传送至服务器 Server（服务器 IP
地址为 192.168.200.8）。

```
[root@Client ~]# ssh-copy-id 192.168.200.8
The authenticity of host '192.168.200.8 (192.168.200.8)' can't be established.
ED25519 key fingerprint is SHA256:RdwY2TSqzim3BfmoIi+yOcxIsbzGgEsePqPN1+MrV/Y.
This key is not known by any other names
Are you sure you want to continue connecting (yes/no/[fingerprint])? yes #输入 yes
/usr/bin/ssh-copy-id: INFO: attempting to log in with the new key(s), to filter out
any that are already installed
/usr/bin/ssh-copy-id: INFO: 1 key(s) remain to be installed -- if you are prompted
now it is to install the new keys
root@192.168.200.8's password:               # 输入 Linux 服务器的 root 用户的密码

Number of key(s) added: 1

Now try logging into the machine, with:  "ssh '192.168.200.8'"
and check to make sure that only the key(s) you wanted were added.
```

（4）在客户端 Client 中尝试登录服务器 Server，此时无须输入密码便可成功登录，至此实现
了 root 用户的 SSH 密钥验证登录。

```
[root@Client ~]# ssh root@192.168.200.8
Last login: Mon Mar 11 18:03:39 2024
[root@Server ~]#
```

**素养
提升**

互联网时代无疑带来了前所未有的机遇，但网络空间安全领域正面临日益复杂且紧迫的挑
战，2023 年 11 月，中国工商银行的美国子公司 ICBCFS 遭到黑客组织的攻击，造成部分系
统中断，引发业内关注。此次事件再次提醒我们，网络安全对于企业、个人而言都至关重要，
网络安全不仅关系到企业的正常运营和声誉，还涉及客户的隐私和数据安全。在追求创新的
同时，我们必须提高网络安全意识，时刻保持警惕，加强防范和应对措施。

5.3.3 远程复制文件：scp 命令

scp 是基于 SSH 协议，在网络上进行数据安全传输的命令。cp 命令只能在本地硬盘中复制文
件，而 scp 命令能够通过网络传输（复制）数据，且所有的数据都经过加密处理。

使用 scp 命令把本地文件上传到远程主机，命令格式如下。

```
scp [选项]  本地源文件  远程用户@远程主机 IP 地址:远程目标文件
```

使用 scp 命令把远程主机中的文件下载到本地，命令格式如下。

```
scp [选项]  远程用户@远程主机 IP 地址:远程源文件  本地目标文件
```

scp 命令的常用选项如表 5-8 所示。

表 5-8　scp 命令的常用选项

选项	说明
-P <端口号>	指定远程主机的 SSH 服务端口号
-r	用于递归传输（复制）目录

使用 scp 命令时,需要注意以下几点。

(1)对于本地文件的路径,可以用绝对路径或相对路径表示,远程文件的路径必须用绝对路径表示。

(2)传送目录时,需要使用-r 选项。

(3)远程主机 IP 地址和远程文件的路径之间使用冒号分隔开。

【例 5-25】 使用 scp 命令完成 Linux 客户端与服务器之间的文件传输。

准备两台 Linux 虚拟机,以其中一台作为服务器,另一台作为客户端,如表 5-9 所示。使用 scp 命令完成 Linux 客户端与服务器之间的文件传输。

表 5-9 例 5-25 中 Linux 服务器和客户端的信息

主机类型	IP 地址	主机名
Linux 服务器	192.168.200.8	Server
Linux 客户端	192.168.200.101	Client

(1)在客户端中新建一个文件 hello.txt。

```
[root@Client ~]# echo hello Server! this is Client > hello.txt
```

(2)将客户端中的本地文件 hello.txt 复制到服务器的/root 目录中。

```
[root@Client ~]# scp hello.txt 192.168.200.8:/root
root@192.168.200.8's password:
hello.txt                            100%   29    1.8KB/s   00:00
```

(3)在客户端中使用 ssh 命令以 root 用户身份登录服务器,查看上传的 hello.txt 文件并为其添加内容。

```
[root@Client ~]# ssh root@192.168.200.8
root@192.168.200.8's password:
Last login: Tue May 27 11:27:51 2023 from 192.168.200.101
[root@Server ~]# ls *.txt
hello.txt
[root@Server ~]# cat hello.txt
hello Server! this is Client
[root@Server ~]# echo Hello! this is Server >> hello.txt
[root@Server ~]# exit
登出
```

(4)在客户端中使用 scp 命令将 hello.txt 文件从服务器下载到客户端的/root 目录中,并将所下载的文件重命名为 rehello.txt。

```
[root@Client ~]# scp 192.168.200.8:/root/hello.txt  /root/rehello.txt
root@192.168.200.8's password:
hello.txt                            100%   51    27.3KB/s   00:00
[root@Client ~]# ls *.txt
hello.txt       rehello.txt
[root@Client ~]# cat rehello.txt
hello Server! this is Client
Hello! this is Server
```

5.3.4 SSH 客户端软件

SSH 客户端软件提供了更加友好的界面、方便的操作用于管理远程的 Linux 服务器,常用的 SSH 客户端软件有 Xshell、MobaXterm、PuTTY 等。

1. Xshell

Xshell 是我国比较流行的 SSH 客户端软件。与同类软件相比，Xshell 更加注重用户体验，比如其现代化的界面、支持多种语言、代码高亮等，对于初学者而言非常友好。Xshell 提供了便于家庭和学校用户使用的免费版本，在 Xshell 官方网站就可以下载 Xshell。

2. MobaXterm

MobaXterm 是一款优秀的 SSH 客户端软件。它的功能比较全面，支持 SSH、Telnet、FTP 等多种协议，配合内置的 SFTP 文件管理工具和 MobaTextEditor 文本编辑器，可以使管理远程终端文件更加便捷。

3. PuTTY

PuTTY 是一款开源、免费的 SSH 客户端软件。该软件的特点是非常小巧，大小只有 1MB 左右，下载其绿色版本后可以免安装使用。

项目实施

任务 5-1　配置 Linux 服务器的网络连接

配置 Linux 服务器（虚拟机）的默认网络连接 ens160，使服务器能连接外网。具体网络配置如表 5-10 所示。

表 5-10 服务器的网络配置

主机名	IP 地址	子网掩码	默认网关	DNS 服务器
Server	192.168.200.10	255.255.255.0	192.168.200.2	8.8.8.8

（1）使用 nmcli 命令配置网络连接 ens160。

```
[root@Server ~]# nmcli c modify ens160 \
ipv4.method manual \
ipv4.addr 192.168.200.10/24 \
ipv4.gateway 192.168.200.2 \
ipv4.dns 8.8.8.8 \
connection.autoconnect yes
```

（2）重新启动 NetworkManager 服务。

```
[root@Server ~]# systemctl restart NetworkManager
```

（3）查看服务器的 IP 地址。

```
[root@Server ~]# ip a
```

（4）测试与网站 www.ryjiaoyu.com 的连通性，确保 Linux 虚拟机能正常连接外网。

```
[root@Server ~]# ping www.ryjiaoyu.com
```

任务 5-2　使用 Xshell 远程登录 Linux 服务器

配置 Linux 的 SSH 服务，允许 root 用户以 SSH 方式登录。在 Windows 系统（物理机）中使用 SSH 客户端软件 Xshell 远程登录 Linux 服务器。

（1）配置 sshd 服务。

修改 Linux 系统中 sshd 服务的主配置文件 /etc/ssh/sshd_config，在该文件中将 PermitRootLogin 参数值设置为 yes，以允许 root 用户以 SSH 方式登录。具体步骤如下。

① 使用 Vim 编辑器打开配置文件 /etc/ssh/sshd_config。

```
[root@Server ~]# vim /etc/ssh/sshd_config
```

② 将 PermitRootLogin 参数值修改为 yes，并保存配置文件，如下所示。

```
PermitRootLogin yes
```

③ 重启 sshd 服务，使新配置生效。

```
[root@Server ~]# systemctl restart sshd
```

（2）测试 Windows 物理机与 Linux 服务器的连通性。

使用 ping 命令测试 Windows 物理机与 Linux 服务器（IP 地址为 192.168.200.10）的连通性。在物理机上打开 Windows 命令提示符界面，输入以下命令并执行，执行结果如图 5-16 所示。

```
ping 192.168.200.10
```

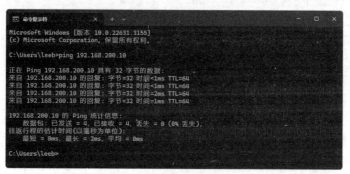

图 5-16　在 Windows 命令提示符界面中执行 ping 命令的结果

（3）在 Windows 物理机中安装和运行 SSH 客户端软件。

① 在 Windows 计算机中下载并安装 Xshell，安装采用默认配置。

② 运行 Xshell，主界面如图 5-17 所示。

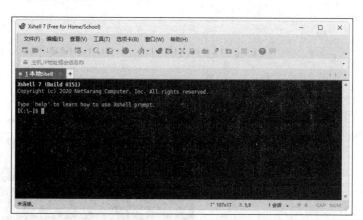

图 5-17　Xshell 主界面

③ 在 Xshell 主界面中依次选择"文件"→"新建"命令，打开"新建会话属性"对话框，如图 5-18 所示。在"常规"选项组的"名称"文本框和"主机"文本框中输入相应内容，其中"名

称"文本框中可以随意填写，"主机"文本框中要填写 Linux 服务器的 IP 地址，此处输入 192.168.200.10，"协议"使用默认值 SSH，"端口号"使用默认值 22。

④ 在"新建会话属性"对话框左侧的"类别"中选择"用户身份验证"，然后输入用户名和密码，配置完毕，单击"连接"按钮，如图 5-19 所示。

图 5-18 "新建会话属性"对话框

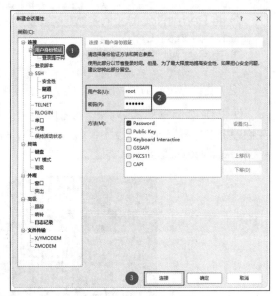

图 5-19 输入用户名和密码

⑤ 首次连接 Linux 服务器时会出现 SSH 安全警告，单击"接受并保存"按钮，如图 5-20 所示，将 Linux 服务器的主机密钥在本地密钥数据库中注册。

⑥ 在 Xshell 中使用 SSH 方式成功登录 Linux 服务器后，界面中显示 bash 命令提示符，结果如图 5-21 所示。

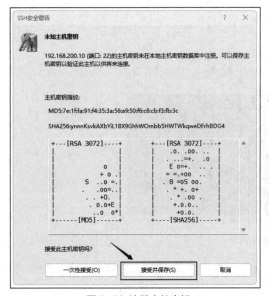

图 5-20 注册主机密钥

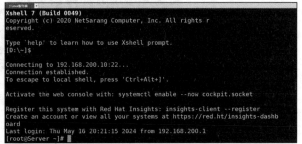

图 5-21 使用 Xshell 登录 Linux 服务器的结果

小结

通过学习本项目,读者了解了 VMware 中 3 种网络工作模式的特点和设置方法,掌握了 RHEL 9.2/CentOS Stream 9 中基本网络功能的配置方法，学会了使用 SSH 远程登录方式管理 Linux 服务器。

Linux 作为一个典型的网络操作系统，提供了强大的网络功能。若要完成 Linux 系统中网络功能的配置，可以修改相应的配置文件，也可以运用 Linux 命令进行设置，或者两者结合起来使用。Linux 系统中网络功能的配置方法非常灵活,要想完全掌握并不容易,需要在学习中多练习、多总结。

本项目知识点的思维导图如图 5-22 所示。

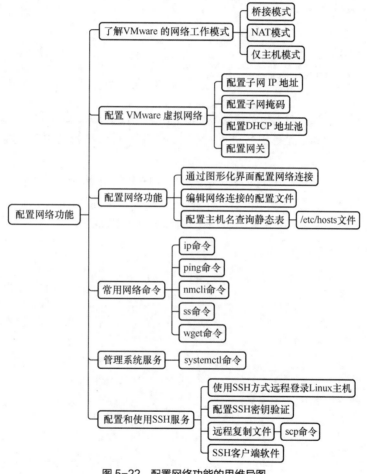

图 5-22　配置网络功能的思维导图

习题

一、选择题

1. 关于 Linux 网络管理命令，以下说法错误的是（　　）。

A. nmcli 命令可以用来配置 IP 地址

B. ping 命令 ping 不通对方主机就意味着网络有问题

C. ip 命令可以用来查看网卡的 IP 地址

D. ss 命令可以显示本机当前监听的端口

2. 要配置 RHEL 9.2 中网络连接 ens160 的 IP 地址，需要编辑（　　　）文件。

A. /etc/NetworkManager/system-connections/ens160.nmconnection

B. /etc/NetworkManager/ens160.nmconnection

C. /etc/system-connections/ens160.nmconnection

D. /etc/system-connections/NetworkManager/ens160.nmconnection

3. 修改网络连接配置文件 ens160.nmconnection 之后，执行（　　　）命令可以使配置生效。

A. systemctl restart network

B. systemctl restart NetworkManager

C. systemctl reload network

D. systemctl reload NetworkManager

二、填空题

1. _____文件为主机名查询静态表，该文件包含主机名和 IP 地址之间的映射关系。

2. _____命令是基于 SSH 协议，在网络上进行数据安全传输的命令。

三、简答题

1. 简述以编辑.nmconnection 网络连接配置文件方式配置网络参数的操作步骤。

2. 本地主机与远程主机均为 Linux 系统，要将本地文件/root/data.txt 传送到 IP 地址为 192.168.200.20 的远程主机的目录/opt 下，请写出具体操作命令。

项目6
管理软件包与进程

项目导入

近日，公司开发部承接了一个新的项目，项目的运行环境为 RHEL 9.2，开发语言为 Java，数据库为 MySQL，他们需要技术支持，领导安排小乔帮助同事完成对开发环境的搭建。

小乔知道在 Linux 系统中安装软件包有多种方式，如使用 rpm 命令安装和使用 yum 命令安装等。由于软件包有多个版本，小乔需要安装满足开发部实际需求的软件包，因此她与开发部同事进行了细致交流后，将本次任务分成了两个子任务，安装 JDK 1.8 和安装 MySQL 8.0。

在测试环境时，小乔发现当前系统中已经安装了 JDK 1.8，满足开发部的需求，无须再次安装。

因此，在本项目中，小乔只需要安装 MySQL 8.0 即可。

职业能力目标及素养目标

- 掌握 Linux 系统中 rpm 软件包的管理方法，能够使用 rpm 命令执行软件包的安装、查询、升级和卸载等任务。
- 掌握 Linux 系统中本地和网络 yum 仓库的配置方法，能够使用 yum 命令执行软件包的安装、查询、升级和卸载等任务。

- 掌握 Linux 系统中进程的概念及常用的相关命令，能熟练使用 ps、top、kill 等命令执行进程管理等任务。
- 具有诚信意识和责任意识。

知识准备

6.1 使用 RPM 管理软件包

Red Hat 软件包管理器（Red Hat Package Manager，RPM）是一种开放的软件包管理器，用于在 Linux 系统中管理 rpm 软件包。

6.1.1 了解 rpm 软件包

在使用 RPM 管理软件之前，需要先了解软件包的种类及 rpm 软件包的命

微课 6-1　RPM 软件包及其管理方法

名规则。

1. 软件包的种类

Linux 系统中常见的软件包分为两种：源码包和二进制包。

（1）源码包：没有经过编译的包，需要经过 gcc、javac 等编译器编译后，才能在系统中运行。源码包一般是扩展名为.tar.gz、.zip、.rar 的文件。

（2）二进制包：已经编译好，可以直接安装、使用的包，如扩展名为.rpm 的文件。

在 Linux 系统的早期版本中，由于大部分软件仅提供源码包，需要安装者自行编译代码并处理软件依赖关系，因此要安装好一个软件或者服务程序，不仅需要安装者具备耐心，还需要具备丰富的知识、高超的技能。因此使用源码包安装软件是非常困难的，后续如果需要升级或者卸载程序，又要考虑与其他程序的依赖关系。

为了简化 Linux 系统中软件安装、卸载和更新等过程，RPM 应运而生。RPM 是一种开放的软件包管理系统，提供了用于安装、升级、卸载等操作的命令，大大降低了软件管理的复杂性，逐渐被公众所认可，目前已存在于各种版本的 Linux 系统中。通俗来讲，RPM 有点像 Windows 系统中的控制面板，会建立统一的数据库文件，详细记录软件信息并能够自动分析依赖关系。

2. rpm 软件包的命名规则

rpm 软件包的文件名相比 Windows 系统中的文件名来说较长一些，作为初学者，需要了解 Linux 系统中 rpm 软件包文件名的格式。

rpm 软件包的文件名的一般格式为：name-version1-version2-arch.rpm。

各部分的含义如表 6-1 所示。

表 6-1　rpm 软件包的文件名各部分的含义

部分	说明
name	表示软件名称
version1	表示软件版本号，格式为"主版本号.次版本号.修正号"
version2	表示软件的发布版本号，通常代表是第几次编译生成的
arch	表示包的适用平台
.rpm	表示包的类型，这种类型的可以直接安装

如 dhcp-server-4.4.2-19.b1.el9.x86_64.rpm 是 Linux 映像文件中存在的软件包，下面以此为例，细致讲解 rpm 软件包的命名规则。

（1）dhcp-server 是软件的名称。

（2）4.4.2 是软件的版本号。

（3）19.b1.el9 表示软件是第 19 次编译生成的，并且是针对 Enterprise Linux 9（el9）的版本。

（4）x86_64 表示包适用的硬件平台。

（5）.rpm 是包的扩展名。

6.1.2　管理 rpm 软件包：rpm 命令

在 Linux 系统中使用 rpm 命令进行软件包的管理，命令格式如下。

```
rpm  [选项]  软件包名称
```

rpm 命令的常用选项如表 6-2 所示。

表 6-2　rpm 命令的常用选项

选项	说明
-i	安装软件包
-U	升级软件包
-e	卸载软件包
-q	查询已经安装的软件包
-V	检验已安装的软件包
-v	显示详细信息
-h	显示安装进度
-a	显示全部信息
--nodeps	忽略依赖关系，但是不建议使用该选项

注意　对于-i、-U、-e 选项，只有 root 用户才有权限使用，而-q 选项任何用户都可以使用。

1. 安装 Linux 映像文件的软件包

Linux 系统的映像文件自带了很多扩展的 rpm 软件包，在安装一些基础软件时，不需要在网上下载 rpm 软件包，非常方便。

微课 6-2　使用 rpm 命令管理 软件包

【例 6-1】 使用 rpm 命令安装 lrzsz 软件包，用以提供 rz 和 sz 命令。在安装过程中显示安装进度和详细信息（lrzsz 的 rpm 软件包就存在于映像文件中）。

（1）打开 VMware Workstation Pro 17 的"虚拟机设置"对话框，连接方式选择"使用 ISO 映像文件"，并将目录改为映像文件的实际目录，如图 6-1 所示，单击"确定"按钮。

（2）单击 VMware Workstation Pro 17 右下角的光盘图标，选择"连接"，如图 6-2 所示。

图 6-1　设置虚拟机

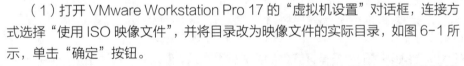

图 6-2　连接光盘

（3）执行 mkdir 命令，创建/iso 文件夹。

```
[root@Server ~]# mkdir /iso
```

（4）执行 mount 命令，将映像文件挂载到/iso 文件。

```
[root@Server ~]# mount /dev/cdrom /iso
mount: /iso: WARNING: source write-protected, mounted read-only.
```

（5）执行 cd 命令，先进入/iso 目录，再进入 AppStream 目录，最后进入 Packages 目录。

```
[root@Server ~]# cd /iso
[root@Server iso]# cd BaseOS
[root@Server BaseOS]# cd Packages
```

（6）执行 rpm 命令，安装 lrzsz，并显示安装进度和详细信息。

```
[root@Server Packages]# rpm -ivh lrzsz-0.12.20-55.el9.x86_64.rpm
警告: lrzsz-0.12.20-55.el9.x86 64.rpm: 头 V3 RSA/SHA256 Signature, 密钥 ID fd431d51: NOKEY
Verifying...                        ################################ [100%]
准备中...                           ################################ [100%]
正在升级/安装...
   1:lrzsz-0.12.20-55.el9           ################################ [100%]
```

【例 6-2】 使用 rpm 命令查询已经安装的 lrzsz。

```
[root@Server Packages]# rpm -qa lrzsz
lrzsz-0.12.20-55.el9.x86_64
```

【例 6-3】 使用 rpm 命令卸载已经安装的 lrzsz。

```
[root@Server Packages]# rpm -e lrzsz
```

> **提示** 使用-q、-e 选项查询或者卸载软件时，只需要输入软件的名称，而不用输入整个软件包的名称。

【例 6-4】 使用 rpm 命令安装 gcc，并显示安装进度和详细信息。

```
[root@Server Packages]# rpm -ivh gcc-11.3.1-4.3.el9.x86_64.rpm
警告: gcc-11.3.1-4.3.el9.x86 64.rpm: 头 V3 RSA/SHA256 Signature, 密钥 ID fd431d51: NOKEY
错误: 依赖检测失败:
 glibc-devel >= 2.2.90-12 被 gcc-11.3.1-4.3.el9.x86_64 需要
 make 被 gcc-11.3.1-4.3.el9.x86_64 需要
```

从执行结果可以看出，gcc 安装失败，失败原因是：依赖检测失败。

尽管 rpm 软件包管理器能够帮助用户查询软件的相关依赖关系，但是对于检测出来的问题，还是需要运维人员自己手动解决。本例中的依赖关系不是特别复杂，但是一些大型软件可能与数十个程序都有依赖关系，在这种情况下，安装软件是非常困难的。

> **素养提升** 其实，我们学习知识也存在类似的依赖关系。如果之前没有学过英语，就看不懂英文错误提示；如果想要学习 Java 高级编程，就需要具备 Java 基础知识。所以，只有筑牢基础，稳扎稳打，才能获取更深、更专业的技术知识。

2. 安装 Windows 系统中上传的 rpm 软件包

【例 6-5】 使用 rpm 命令安装 vscode，在安装过程中显示安装进度和详细信息，rpm 软件包名称为 code-1.89.1-1715060595.el8.x86_64.rpm。

```
[root@Server ~]# rpm -ivh code-1.89.1-1715060595.el8.x86_64.rpm
错误: 打开 code-1.89.1-1715060595.el8.x86 64.rpm 失败: 没有那个文件或目录
```

执行上述命令后，显示了错误信息，原因是什么？执行 ls 命令，发现当前目录下并没有 code-1.89.1- 1715060595.el8.x86_64.rpm 软件包。解决步骤如下。

（1）在 Windows 系统中访问 Visual Studio Code 的官方网站，下载 vscode 的 rpm 软件包。

（2）执行 rz 命令，打开上传文件的对话框。

```
[root@Server ~]# rz
```

（3）选中 Windows 系统中 vscode 的 rpm 软件包，如图 6-3 所示，单击"打开"按钮。

（4）在工作目录下执行 ls 命令，可以看到 vscode 的 rpm 软件包已经被上传至相应目录下。

```
[root@Server ~]# ls
……  code-1.89.1-1715060595.el8.x86_64.rpm     ……
```

图 6-3　打开 rpm 软件包

（5）执行 rpm 命令进行安装，并显示安装进度和详细信息。

```
[root@Server ~]# rpm -ivh code-1.89.1-1715060595.el8.x86_64.rpm
警告: code-1.89.1-1715060595.el8.x86_64.rpm: 头 V4 RSA/SHA256 Signature, 密钥  ID
be1229cf: NOKEY
Verifying...                          ############################# [100%]
准备中...                             ############################# [100%]
正在升级/安装...
   1:code-1.89.1-1715060595.el8       ############################# [100%]
```

（6）在本地打开 vscode，就可以编写自己的代码了。需要注意的是，如果以 root 用户身份运行 vscode，需要在命令行界面中执行 code --no-sandbox --user-data-dir /opt 命令。

6.2　使用 yum 和 dnf 管理软件包

yum 和 dnf 是常用的软件包管理命令。

6.2.1　了解 yum 及 yum 软件仓库配置文件

为了进一步降低软件安装的难度和复杂度，yum 应运而生。

1. 了解 yum

yum 的英文全称为 Yellow dog Updater Modified，是一个自由、开源的命令行软件包管理工具，能够从指定的服务器上自动下载 rpm 软件包，自动升级、安装和卸载 rpm 软件包，自动检查依赖关系并一次安装所有依赖的软件包，无须烦琐地一次次安装。

微课 6-3　配置本地 yum 仓库

2. yum 软件仓库配置文件

使用 yum 的关键之处是具有可靠的软件仓库，软件仓库可以是 HTTP 站点、FTP 站点或者本地软件池等，Linux 系统中 yum 软件仓库的配置文件是.repo 文件。通常一个.repo 文件定义了一个或者多个软件仓库的细节内容，比如从哪里下载需要安装或者升级的软件包，.repo 文件中的设置内容将被 yum 读取和应用。yum 软件仓库配置文件默认存储在/etc/yum.repos.d 目录中。

6.2.2　搭建本地 yum 仓库

Linux 系统的映像文件中有很多扩展的 rpm 软件包，而 RHEL 9.2 的软件源分为两个主要的仓库。

（1）BaseOS：以传统 rpm 软件包的形式提供操作系统底层软件的核心数据集，是基础软件安装库。

（2）AppStream：包括额外的用户空间应用程序、运行时语言和数据库等，以支持不同的工作负载和用例。

在搭建本地 yum 仓库前，请确保 VMware 已经连接到本地映像文件的实际目录。接下来按照以下步骤搭建本地 yum 仓库。

（1）在软件仓库配置文件的默认目录（/etc/yum.repos.d 目录）中，使用 vim 命令新建并编辑 local.repo 文件，保存并退出，其中/iso 目录为映像文件的挂载目录。

```
[root@Server ~]# vim /etc/yum.repos.d/local.repo
//以下是 local.repo 文件的内容
[BaseOS]
name=BaseOS
baseurl=file:///iso/BaseOS
gpgcheck=0
enabled=1
[AppStream]
name=AppStream
baseurl=file:///iso/AppStream
gpgcheck=0
enabled=1
```

编辑 local.repo 文件时，需要注意以下几点。

① BaseOS 和 AppStream 用于定义软件仓库的名称。由于 RHEL 9.2 中有两个仓库，故此处定义两个软件仓库。

② name 用于定义仓库名和描述信息，通常设置该值是为了方便阅读软件仓库配置文件。

③ baseurl 指定的路径为映像文件挂载的路径，如果是本地仓库，则需在路径前加 file://；如果是 ftp 源的仓库，则需在路径前加 ftp://；如果是网络源的仓库，则需在路径前加 http://或 https://。需要特别注意的是，挂载路径必须指向该仓库中软件列表目录的上一级。

④ gpgcheck 用于校验软件包来源的安全性，0 表示不校验，1 表示校验。若为官方源或其他可信机构源可设置为 0，否则设置为 1。

⑤ enabled 用于设置是否启用该仓库源，0 表示不启用，1 表示启用。若未指明，默认值为 1。

（2）创建/iso 目录，并将映像文件挂载到该目录（如果/iso 目录已经存在，请忽略 mkdir 命令）。

```
[root@Server ~]# mkdir /iso
[root@Server ~]# mount /dev/cdrom /iso
mount: /iso: WARNING: source write-protected, mounted read-only.
```

（3）清除缓存并建立元数据缓存。

```
[root@Server ~]# yum clean all
[root@Server ~]# yum makecache
```

至此，本地 yum 仓库已经搭建好，接下来就可以使用 yum 命令或 dnf 命令安装软件了。

6.2.3　管理软件包：yum 和 dnf 命令

1. yum 命令

yum 命令可以安装、更新、删除、显示软件包，可以自动进行软件更新，基于软件仓库进行元数据分析，处理软件包依赖关系。该命令的命令格式如下。

```
yum  [选项]  [子命令]  包名称
```

yum 命令的常用选项及常用子命令分别如表 6-3 和表 6-4 所示。

表 6-3 yum 命令的常用选项

选项	说明
-h	显示帮助信息
-y	表示对于安装软件包过程中的提示，全部选择 yes
-q	不显示安装过程
--version	显示 yum 版本

表 6-4 yum 命令的常用子命令

子命令	说明
install	安装一个或多个软件包
remove	删除软件包
update	更新软件包
clean all	清除缓存数据，all 代表清除所有缓存数据
list	列出软件包，all 代表列出所有软件包
info	查看软件包的名称
history	列出使用 yum 命令安装软件包的历史记录
repolist	列出当前所有可用的 yum 仓库
help	显示帮助信息
makecache	建立缓存，提高速度

【例 6-6】 使用 yum 命令安装 gcc 软件包。

```
[root@Server ~]# yum install gcc -y
上次元数据过期检查: 0:02:04 前，执行于 2024 年 08 月 26 日 星期一 20 时 07 分 32 秒。
依赖关系解决。
================================================================================
 软件包          架构      版本                    仓库          大小
================================================================================
安装:
 gcc            x86 64    11.3.1-4.3.el9          AppStream     32 M
安装依赖关系:
 glibc-devel    x86 64    2.34-60.el9             AppStream     54 k
 glibc-headers  x86 64    2.34-60.el9             AppStream    556 k
 kernel-headers x86 64    5.14.0-284.11.1.el9 2   AppStream    5.0 M
 libxcrypt-devel x86 64   4.4.18-3.el9            AppStream     32 k
 make           x86 64    1:4.3-7.el9             BaseOS       542 k

事务概要
================================================================================
安装  6 软件包

总计: 38 M
安装大小: 94 M
................
已安装:
 gcc-11.3.1-4.3.el9.x86 64
 glibc-devel-2.34-60.el9.x86 64
 glibc-headers-2.34-60.el9.x86 64
 kernel-headers-5.14.0-284.11.1.el9_2.x86_64
```

```
libxcrypt-devel-4.4.18-3.el9.x86 64
make-1:4.3-7.el9.x86 64
```

完毕!

执行结果显示，yum 命令可以自动安装 gcc 软件包所依赖的 glibc-devel、kernel-headers、make 等包，无须人工干预。

【例 6-7】使用 yum info 命令查看安装后的 gcc 软件包。

```
[root@Server ~]# yum info gcc
BaseOS                              1.3 MB/s | 2.7 kB      00:00
AppStream                           3.1 MB/s | 3.2 kB      00:00
已安装的软件包
名称         : gcc
版本         : 11.3.1
发布         : 4.3.el9
架构         : x86 64
大小         : 85 M
源           : gcc-11.3.1-4.3.el9.src.rpm
仓库         : @System
来自仓库     : AppStream
概况         : Various compilers (C, C++, Objective-C, ...)
URL          : http://gcc.gnu.org
协议         : GPLv3+ and GPLv3+ with exceptions and GPLv2+ with
             : exceptions and LGPLv2+ and BSD
描述         : The gcc package contains the GNU Compiler Collection
             : version 11. You'll need this package in order to compile
             : C code.
```

执行结果显示，gcc 软件包已经成功安装。

2. dnf 命令

目前在比较新的 Linux 发行版本中，yum 命令已经被 dnf 命令替代，因此对于前文例子中使用 yum 命令的地方，均可直接使用 dnf 命令替换，具体用法不赘述。常用的 dnf 命令如表 6-5 所示。

表 6-5 常用的 dnf 命令

命令	作用	命令	作用
dnf repolist all	列出所有仓库	dnf remove 软件包名称	移除软件包
dnf list all	列出仓库中的所有软件包	dnf clean all	清除所有仓库缓存
dnf info 软件包名称	查看软件包信息	dnf grouplist	查看系统中已安装的软件包组
dnf install 软件包名称	安装软件包	dnf groupinstall 软件包组	安装指定的软件包组
dnf reinstall 软件包名称	重新安装软件包	dnf groupremove 软件包组	移除指定的软件包组
dnf update 软件包名称	升级软件包	dnf groupinfo 软件包组	查询指定的软件包组信息

6.2.4 搭建网络 yum 仓库

Linux 系统中的 sl 命令很有趣，也是通常所说的"小火车命令"，该命令需要先安装才可以使用。使用 yum 命令安装 sl 软件包，如下。

```
[root@Server ~]# yum install sl
未找到匹配的参数: sl
没有软件包需要移除。
依赖关系解决。
```

微课 6-4 搭建网络 yum 仓库

无需任何处理。
完毕!

当我们尝试使用 yum 命令安装 sl 软件包时,发现本地源中并没有可用的软件包,如何解决?这时就需要搭建网络 yum 仓库。

Linux 扩展包(Extra Packages for Enterprise Linux,EPEL)是 yum 的一个网络源,包含许多基本源中没有的软件包,但是在使用之前需要先配置 EPEL。下面以 EPEL 网络源的配置为例,演示网络仓库的配置方法,其他网络仓库类似。需要注意的是,要想使用网络源,先要保证 Linux 虚拟机能够上网,上网配置方法请参考项目 5 中的相关知识,这里不赘述。

(1)利用 wget 命令从 fedoraproject 下载 EPEL。

```
[root@Server ~]# wget https://dl.fedorapro****.org/pub/epel/epel-release-latest-
9.noarch.rpm
[root@Server ~]# rpm -ivh epel-release-latest-9.noarch.rpm
警告: epel-release-latest-9.noarch.rpm: 头 V4 RSA/SHA256 Signature, 密钥 ID 3228467c: NOKEY
Verifying...                    ################################# [100%]
准备中...                        ################################# [100%]
软件包 epel-release-9-7.el9.noarch 已经安装
```

默认情况下,RHEL 9.2 已经安装了 wget 命令,如果未安装,则先执行 yum install wget -y 命令安装。需要注意的是,上述 wget 命令后的网址可能会随着实际版本的变更而变化。

(2)进入/etc/yum.repos.d 目录,可以看到该目录下已经存在 EPEL 相关的.repo 文件。

```
[root@Server ~]# cd /etc/yum.repos.d
[root@Server yum.repos.d]# ls
epel-cisco-openh264.repo  epel.repo  epel.repo.rpmsave  epel-testing.repo
local.repo  redhat.repo
```

注意 将之前配置的 local.repo 文件中 enabled 的值修改为 0,表示不再使用本地源。

(3)清除 yum 缓存,重新生成 yum 缓存,查看已经配置的 yum 仓库。

```
[root@Server yum.repos.d]# yum clean all
[root@Server yum.repos.d]# yum makecache
[root@Server yum.repos.d]# yum repolist
```

提示 由于需要从网络中下载相关数据,因此执行 yum makecache 命令时,需要等待几分钟才能建立元数据缓存。

(4)安装 sl 软件包。

```
[root@Server ~]# yum install -y sl
```

(5)执行 sl 命令,结果如图 6-4 所示。

```
[root@Server ~]# sl
```

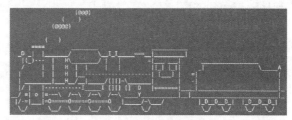

图6-4 sl 命令的执行结果

通过以上步骤可以看出,EPEL 网络源已经配置成功,sl 命令也已经安装成功。

6.3 管理进程

使用 yum 命令可以安装各种需要的软件和程序，运行中的程序会占用系统资源，随着时间的推移，系统中有越来越多的程序在后台运行，严重影响了 Linux 系统的性能。

6.3.1 了解 Linux 系统中的进程

Linux 是一个多用户、多任务的操作系统，各种计算机资源（如文件、内存、CPU 等）的分配和管理都是以进程为单位进行的。为了协调多个进程对这些共享资源的访问，操作系统要跟踪所有进程的活动，并掌握它们对系统资源的使用情况，从而实现对进程和资源的动态管理。

1. 进程的概念

进程是操作系统中执行特定任务的动态实体，是程序的一次运行过程。一般情况下，每个运行的程序至少由一个进程组成。例如，使用 Vim 编辑器编辑文件时，系统中会生成相应的进程。对于用 C 语言编写的代码，通过 gcc 编译器编译后最终会生成一个可执行的程序，当这个可执行的程序运行起来后，到结束前，它就是一个进程。

Linux 系统包含 3 种类型的进程。

（1）交互进程：由 shell 启动的进程，交互进程可以在前台运行，也可以在后台运行。

（2）批处理进程：进程序列，与终端没有联系。

（3）守护进程：在系统启动时就启动的进程，并且在后台运行。

在 shell 中执行命令，该命令所启动的进程默认在前台运行。如果要将命令所启动的进程放到后台运行，可在执行命令时，命令的结尾加上&符号。

2. PID

每个进程都由一个 PID 标识，范围为 0～32767。PID 是操作系统在创建进程时分配给每个进程的唯一标识，一个进程终止后，该 PID 随之被释放，并被分配给其他进程使用。

Linux 系统有 3 种特殊的进程。

（1）idle 进程，PID 为 0，是系统创建的第一个进程，也是唯一一个没有通过 fork 或者 kernel_thread 产生的进程。

（2）systemd 进程，PID 为 1，由 idle 进程创建，用于完成系统的初始化，是系统中除 idle 进程外所有其他进程的祖先进程。系统启动完成后，该进程变为守护进程，用于监视系统中的其他进程。

（3）kthreadd 进程，PID 为 2，用于管理和调度其他内核线程，会循环执行 kthread 函数，所有内核线程都直接或者间接地以其为父进程。

6.3.2 查看进程：ps、top 命令

ps 和 top 命令可以用于查看 Linux 系统中的进程相关信息。

1. ps 命令

ps 命令是基本的用于查看进程的命令，可显示当前进程的状态，该命令的命令格式如下。

微课 6-5　查看进程：ps、top 命令

```
ps   [选项]
```
ps 命令的常用选项如表 6-6 所示。

表 6-6　ps 命令的常用选项

选项	说明
-a	显示当前控制终端的进程
-u	显示进程的用户名和启动时间等信息
-x	显示没有控制终端的进程
-e	等同于-A 选项
-A	显示所有进程
-f	显示进程之间的关系

【例 6-8】 使用 ps 命令查看当前控制终端的进程，并显示进程的用户名和启动时间等相关信息。

```
[root@Server ~]# ps -au
USER       PID    %CPU %MEM    VSZ    RSS   TTY      STAT START   TIME COMMAND
……
root     36649  0.0  0.3   224704  6368  pts/1    Ss   15:00    0:00 -bash
root     37530  0.0  0.1   225480  3580  pts/1    R+   16:07    0:00 ps -au
```
执行结果中的每列都有特定的含义，具体如表 6-7 所示。

表 6-7　ps 命令执行结果中各列的含义

列名	含义
USER	进程的用户名
PID	进程号
%CPU	进程占用的 CPU 百分比
%MEM	进程占用的内存百分比
VSZ	进程占用的虚拟内存（单位为 KB）
RSS	进程占用的实际内存（单位为 KB）
TTY	显示进程在哪个终端运行，若与终端无关，则显示?，若显示 tty1-tty6，则代表本地登录，若显示 pts/0 等，则代表是通过网络连接到服务器的进程
STAT	该进程当前的状态，主要有 3 种: R（运行态）、S（睡眠态）、T（停止态）
START	进程的启动时间
TIME	实际使用 CPU 的时间
COMMAND	进程代表的实际命令

通常情况下，ps 命令与 grep 命令或者管道符组合在一起用于查找特定进程的相关信息。

【例 6-9】 使用 ps 命令查看 sshd 进程的相关信息。

```
[root@Server~]# ps -ef|grep sshd
root       36644     1  0 15:00 ?        00:00:00 sshd: root [priv]
……
[root@Server ~]# ps aux|grep sshd
root     36644  0.0  0.5  19084 10432 ?      Ss   15:00   0:00 sshd: root [priv]
……
```

2. top 命令

ps 命令用于一次性查看进程，其执行结果并不是动态的，要想动态地显示进程信息，可以使用

top 命令。和 ps 命令不同，top 命令可以实时监控进程的状态，是常用的性能分析命令，是对系统管理员最重要的命令之一，被广泛用于监视服务器的负载。该命令的命令格式如下。

```
top  [选项]
```

top 命令的常用选项如表 6-8 所示。

表 6-8　top 命令的常用选项

选项	说明
-d	指定每两次显示信息的时间间隔，默认值为 3s
-p	指定监控进程的 PID
-s	使 top 命令在安全模式中运行
-i	使 top 命令不显示空闲或者"僵死"的进程
-c	显示整个命令行而不是仅显示命令名

【例 6-10】　使用 top 命令查看进程的实时状态。

```
[root@Server ~]# top
Tasks: 285 total,   1 running, 284 sleeping,   0 stopped,   0 zombie
%Cpu(s):  0.0 us,  0.7 sy,  0.0 ni, 99.0 id,  0.0 wa,  0.0 hi,  0.3 si,  0.0 st
MiB Mem :   1750.8 total,    116.4 free,   1115.1 used,    694.3 buff/cache
MiB Swap:   2072.0 total,   1695.2 free,    376.8 used.    635.7 avail Mem
    PID USER      PR  NI    VIRT    RES    SHR S  %CPU  %MEM     TIME+ COMMAND
    849 root      20   0  530364   9356   6312 S   0.3   0.5   1:59.51 vmtoolsd
   2807 root      20   0  457548   8944   6548 S   0.3   0.5   0:04.99 goa-identity-se
......
```

 提示　由于 top 命令执行结果是动态的，所以可以按 Ctrl+C 组合键退回到命令行界面。

【例 6-11】　将 top 命令显示信息的时间间隔修改为 15s。

```
[root@Server ~]# top -d 15
```

6.3.3　停止进程：kill、killall 命令

在 Linux 系统中经常使用 kill 和 killall 命令来停止进程。kill 命令用于停止单个进程，killall 命令用来停止一类进程。

1. kill 命令

根据不同的信号，kill 命令可以完成不同的操作，该命令的命令格式如下。

```
kill  [信号]  PID
```

kill 命令的常用信号如表 6-9 所示。

表 6-9　kill 命令的常用信号

信号代码	信号名称	说明
1	SIGHUP	立即关闭进程，重新读取配置文件之后重启进程
2	SIGINT	终止前台进程，等同于按 Ctrl+C 组合键
9	SIGKILL	强制终止进程
15	SIGTERM	正常结束进程，该信号为 kill 命令的默认信号

续表

信号代码	信号名称	说明
18	SIGCONT	恢复暂停的进程
19	SIGTOP	暂停前台进程，等同于按 Ctrl+Z 组合键

信号代码为 1、9、15 的这 3 个信号是十分常用、十分重要的信号。从 kill 命令的命令格式可以看出，该命令是按照 PID 来确定进程的，因此在实际使用 kill 命令时，通常配合 ps 命令来获取相应的 PID。

【例 6-12】 使用 kill 命令停止 sshd 服务的相关进程。

```
[root@Server ~]# ps aux | grep sshd
root       36644  0.0  0.5  19084 10432 ?        Ss   15:00   0:00 sshd: root [priv]
......
[root@Server ~]# kill -9 36644
[root@Server ~]# ps aux | grep sshd
root       36648  0.0  0.3  18936  6248 ?        S    15:00   0:00 sshd: root@pts/1
......
```

2. killall 命令

killall 命令不依靠 PID 来停止单个进程，而是通过程序的进程名来停止一类进程，该命令的命令格式如下。

```
killall [选项] [信号] 进程名
```

killall 命令的常用选项如表 6-10 所示。

表 6-10　killall 命令的常用选项

选项	说明
-i	询问是否要停止某个进程
-I	忽略进程名的大小写

【例 6-13】 使用 killall 命令停止 sshd 服务所有的相关进程。

```
[root@Server ~]# ps aux | grep sshd
root       36648  0.0  0.3  18936  6248 ?        S    15:00   0:00 sshd: root@pts/1
......
[root@Server ~]# killall sshd
Connection closing...Socket close.
Connection closed by foreign host.
```

执行 killall sshd 命令后，Xshell 会断开连接。如果想再次使用 Xshell 登录 Linux 系统，需要执行 systemctl start sshd 命令，重新启用 sshd 服务。

项目实施

任务　安装 MySQL 8.0

小乔进一步测试开发环境后，发现 RHEL 9.2 的本地 yum 仓库中已经包含 MySQL 8.0 相关软件包，只需要使用 yum 或 dnf 命令安装即可。

（1）使用 yum 命令安装 MySQL 8.0。

```
[root@Server ~]# yum install mysql-server.x86_64
上次元数据过期检查: 0:03:21 前，执行于 2024 年 01 月 29 日 星期一 09 时 22 分 44 秒。
```

依赖关系解决。

```
========================================================================
 软件包                      架构   版本              仓库       大小
========================================================================
安装:
 mysql-server                x86 64 8.0.30-3.el9 0     AppStream  17 M
安装依赖关系:
 mariadb-connector-c-config noarch 3.2.6-1.el9 0      AppStream  11 k
 mecab                       x86 64 0.996-3.el9.3      AppStream 361 k
 mysql                       x86 64 8.0.30-3.el9 0     AppStream 2.8 M
 mysql-common                x86 64 8.0.30-3.el9 0     AppStream  80 k
 mysql-errmsg                x86 64 8.0.30-3.el9 0     AppStream 488 k
 mysql-selinux               noarch 1.0.5-1.el9 0      AppStream  37 k
 protobuf-lite               x86 64 3.14.0-13.el9      AppStream 235 k

事务概要
========================================================================
安装  8 软件包

总计: 21 M
安装大小: 178 M
确定吗? [y/N]: y
......
已更新安装的产品。

已安装:
 mariadb-connector-c-config-3.2.6-1.el9 0.noarch
 mecab-0.996-3.el9.3.x86 64
 mysql-8.0.30-3.el9 0.x86 64
 mysql-common-8.0.30-3.el9 0.x86 64
 mysql-errmsg-8.0.30-3.el9 0.x86 64
 mysql-selinux-1.0.5-1.el9 0.noarch
 mysql-server-8.0.30-3.el9 0.x86 64
 protobuf-lite-3.14.0-13.el9.x86 64

完毕!
```

（2）启动 MySQL 8.0。

```
[root@Server ~]# systemctl status mysqld              //查看 mysqld 服务程序状态
○ mysqld.service - MySQL 8.0 database server
    Loaded: loaded (/usr/lib/systemd/system/mysqld.service; disable>
    Active: inactive (dead)
[root@Server ~]# systemctl start mysqld               //启动 mysqld 服务程序
[root@Server ~]# systemctl status mysqld              //再次查看 mysqld 服务程序状态
● mysqld.service - MySQL 8.0 database server
    Loaded: loaded (/usr/lib/systemd/system/mysqld.service; disable>
    Active: active (running) since Mon 2024-01-29 09:28:53 CST; 2s >
   Process: 34647 ExecStartPre=/usr/libexec/mysql-check-socket (cod>
   Process: 34669 ExecStartPre=/usr/libexec/mysql-prepare-db-dir my>
  Main PID: 34748 (mysqld)
......
```

（3）登录 MySQL 8.0。

```
[root@Server ~]# mysql -uroot -p          //第一次登录无须输入密码，直接按 Enter 键登录
Enter password:
Welcome to the MySQL monitor.  Commands end with ; or \g.
......

Type 'help;' or '\h' for help. Type '\c' to clear the current input statement.

mysql> show databases;                    //查看数据库
+--------------------+
```

```
| Database           |
+--------------------+
| information schema |
| mysql              |
| performance schema |
| sys                |
+--------------------+
4 rows in set (0.00 sec)
mysql>
```

（4）为了数据库的安全，需设置密码。

```
mysql> alter user 'root'@'localhost' identified by '123456';
Query OK, 0 rows affected (0.01 sec)

mysql> exit
Bye
```

密码设置成功后，退出并重新登录时，输入设置的密码再登录即可。

小结

通过学习本项目，读者了解了软件包的分类、rpm 软件包的命名规则和常用的 rpm 命令等，掌握了本地 yum 仓库的配置方法和常用的 yum 命令，学会如何在 Linux 系统中安装需要的软件。

其实，不论是在学习还是在以后的工作中，使用 Linux 系统都可能会遇到各种问题，这就需要我们能根据操作提示找到解决方法，不断提升独立解决问题的能力，这可以在不知不觉中积累更多的知识，最终不断提升自身的专业技能。

本项目知识点的思维导图如图 6-5 所示。

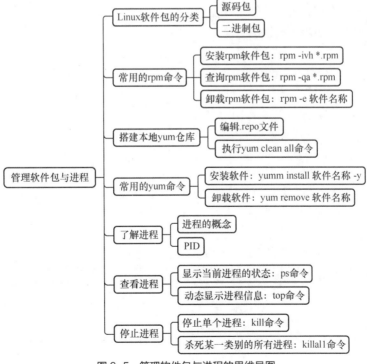

图 6-5　管理软件包与进程的思维导图

习题

一、选择题

1. 使用 rpm 命令安装 gcc 软件包的命令是（　　　）。

A. rpm –ivh gcc-11.3.1-4.3.el9.x86_64.rpm

B. rpm –q gcc-11.3.1-4.3.el9.x86_64.rpm

C. rpm –ivh gcc-11.3.1-4.3.el9.x86_64

D. rpm –e gcc-11.3.1-4.3.el9.x86_64.rpm

2. 在 Linux 系统中，可以动态显示进程信息的命令是（　　　）。

A. top　　　　　　　　B. ps　　　　　　　　C. ps –aux　　　　　　　D. kill

3. 以下关于 yum 命令的说法错误的是（　　　）。

A. yum 可以解决软件包依赖关系　　　　　　B. yum 可以方便地实现软件包升级

C. yum 也通过 RPM 安装软件　　　　　　　D. yum 不支持在本地创建 yum 仓库

4. 下列不是 Linux 系统进程类型的是（　　　）。

A. 交互进程　　　　　B. 批处理进程　　　　C. 守护进程　　　　　D. 就绪进程

5. 从后台启动进程，应在命令的结尾加上符号（　　　）。

A. &　　　　　　　　　B. @　　　　　　　　　C. #　　　　　　　　　D. $

6.（　　　）不是进程和程序的区别。

A. 程序是一组有序的静态指令，进程是程序的一次运行过程

B. 程序只能在前台运行，进程可以在前台或后台运行

C. 程序可以长期保存，进程是暂时存在的

D. 程序没有状态，进程是有状态的

二、简答题

简述 RPM 与 yum 软件仓库的作用。

项目7
管理用户与用户组

项目导入

实习生及校园招聘工作圆满完成，转眼间到了新员工报到的日子，小乔所在部门来了 3 名新员工，分别是飞飞、安安和可可。为了让新员工尽快了解公司组织架构和业务流程，部门经理让他们访问公司服务器，查看相应的资料。

由于他们还没有用户账号，经理安排小乔为他们 3 人各分配一个普通用户账号，账号归属本部门，由小乔负责管理，有效期为 14 天。

对于经理安排的任务，小乔大致清楚需要先添加用户，然后将用户添加到指定的用户组，最后指派用户组管理员。

职业能力目标及素养目标

- 掌握 Linux 系统中用户账号的分类及相关文件。
- 掌握 Linux 系统中用户账号的创建与管理，能够使用相关命令完成用户账号的添加、修改、删除及密码管理等任务。
- 具有信息安全意识和团队合作意识。

- 掌握 Linux 系统中用户组的创建与管理，能够根据需要管理用户与用户组的关系。

知识准备

7.1 认识用户与用户组

7.1.1 了解用户与用户组的分类

Linux 系统是真正的多用户、多任务操作系统，允许多个用户同时登录系统并使用系统资源。假如每个用户都拥有管理员权限，系统资源的安全性就无从保证。作为网络管理员或者系统维护人员，需要对 Linux 系统的用户进行管理和分类，实现多用户、多任务的运行机制。

1. 用户的作用

在系统中，每个文件、目录和进程等，都属于某一个用户。要使用 Linux 系统的资源，就必须向系统管理员申请一个账号，然后通过这个账号进入系统。

建立属性不同的用户，一方面可以合理利用和控制系统资源，另一方面可以帮助用户组织文件，提供对用户文件的安全性保护。不同用户拥有不同的权限，每个用户在权限允许的范围内完成不同的任务，Linux 系统正是通过这种权限的划分与管理，实现了多用户、多任务的运行机制。

2. 用户的分类

Linux 系统中的用户账号分为 3 种：超级用户、系统用户和普通用户。

（1）超级用户：也称为管理员用户，通常是 root 用户，拥有对整个 Linux 系统的管理权限，对系统有绝对的控制权，能够进行一切操作。

微课 7-1　Linux 用户分类及相关文件

（2）系统用户：也称为虚拟用户、伪用户，无法用来登录系统，但也不能删除，因为一旦删除，依赖这些用户运行的服务或程序就不能正常执行，会导致系统出现问题。

（3）普通用户：在系统中只能访问他们本身拥有的或者拥有执行权限的文件。

在 Linux 系统中，每个用户都有对应的用户编号（User ID，UID），用来唯一标识一个用户。这 3 种用户的 UID 都有特定的范围，具体如表 7-1 所示。

表 7-1　不同类别用户的 UID 范围

用户类别	说明
超级用户	UID 为 0
系统用户	UID 为 1~999
普通用户	UID 为 1000~60000

3. 用户组的分类

每个用户都至少隶属于一个用户组，管理员可以对用户组中的所有用户进行集中管理，从而提高工作效率。

在 Linux 系统中，每个用户组都有对应的组编号（Group ID，GID），用来唯一标识一个用户组。用户组有两种：初始组和附加组。

（1）初始组：也称为私有组或主要组，每个用户的初始组只有一个，通常将与用户同名的组作为该用户的初始组。比如，添加用户 yunwei，系统在创建该用户的同时，会建立 yunwei 组作为 yunwei 用户的初始组。

（2）附加组：用户加入的除了初始组外的其他用户组，称为该用户的附加组，一个用户可以同时加入多个附加组。

有了用户组，管理员可以直接将权限赋予某个用户组，组中的成员可以自动获取相应的权限。用户与用户组的对应关系如图 7-1 所示。

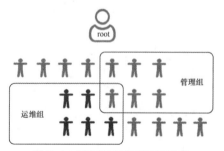
图 7-1　用户与用户组的对应关系

7.1.2　理解用户账号文件

Linux 系统把全部用户信息保存为普通的文本文件：/etc/passwd 和 /etc/shadow。系统中的大多数用户都有权限读取/etc/passwd 文件，但是只有超级用户能够修改这个文件，而对于/etc/shadow 文件，除超级用户外的所有用户都不可读。

1. /etc/passwd 文件

/etc/passwd 文件是 Linux 系统的用户配置文件，存储了系统中所有用户的基本信息。执行 head – 4 /etc/passwd 命令，查看/etc/passwd 文件，命令及其执行结果如下。

```
[root@Server ~]# head -4 /etc/passwd
root:x:0:0:root:/root:/bin/bash
bin:x:1:1:bin:/bin:/sbin/nologin
daemon:x:2:2:daemon:/sbin:/sbin/nologin
adm:x:3:4:adm:/var/adm:/sbin/nologin
```

可以看出，该文件的每一行代表一个用户账号的基本信息，第一个用户为 root 用户。每一行用:作为分隔符，划分为 7 个字段，每个字段表示的内容如下。

用户名: 加密密码: UID: GID: 用户的描述性信息: 主目录: 默认登录 shell

/etc/passwd 文件各字段的说明如表 7-2 所示。

表 7-2　/etc/passwd 文件各字段的说明

字段	说明
用户名	用户账号名称，用户登录时使用的用户名
加密密码	用户的密码，该字段用 x 填充，真正的密码保存在/etc/shadow 文件中
UID	用户编号
GID	用户组编号，该数字对应/etc/group 文件中的 GID
用户的描述性信息	关于用户的描述性信息
主目录	用户登录系统后默认的位置
默认登录 shell	用户使用的 shell，默认为/bin/bash

2. /etc/shadow 文件

/etc/passwd 文件用于存储 Linux 系统中的用户信息。但是该文件允许所有用户读取，容易导致用户密码泄露。因此，为了提高系统的安全性，Linux 系统将用户的密码信息从/etc/passwd 文件中分离出来，将经过加密之后的密码存放在/etc/shadow 文件中，该文件又称为"影子文件"。

执行 head –4 /etc/shadow 命令，查看/etc/shadow 文件，命令及其执行结果如下。

```
[root@Server~]# head -4 /etc/shadow
root: $6$9w5Td6lg$bgpsy3olsq9WwWvS5Sst2W3ZiJpuCGDY.4w4MRk3ob/i85f138RH15wzVoom
ff9isV1 PzdcXmixzhnMVhMxbvO:15775:0:99999:7:::
bin:*:15513:0:99999:7:::
daemon:*:15513:0:99999:7:::
adm:*:16925:0:99999:7:::
```

/etc/shadow 文件的每一行代表一个用户的密码信息，第一个用户为 root 用户，每行用:作为分隔符，划分为 9 个字段，每个字段表示的内容如下。

用户名: 加密密码: 最后一次修改时间: 最小修改时间间隔: 最大修改日期间隔: 密码过期警告天数: 账号禁用宽限期: 账号被禁用日期: 保留字段

/etc/shadow 文件各字段的说明如表 7-3 所示。

表 7-3　/etc/shadow 文件各字段的说明

字段	说明
用户名	用户账号名称，用户登录时使用的用户名
加密密码	*表示非登录用户，!!表示没有设置密码或密码被锁定，!表示密码被锁定
最后一次修改日期	1970 年 1 月 1 日至上次修改密码后过去的天数
最小修改日期间隔	多少天后可以修改密码
最大修改日期间隔	多少天后必须修改密码
密码过期警告天数	密码过期前多少天提醒更改密码
账号禁用宽限期	密码过期后多少天禁用用户账号
账号被禁用日期	1970 年 1 月 1 日至账号被禁用的天数，若值为空，则表示永久可用
保留字段	用于功能扩展

7.1.3　理解用户组账号文件

在 Linux 系统中，用户组相关的信息存放在/etc/group 和 etc/gshadow 文件中。

1. /etc/group 文件

/etc/group 文件是系统的用户组配置文件，存储系统中所有用户组的基本信息。/etc/passwd 文件中的每个用户账号信息的第 4 个字段是用户的初始组 ID，即 GID，它就存储于/etc/group 文件中。

执行 head -4 /etc/group 命令，查看/etc/group 文件，命令及其执行结果如下。

```
[root@Server~]# head -4 /etc/group
root:x:0:
bin:x:1:
daemon:x:2:
sys:x:3:
```

/etc/group 文件的每一行代表一个用户组的基本信息，第一个用户组为 root 组，每行用:作为分隔符，划分为 4 个字段，每个字段表示的内容如下。

组名: 组密码: GID: 该用户组中的用户成员列表

/etc/group 文件各字段的说明如表 7-4 所示。

表 7-4　/etc/group 文件各字段的说明

字段	说明
组名	用户组名称
组密码	用户组密码，该字段用 x 填充，真正的组密码保存在/etc/gshadow 文件中
GID	用户组编号，用于唯一标识一个用户组
该用户组中的用户成员列表	该用户组中含有的成员列表，成员之间用逗号隔开

可以看出，root 组的 GID 为 0，最后一个字段为空，这意味着该组没有其他成员。一个用户组如果有其他成员，则需在最后一个字段中列出，成员之间以,分隔。

> **注意**　如果用户组 A 是用户 a 的初始组，则用户 a 不会在用户组 A 的成员列表中显示。

2. /etc/gshadow 文件

用户组的密码信息是从/etc/group 文件中分离出来，经加密后存放在/etc/ gshadow 文件中的，该文件只允许 root 用户读取。

执行 head -4 /etc/gshadow 命令，打开/etc/gshadow 文件，命令及其执行结果如下。

```
[root@Server~]# head -4 /etc/gshadow
root:::
bin:::
daemon:::
sys:::
```

/etc/gshadow 文件中的每一行代表一个用户组的相关信息，第一个用户组为 root，每行用:作为分隔符，划分为 4 个字段，每个字段表示的内容如下。

组名: 组密码: 组的管理员: 该组中的用户成员列表

/etc/gshadow 文件各字段的说明如表 7-5 所示。

表 7-5 /etc/gshadow 文件各字段的说明

字段	说明
组名	用户组名称
组密码	加密后的组密码
组的管理员	用户组编号，用于唯一标识一个用户组
该组中的用户成员列表	该组中含有的成员列表，成员之间用逗号隔开

 提示 用户组密码主要用来指定组管理员，组管理员可以替代 root 用户管理用户组，比如向某个用户组中添加用户或者删除用户。

7.2 管理用户

7.2.1 新建用户: useradd 命令

在 Linux 系统中，使用 useradd 命令创建新用户，命令格式如下。

useradd [选项] 用户名

useradd 命令的常用选项如表 7-6 所示。

微课 7-2 创建、
修改和删除用户

表 7-6 useradd 命令的常用选项

选项	说明
-u UID	指定用户的 UID，不能重复，且大于 1000
-g GID	指定用户所属初始组的名称或者 GID
-G GID	指定用户所属附加组的名称或者 GID
-p	指定用户加密的密码
-d 目录	指定用户主目录，如果此目录不存在，则由系统自动创建
-e 日期	指定账号禁用日期，格式为 YYYY-MM-DD

续表

选项	说明
-f	设置账号过期多少天后，账号被禁用
-s	指定用户登录的 shell，默认为/bin/bash

【例 7-1】 新建用户 xiaoqiao，UID 为 1005。

```
[root@Server ~]# useradd -u 1005 xiaoqiao
[root@Server ~]# tail -1 /etc/passwd
xiaoqiao:x:1005:: /home/xiaoqiao:/bin/bash
```

使用 useradd 命令添加用户时，系统执行了如下操作。

（1）修改/etc/passwd 文件，添加用户名、UID、GID、登录的 shell 等账号记录。

（2）修改/etc/shadow 文件，添加加密的密码字串、密码有效期等相关记录。

（3）修改/etc/group、/etc/gshadow 文件，添加与用户同名的初始组记录。

（4）为用户在/home 目录下创建主目录，其名称与用户名相同。

（5）将模板目录/etc/skel/下的文件复制到用户主目录下。

注意 （1）如果新建的用户已经存在，则系统会提示：用户"XXXX"已存在。
（2）通常使用 7.2.3 小节中介绍的 passwd 命令设置用户密码。

7.2.2 切换用户：su 命令

在 Linux 系统中，root 管理员拥有最高权限，所以本书中的命令都是以 root 用户身份执行的。但是在实际网络管理员的工作中，很少以 root 用户身份进行操作，因为一旦执行了错误的命令，可能会导致系统崩溃。

su 命令可以快速在不同用户之间切换，命令格式如下。

```
su   [-]   用户名
```

【例 7-2】 使用 su 命令从 root 用户切换到 xiaoqiao 用户。

```
[root@Server ~]# su - xiaoqiao
[xiaoqiao@Server ~]$
```

【例 7-3】 使用 su 命令从 xiaoqiao 用户切换到 root 用户。

```
[xiaoqiao@Server ~]$ su - root
密码：
[root@Server ~]#
```

提示 （1）从 root 用户切换到 xiaoqiao 用户不需要输入密码，但是从 xiaoqiao 用户切换到 root 用户需要输入 root 用户的密码，原因在于 root 用户拥有最高权限，可以切换到任意用户。
（2）su 命令与用户名之间如果有减号（-），则表示完全切换到新的用户，即环境变量也要更换为新用户的环境变量。建议大家在使用 su 命令时都要带减号（-）。

7.2.3 维护用户信息：id、usermod、passwd 命令

当需要维护用户信息时，需要用到 id、usermod、passwd 等命令。

1. id 命令

id 命令用于显示用户的 UID、所属组的 GID 和附加组的信息，命令格式如下。

```
id [用户名]
```

【例 7-4】 使用 id 命令查看当前登录的用户。

```
[root@Server ~]# id
uid=0(root) gid=0(root) 组 =0(root) 环 境 =unconfined_u:unconfined_r:unconfined_t:
s0-s0:c0.c1023
```

【例 7-5】 使用 id root 命令查看 root 用户的 UID 和 GID 等信息。

```
[root@Server ~]# id root
uid=0(root) gid=0(root) 组=0(root)
```

2. usermod 命令

usermod 命令用于修改用户的属性，命令格式如下。

```
usermod [选项] 用户名
```

usermod 命令的常用选项如表 7-7 所示。

表 7-7 usermod 命令的常用选项

选项	说明
-u UID	指定用户的 UID，不能重复，且大于 1000
-g GID	指定用户所属初始组的名称或者 GID
-G GID	指定用户所属附加组的名称或者 GID
-d 目录	指定用户主目录，如果此目录不存在，则同时使用-m 选项，创建主目录
-e 日期	指定账号禁用日期，格式为 YYYY-MM-DD
-L	锁定用户，禁止其登录系统
-U	解锁用户，允许其登录系统
-s	修改用户登录的 shell

【例 7-6】 将用户 xiaoqiao 的 UID 修改为 1014，将用户的登录 shell 修改为/sbin/nologin 以禁止用户登录。

```
[root@Server ~]# usermod -u 1014 -s /sbin/nologin xiaoqiao
[root@Server ~]# tail -1 /etc/passwd
xiaoqiao:x:1014:1005::/home/xiaoqiao:/sbin/nologin
```

使用 tail 命令查看/etc/passwd 文件的最后一行，可以看出用户 xiaoqiao 的相关信息已发生了改变。

【例 7-7】 修改用户 xiaoqiao 登录的 shell 为/bin/bash，到 2025 年 12 月 31 日禁用账号。

```
[root@Server ~]# usermod -s /bin/bash -e 2025-12-31 xiaoqiao
[root@Server ~]# tail -1 /etc/shadow
xiaoqiao:!!:19570:0:99999:7::20453:    --从 1970 年 1 月 1 日起，可使用 20453 天
```

3. passwd 命令

passwd 命令用于设置或修改用户密码，如果命令后面不加用户名，则表示修改的是当前用户的密码。root 用户可以为自己和其他用户设置密码，普通用户一般只能为自己设置密码，命令格式如下。

```
passwd [选项] [用户名]
```

passwd 命令的常用选项如表 7-8 所示。

表 7-8　passwd 命令的常用选项

选项	说明
-l	锁定用户
-u	解锁用户
-S	查看用户密码的状态

【例 7-8】 以 root 用户身份登录，将其密码修改为 123456。

```
[root@Server ~]# passwd
更改用户 root 的密码 。
新的密码:
无效的密码:  密码少于 8 个字符
重新输入新的密码:
passwd: 所有的身份验证令牌已经成功更新。
```

如果输入的密码不够复杂，则系统会提示"无效的密码"，重新输入新的密码即可。

【例 7-9】 以 root 用户身份登录，将 xiaoqiao 用户的密码修改为 123456。

```
[root@Server ~]# passwd xiaoqiao
更改用户 xiaoqiao 的密码 。
新的密码:
无效的密码:  密码少于 8 个字符
重新输入新的密码:
passwd: 所有的身份验证令牌已经成功更新。
```

【例 7-10】 将用户 xiaoqiao 禁用，然后解除禁用。

```
[root@Server ~]# passwd -l xiaoqiao
锁定用户 xiaoqiao 的密码 。
passwd: 操作成功
[root@Server ~]# tail -1 /etc/shadow
xiaoqiao:!!$6$sE6zmEY.wcjL8LDs$jAHKFpHpRU2c./lMk.VqTLzS.XV3XAl1gQrrQ4dp4rVjTp1rOb
Qpsb428QUDsL452b53Miq7VyXRPxlb1KBY60:19570:0:99999:7::20453:
[root@Server ~]# passwd -u xiaoqiao
解锁用户 xiaoqiao 的密码。
passwd: 操作成功
[root@Server ~]# tail -1 /etc/shadow
xiaoqiao:$6$sE6zmEY.wcjL8LDs$jAHKFpHpRU2c./lMk.VqTLzS.XV3XAl1gQrrQ4dp4rVjTp1rObQp
sb428QUDsL452b53Miq7VyXRPxlb1KBY60:19570:0:99999:7::20453:
```

虽然 passwd 命令和 usermod 命令都可以锁定用户，但是需要注意的是，passwd 命令锁定用户时，是在密码前加上!!，而 usermod 命令是在密码前加上!。

> **提示** 综上所述，禁用和恢复用户账号有 3 种方式。
> （1）使用 usermod 命令：usermod -L/U 用户名。
> （2）使用 passwd 命令：passwd -l/u 用户名。
> （3）直接修改用户账号的配置文件：编辑/etc/shadow 文件，在要修改的用户名的密码前加上!或!!即可。恢复用户账号只需把!或!!去掉。

7.2.4　删除用户：userdel 命令

当不再使用某个用户时，可以使用 userdel 命令将其删除。userdel 命令的命令格式如下。

```
userdel  [-r]  用户名
```

【例 7-11】 删除用户 xiaoqiao。

```
[root@Server ~]# userdel -r xiaoqiao
[root@Server ~]# tail -1 /etc/passwd
```

加-r 选项执行该命令，表示在删除用户账号的同时，将用户主目录及其下的所有文件和目录全部删除。

 提示 如果在删除时未加-r 选项，则删除用户后，再次添加相同的用户时，需手动删除用户主目录/home/和/var/spool/mail 目录下的用户文件。

素养
提升 一般情况下，为了方便使用 Linux 系统，不论是 root 用户还是普通用户，密码都设置得比较简单。但是近年来，用户数据泄露事件层出不穷。用户隐私信息保护已经成为各国网络空间安全监管的巨大难题。

为了保护自身信息安全，建议不要在多个平台使用相同的密码，并且一定要选择复杂的密码。如果这些密码难以记忆且创建多个复杂密码的难度大，用户可以选择一些性能较好的密码管理器。

7.3 管理用户组

7.3.1 新建用户组：groupadd 命令

groupadd 命令用于添加用户组，命令格式如下。

```
groupadd [选项] 用户组名称
```

groupadd 命令的常用选项如表 7-9 所示。

微课 7-3 创建、修改和删除用户组

表 7-9 groupadd 命令的常用选项

选项	说明
-g	指定新建的用户组的 GID

【例 7-12】创建新的用户组 studygroup，并指定其 GID 为 1200。

```
[root@Server ~]# groupadd -g 1200 studygroup
[root@Server ~]# tail -1 /etc/group
studygroup:x:1200:
```

7.3.2 维护用户组及其成员：groups、groupmod、gpasswd 命令

修改已存在的用户组的信息需要用到 groups、groupmod、gpasswd 等命令。

1. groups 命令

groups 命令用于查询用户所在的组，命令格式如下。

```
groups [用户名]
```

【例 7-13】使用 groups 命令查看 root 用户所属的组。

```
[root@Server~]# groups root
root : root
```

2. groupmod 命令

groupmod 命令用于修改用户组的相关信息，命令格式如下。

```
groupmod [选项] 用户组名称
```

groupmod 命令的常用选项如表 7-10 所示。

表 7-10　groupmod 命令的常用选项

选项	说明
−g GID	指定要修改的 GID
−n 组名称	指定新用户组的名称

【例 7-14】 将 studygroup 组的名称修改为 test。

```
[root@Server ~]# groupmod -n test studygroup
[root@Server ~]# tail -1 /etc/group
test:x:1200
```

从例 7-14 的结果中可以看出，用户组的名称已经改变，但需要注意的是，用户名、组名、GID 等都不要随意修改，否则容易导致管理逻辑混乱。如果一定要修改用户名和组名，则建议先删除原来的用户组，再建立新的用户组。

3. gpasswd 命令

通过 useradd 命令添加用户时，会生成一个与用户同名的用户组，这就是初始组。但如果需要将用户添加到附加组中，则需要用到 gpasswd 命令，命令格式如下。

```
gpasswd [选项] 用户名 用户组名称
```

需要注意的是，组管理员使用 gpasswd 命令可以代替 root 用户将用户加入或者移出组，因此只有 root 用户和组管理员才能使用该命令。gpasswd 命令的常用选项如表 7-11 所示。

表 7-11　gpasswd 命令的常用选项

选项	说明
−a	把用户加入组中
−d	把用户从组中删除
−r	取消组的密码
−A	给组指派管理员

【例 7-15】 将用户 xiaoqiao 加入 test 组中，并指定 xiaoqiao 为该组的管理员。

```
[root@Server~]# gpasswd -a xiaoqiao test
正在将用户"xiaoqiao"加入"test"组中
[root@Server~]# gpasswd -A xiaoqiao test
```

另外，组管理员和 root 用户还可以使用 gpasswd 命令为用户组设置组密码，命令格式为 gpasswd 用户组名称。具体使用方式不演示。

7.3.3　删除用户组：groupdel 命令

当不再使用某个用户组时，可以使用 groupdel 命令将其删除，命令格式如下。

```
groupdel 用户组名称
```

使用 groupdel 命令删除用户组，实际上是将/etc/group 和/etc/gshadow 文件中有关用户组的行删除。

【例 7-16】将 test 组删除。

```
[root@Server~]# groupdel test
```

注意 如果使用 groupdel 命令删除的是用户的初始组，则会提示"不能移除用户'XXXX'的主组"。如果一定要删除该用户组，可以先删除用户。

素养提升 每个用户组中存放着具有相同特征的用户，不同用户组之间既要团结协作，又要各司其职，共同守护系统的安全和稳定。作为 Linux 系统管理员，在日常学习和工作中，我们也要团结合作，具备新时代的团队精神、服务意识，以及独立思考与解决问题的能力，从而更好地协助其他部门，使整个团队获取更大的成功。

项目实施

任务 7-1 添加用户

（1）切换为 root 用户（如果已经以 root 用户身份登录，请忽略此步骤）。

```
[ops@Server ~]$ su - root
密码:
[root@Server ~]#
```

（2）添加用户。为飞飞添加用户账号，用户名为 feifei；为安安添加用户账号，用户名为 anni；为可可添加用户账号，用户名为 keke。

```
[root@Server ~]# useradd feifei -e $(date -d '14 days' '+%Y-%m-%d')
[root@Server ~]# useradd anni -e $(date -d '14 days' '+%Y-%m-%d')
[root@Server ~]# useradd keke -e $(date -d '14 days' '+%Y-%m-%d')
```

（3）设置密码。

```
[root@Server ~]# passwd feifei
更改用户 feifei 的密码 。
新的密码:
重新输入新的密码:
passwd: 所有的身份验证令牌已经成功更新。
[root@Server ~]# passwd anni
更改用户 anni 的密码 。
新的密码:
重新输入新的密码:
passwd: 所有的身份验证令牌已经成功更新。
[root@Server ~]# passwd keke
更改用户 keke 的密码 。
新的密码:
重新输入新的密码:
passwd: 所有的身份验证令牌已经成功更新。
```

任务 7-2 添加用户组

（1）添加用户组 temp。

```
[root@Server ~]# groupadd temp
```

（2）将 feifei、anni 和 keke 这 3 个用户添加到 temp 用户组。

```
[root@Server ~]# gpasswd -a feifei temp
```

```
正在将用户"feifei"加入"temp"组中
[root@Server ~]# gpasswd -a anni temp
正在将用户"anni"加入"temp"组中
[root@Server ~]# gpasswd -a keke temp
正在将用户"keke"加入"temp"组中
```

任务 7-3　指派组管理员

指定 xiaoqiao 为 temp 用户组的管理员。

```
[root@Server~]# gpasswd -A xiaoqiao temp
```

小结

　　通过学习本项目，读者认识了 Linux 系统中的用户和用户组，掌握了用户账号的添加、删除与修改，用户密码的管理及用户组的管理等相关命令。近年来，有关用户数据泄露的事件层出不穷，给合法用户带来诸多损失。所以，平时应该将个人的各种账号、密码保护好，不随意透露给任何人和不安全网站，提高网络安全意识，保护自己免受侵害。本项目知识点的思维导图如图 7-2 所示。

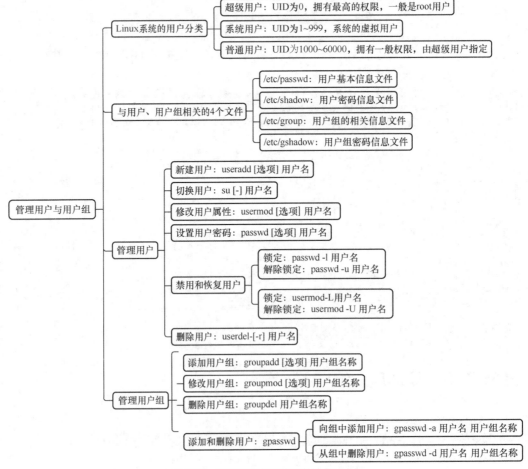

图 7-2　管理用户与用户组的思维导图

习题

一、选择题

1. Linux 系统中的超级用户是（　　）用户。

A. Administrator　　　　B. super　　　　　　C. root　　　　　　D. guest

2. 用户登录系统后，首先进入（　　）。

A. /home　　　　　　B. /root 的主目录　　C. /usr　　　　　　D. 用户主目录

3. （　　）命令可以将普通用户切换成超级用户。

A. super　　　　　　B. passwd　　　　　　C. change　　　　　D. su

4. 为了保证系统的安全，Linux 系统一般将用户密码加密后，保存在（　　）文件中。

A. /etc/group　　　　B. /etc/issue　　　　C. /etc/passwd　　D. /etc/shadow

5. 已知 studygroup 是用户 study 的初始组，在/etc/group 文件中有一行 studygroup::1200:
test1,test2,test3,test4，这表示有（　　）个用户在 studygroup 中。

A. 3　　　　　　　　B. 4　　　　　　　　C. 5　　　　　　　　D. 6

6. （　　）命令可以删除用户 user，同时删除用户的主目录。

A. userdel user　　　　　　　　　　　B. userdel -r user

C. groupdel user　　　　　　　　　　D. deluser user

7. root 用户的 UID 为（　　）。

A. 0　　　　　　　　B. 1　　　　　　　　C. 1000　　　　　　D. 499

二、填空题

1. Linux 系统中的用户分为＿＿＿＿＿、＿＿＿＿＿、＿＿＿＿＿。

2. Linux 系统中使用 useradd 命令创建的用户及其相关信息均存放在＿＿＿＿＿文件中，加密后的密码存放在＿＿＿＿＿文件中。

3. ＿＿＿＿命令的＿＿＿＿选项用于为组添加用户，＿＿＿＿选项用于从组中删除用户。

项目8
管理权限与所有者

项目导入

公司内部定期进行归档资料的安全检查和自查活动。小乔在进行自查时发现，她没有权限查看其他部门的资料，但是其他部门可以查阅自己部门的资料。她认为这是不合理的，于是执行 ls –l 命令查看了上次归档项目资料的详细信息，如下所示。

```
[root@Server source]# ls -l
总用量 23864
-rw-r--r--. 1 root root 23412373 1 月  18 16:17 bigdata.tar.gz
-rw-r--r--. 1 root root  1022679 1 月  18 16:17 information.tar.gz
```

关于文件权限的知识，小乔有一定的基础，她意识到会出现这个问题，是在归档 2023 年的项目资料时，忘记修改文件的访问权限造成的。

知道了问题所在，小乔信心大增，但是关于文件的访问权限和所有者的相关知识还有很多细节，为了更好地解决这个问题，小乔决定先提前熟悉相关知识。

职业能力目标及素养目标

- 掌握文件和目录的基本权限设置，能够使用字符设定法和数字设定法设置基本权限。
- 掌握文件和目录的默认权限设置，能够使用 umask 命令设置文件和目录的默认权限。
- 具有安全意识和责任意识。

- 掌握文件访问控制列表的设置，能够使用 setfacl 命令和 getfacl 命令对指定用户进行单独的权限控制。
- 掌握文件和目录所有者的更改，能够使用 chown 命令修改文件所有者。

知识准备

8.1 理解文件和目录的权限

Linux 系统中的每个文件和目录都有访问权限，这些访问权限决定了哪些用户和用户组能访问文件和能执行哪些操作。

微课 8-1 理解文件和目录的权限

8.1.1　了解文件和目录的权限

为了保证文件和目录的信息安全，Linux 系统将访问权限分为读、写和执行 3 种。文件和目录的访问权限稍微有些区别，具体如表 8-1 所示。

表 8-1　文件和目录的访问权限

权限	文件	目录
读（r）	可以读取文件的内容	可以读取目录内容列表
写（w）	可以打开文件并修改文件的内容	可以在目录中添加和删除文件
执行（x）	可以将文件作为程序运行	表示是否可以进入此目录

在 Linux 系统中有 3 种类型的用户可以访问文件或目录：文件所有者、文件所属组、其他用户。

（1）文件所有者：文件的创建者。

（2）文件所属组：文件属于的那个组。

（3）其他用户：除文件所有者、文件所属组用户之外的其他用户。

8.1.2　理解 ls -l 命令执行结果中的权限信息

执行 ls -l 命令可以显示文件的详细信息，包括文件或者目录的权限信息。

```
[root@Server ~]# ls -l
总用量 64
drwxr-xr-x. 2 root root     6 7月 28 09:15 公共
drwxr-xr-x. 2 root root     6 7月 28 09:15 模板
……
```

ls -l 命令执行结果中的详细信息的每一行被分成 7 个部分，每个部分的含义如图 8-1 所示。

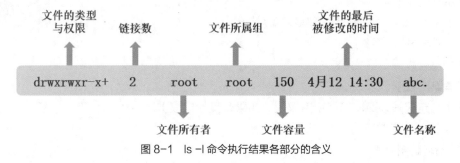

图 8-1　ls -l 命令执行结果各部分的含义

每一行的第一部分表示文件的类型与权限，共包含 10 个字符，具体含义如下。

（1）第一个字符表示文件的类型，具体的取值如下。

d：表示该文件是一个目录文件。

-：表示该文件是一个普通文件。

l：表示该文件是一个链接文件。

b：表示该文件是一个块设备文件，是一种特殊类型的文件。

（2）其余 9 个字符表示文件的基本访问权限，每 3 个字符为一组，分别是文件所有者权限、文件所属组权限和其他用户权限。一般为 r、w、x 的组合。但是如果没有相应的权限，则使用 - 代替。具体的文件权限示例如图 8-2 所示。

文件所属组权限

| r | w | x | r | w | x | r | - | - |

文件所有者权限　　　　　　　　　　　　　　　　　　其他用户权限

图 8-2　具体的文件权限示例

8.2　管理文件和目录的权限

使用 ls -l 命令可以查看文件和目录的权限，但是如何修改文件和目录的权限？

8.2.1　设置文件和目录的基本权限

在创建文件时，系统会自动设置访问权限，如果基本权限无法满足需求，就可以使用 chmod 命令设置权限。chmod 命令设置文件的基本权限有两种方法：字符设定法和数字设定法。

1．字符设定法

字符设定法用字母表示不同的用户和权限，用加号、减号表示增加或减少权限，命令格式如下。

```
chmod [-R] {用户字符}{操作符}{权限字符} 文件名
```

（1）-R 选项，表示递归地改变指定目录及其所有子目录和文件的权限。

（2）常用用户字符如下。

u：表示用户，即文件或目录的所有者。

g：表示同组用户，即文件所属组内的所有用户。

o：表示其他用户。

a：表示所有用户，该用户字符是系统默认值。

（3）常用操作符如下。

+：添加某个权限。

-：取消某个权限。

=：赋予给定权限并取消其他所有权限（如果有其他权限）。

（4）常用权限字符如下。

r：表示有读的权限。

w：表示有写的权限。

x：表示有执行的权限。

微课 8-2　chmod
命令

【例 8-1】　在当前目录下创建 abc 文件（所有者为 root 用户），并用字符设定法将权限修改为所有人可读写。

```
[root@Server ~]# touch abc
[root@Server ~]# ls -l abc
-rw-r--r--. 1 root root 0  8月  5 08:57 abc
[root@Server ~]# chmod a+rw  abc
[root@Server ~]# ls -l abc
-rw-rw-rw-. 1 root root 0  8月  5 08:57 abc
```

或者：

```
[root@Server ~]# chmod ugo+rw  abc
```

【例 8-2】将 abc 的访问权限修改为其他用户只拥有可读的权限。

```
[root@Server ~]# chmod o=r  abc
[root@Server ~]# ls -l abc
-rw-rw-r--. 1 root root 0  8月  5 08:57 abc
```

2. 数字设定法

数字设定法用八进制数表示相应的权限，命令格式如下。

```
chmod [-R]  {权限数字}  文件名
```

（1）-R 选项，表示递归地改变指定目录及其所有子目录和文件的权限。

（2）常用权限数字如下。

0：表示没有权限。

1：表示拥有执行权限。

2：表示拥有写权限。

4：表示拥有读权限。

文件的基本权限用 3 个 0～7 的八进制数表示，这 3 个八进制数分别代表了文件所有者、文件所属组、其他用户的权限，将上述数字相加可得到文件的基本权限。

【例 8-3】在/usr/tmp 目录下创建 abc 文件（所有者为 root 用户），并用数字设定法将权限修改为所有人可读写。

```
[root@Server ~]# cd /usr/tmp
[root@Server tmp]# touch abc
[root@Server tmp]# ls -l abc
-rw-r--r--. 1 root root 0  8月  5 09:00 abc
[root@Server tmp]# chmod 666 abc
[root@Server tmp]# ls -l abc
-rw-rw-rw-. 1 root root 0  8月  5 09:00 abc
```

 注意 如果修改的是目录，且目录包含其他的子目录，则必须使用-R 选项来同时设置所有文件及子目录的权限。

8.2.2 设置文件和目录的特殊权限

为了满足 Linux 系统对安全和灵活性的需求，除了 8.2.1 节所述的文件的基本权限 r、w、x 外，还出现了 SUID、SGID 和 SBIT 等特殊权限，是一种设置文件权限的特殊功能，通常用来弥补基本权限的不足，是对文件执行权限的一种特殊设置方法。

1. SUID

SUID 是一种针对二进制程序设置的特殊权限，可以让二进制程序的执行者临时拥有文件所有者的权限，但是需要注意的是，SUID 权限只对拥有执行权限的二进制文件有效。

为文件设置 SUID 权限，可以使用 chmod 命令的字符设定法实现，命令格式如下。

```
chmod u + s <文件名>
```

也可以使用 chmod 命令的数字设定法实现，由于基本权限需要使用 3 个八进制数，因此 SUID 权限使用八进制数 4 表示，且放在基本权限的前面，命令格式如下。

```
chmod 4<基本权限>  <文件名>
```

当启动某个二进制程序，该程序调用了其他对象，此对象非启动者所有，启动者也不具备相应权限时，程序无法成功执行。但是，若为这个二进制程序赋予 SUID 权限，被调用的这个对象会被临时赋予该对象的所有者权限。例如，只有 root 用户拥有密码文件/etc/shadow 的修改权限，那么其他用户是如何使用 passwd 命令修改自身密码的？这是因为 passwd 命令拥有 SUID 权限。

下面分别执行 ls -l /ect/passwd 命令和 ls -l /bin/passwd 命令。

```
[root@Server ~]# ls -l /etc/passwd
-rw-r--r--. 1 root root 2725 12月 17 13:08 /etc/passwd
[root@Server ~]# ls -l /bin/passwd
-rwsr-xr-x. 1 root root 27832 1月  30 2014 /bin/passwd
```

从 ls -l /bin/passwd 命令执行结果中可以看到，passwd 命令的所有者权限是 rws，这就意味着其他用户临时获得程序所有者即 root 用户的身份，从而能把变更的密码写入/etc/shadow 密码文件中。

> **注意** 如果文件所有者原本的权限是 rw-，被赋予 SUID 权限后，-将变成大写的 S。

【例 8-4】以 root 用户身份登录，在目录/usr/tmp 下创建空文件 abc，然后设置文件所有者的 SUID 权限（如果 abc 文件已经存在，请先使用 rm -rf abc 命令将其删除）。

```
[root@Server ~]# cd /usr/tmp
[root@Server tmp]# touch abc
[root@Server tmp]# chmod 4644 abc
[root@Server tmp]# ls -l abc
-rwSr--r--. 1 root root   0 6月   6 16:39 abc
```

从上述示例可以看出，如果文件所有者本来不具备执行权限，在被赋予 SUID 权限后，-将变成 S。

2. SGID

SGID 权限与 SUID 权限不同的地方是，SGID 权限不仅对文件所有者的临时权限生效，还对用户组级别生效，因此，主要用于实现以下两种功能。

（1）让执行者临时拥有文件所属组的权限。

（2）在某个目录中创建的文件自动继承该目录的用户组。

为文件的所有者设置 SGID 权限，可以使用 chmod 命令的字符设定法实现，命令格式如下。

```
chmod g + s 文件/目录名
```

也可以使用 chmod 命令的数字设定法实现，由于基本权限需要使用 3 个八进制数表示，因此 SUID 权限使用八进制数 2 表示，且放在基本权限的前面，命令格式如下。

```
chmod  2<基本权限>  文件名
```

【例 8-5】为/usr/tmp 目录下的 abc 文件设置同组用户的 SGID 权限。

```
[root@Server tmp]# chmod 2644 abc
[root@Server tmp]# ls -l abc
-rw-r-Sr--. 1 root root   0 6月   6 16:39 abc
```

> **注意** 如果文件所属组原本的权限是 rw-，被赋予 SGID 权限后，-将变成 S。

3. SBIT

SBIT 权限目前只针对目录有效。当一个目录被设置了 SBIT 权限，在该目录下的所有文件只有文件的拥有者和 root 用户才有权限删除。

要为其他用户设置 SBIT 权限，可以使用 chmod 命令的字符设定法实现，命令格式如下。

```
chmod o + t 目录名
```

也可以使用 chmod 命令的数字设定法实现，由于基本权限需要使用 3 个八进制数，因此 SUID 权限使用八进制数 1 表示，且放在基本权限的前面，命令格式如下。

```
chmod 1<基本权限 > 文件名
```

【例 8-6】 为/usr/tmp 目录下的 abc 目录设置其他用户的 SBIT 权限。

```
[root@Server tmp]# chmod 1644 abc
[root@Server tmp]# ls -l abc
drw-r--r-T. 1 root root    0 6月  6 16:39 abc
```

 注意 如果原本的权限是 rw-，被赋予 SBIT 权限后，-将变成 T。

8.2.3 设置文件和目录的默认权限

文件和目录的基本权限有 r、w、x，但是当新建一个文件或者目录时，默认权限是什么？如何查看文件的默认权限？

微课 8-3 文件和
目录的默认权限

1. 使用 umask 命令查看默认权限

umask 命令用于设置用户创建文件或目录时的权限默认值。如何使用 umask 命令查看权限掩码？通常有两种方式，具体命令及执行结果如下。

```
[root@Server tmp]# umask
0022
[root@Server tmp]# umask -S
u=rwx,g=rx,o=rx
```

仅执行 umask 命令时，执行结果中的数字有 4 位，其中第一位为特殊权限，后面 3 位为基本权限，与使用-S 选项得到的权限一致。

通过 umask 设置的权限掩码就可以计算得到文件（或目录）的默认权限值。"文件（或目录）的默认权限"等于"文件（或目录）的预设权限"去掉"权限掩码所表示的权限"，从而使新建的文件和目录拥有默认权限。

可见，想计算出文件或目录的默认权限，只知道权限掩码还不够，还需要了解文件或目录的预设权限。

在 Linux 系统中，文件和目录的预设权限是不一样的。

（1）对于文件来讲，其可拥有的预设权限是 666，即权限字符为 rw-rw-rw- 。也就是说，使用文件的任何用户都没有执行（x）权限。原因很简单，执行权限是文件的最高权限，授权时绝对要慎重，因此不能在新建文件的时候就默认赋予执行权限。

（2）对于目录来讲，其可拥有的预设权限是 777，即权限字符为 rwxrwxrwx。

 注意 umask 的值指的是该默认权限值需要减掉的权限值，如果 umask 的值为 022，该如何理解？由于 r、w、x 的权限值分别为 4、2、1，所以，第一位 0 代表没有减去任何权限，第二位 2 代表减去了写权限，第三位 2 也代表减去了写权限。当我们在该处创建一个文件时，该文件拥有的默认权限就是 rw-r--r--。

2. 使用 umask 命令修改默认权限

通过 umask 命令可以更改默认权限，命令格式如下。

```
umask 权限数字
```

【例 8-7】 将/usr/tmp 目录的默认权限修改为文件所属组用户可写，并新建空文件，验证同组的用户是否拥有写权限。

```
[root@Server tmp]# umask
0022
[root@Server tmp]# umask 0002
[root@Server tmp]# umask -S
u=rwx,g=rwx,o=rx
[root@Server tmp]# umask
0002
[root@Server tmp]# touch abc
[root@Server tmp]# ls -l
-rw-rw-r--. 1 root root    0 8月  6 18:11 abc
```

**素养
提升**　一般而言，只有经过授权的用户才能访问相应的资源。但是，一些资源可能被未授权用户访问，造成信息泄露，严重威胁网络安全。那么什么是未授权访问？

未授权访问是指在不授权的情况下，访问需要权限的功能。这通常是认证页面存在缺陷、无认证、安全配置不当导致的，常见于服务端口无限制开放、网页功能通过链接不限制用户访问、低权限用户越权访问高权限功能等情况。

如今，我国推出了《中华人民共和国网络安全法》，使人们在网络世界里有法可依。我们需要明确哪些行为是可做的，哪些行为是越界的，只有具备合理的安全意识，才能增强安全责任感。

8.2.4　文件访问控制列表

在前文的学习过程中可能遇到过这样的问题，使用 su 命令切换到普通用户 test 后，无法访问 root 用户的主目录，提示权限不够，如下。

```
[root@Server ~]# su - test
[test@Server ~]$ cd /root/
-bash: cd: /root/: 权限不够
```

如何解决这个问题？这就要用到文件访问控制列表（Access Control List，ACL）。ACL 用于将某个文件或目录的访问权限单独授权给某个特定用户或者用户组。setfacl 命令和 getfacl 命令是常用的设置 ACL 访问权限的命令。

1. setfacl 命令

setfacl 命令用于管理文件的 ACL 规则，可以精确地设置用户或用户组对文件的访问权限，命令的命令格式如下。

```
setfacl [选项] u:用户名:权限  文件名
setfacl [选项] g:组名:权限    文件名
```

需要说明的是，如果设定的是用户的 ACL 权限，则参数使用"u:用户名:权限"的格式，如果设定的是用户组的 ACL 权限，则参数使用"g:组名:权限"格式。

setfacl 命令有很多选项，其常用选项如表 8-2 所示。

表 8-2　setfacl 命令的常用选项

选项	说明
-m	更改文件的 ACL
-x	删除指定用户或用户组的 ACL 权限
-b	删除所有的 ACL 权限
-R	递归操作子目录
-k	删除默认的 ACL 权限

【例 8-8】　使用 setfacl 命令设置普通用户 test 对/root 目录的访问权限。

```
[root@Server ~]# setfacl -Rm u:test:rwx /root
#切换到 test 用户，查看是否可以成功访问
[root@Server ~]# su - test
[test@Server ~]$ cd /root/
#切换到 root 用户，查看/root 的权限信息
[root@Server ~]# ls -ld /root
dr-xrwx---+ 20 root root 4096  8月  5 08:57 /root
```

 注意　常用的 ls -l 命令并不能显示 ACL 的相关信息，但是当文件权限信息中的最后一个点（.）变成+时，表示这个文件已经被设置了 ACL 访问权限。

从执行结果来看，/root 目录已经设置了 ACL 访问权限。

2. getfacl 命令

getfacl 命令用于显示文件或者目录的 ACL 权限列表信息，命令格式如下。

```
getfacl [选项] 文件名
```

getfacl 命令的常用选项如表 8-3 所示。

表 8-3　getfacl 命令的常用选项

选项	说明
-a	显示文件 ACL
-d	仅显示默认的文件 ACL
-R	递归操作子目录

【例 8-9】　使用 getfacl 命令查看/root 目录的 ACL 权限列表。

```
[root@Server ~]# getfacl /root
getfacl: Removing leading '/' from absolute path names
# file: root
# owner: root
# group: root
user::r-x
user:test:rwx
group::r-x
mask::rwx
other::---
```

129

8.3 管理文件和目录的所有者

为了系统的安全，一般情况下，都是使用普通用户的身份完成各种操作，但是有时候，普通用户需要拥有 root 用户的权限，如在安装软件时。如果使用 su 命令切换为 root 用户，效率就会比较低，而且会暴露 root 管理员的密码，增大系统的安全风险，使用 sudo 命令可以避免这种问题。

8.3.1 提升普通用户权限：sudo 命令

sudo 是 Linux 系统的管理命令，通过给普通用户提升权限来完成原本只有 root 管理员才能完成的任务，命令格式如下。

微课 8-4　sudo 命令

```
sudo  [选项]  命令名称
```
sudo 命令的常用选项如表 8-4 所示。

表 8-4　sudo **命令的常用选项**

选项	说明
-l	显示当前用户可以执行的命令
-u	以指定用户身份执行命令
-h	获取帮助信息

默认的 RHEL 9.2 已经安装了 sudo 包，但是要想使用 sudo 命令，还需要以 root 用户身份使用 vim 命令编辑 sudo 包的配置文件/etc/sudoers，具体设置方法如下。

（1）执行 vim /etc/sudoers 命令，打开配置文件。

（2）在命令模式下输入:set nu，为该文件设置行号。

（3）定位到第 101 行，输入 test　ALL=(ALL)　ALL，保存并退出。

> **注意**　（1）test 为普通用户名，根据实际情况修改即可。
> （2）编辑配置文件需用到 Vim 编辑器的相关知识，具体参考项目 4 的内容编辑与处理文本文件，这里不赘述。
> （3）/etc/sudoers 是一个只读文件，因此保存时请使用:wq!强制保存并退出。

【例 8-10】 以 test 用户身份创建普通用户 user1。

```
[root@Server ~]# su - test
[test@Server ~]$ useradd user1
useradd: Permission denied.
useradd: 无法锁定 /etc/passwd，请稍后再试。
```
可以看出，普通用户 test 并没有执行 useradd 命令的权限。使用 sudo 命令可以轻松解决这个问题，如下。

```
[test@Server ~]$ sudo useradd user1
[sudo] test 的密码：
[test@Server ~]$ tail -n 1 /etc/passwd
user1:x:1017:1017::/home/user11:/bin/bash
```
可以看出，以 test 用户身份，通过 sudo 命令提升权限后，成功添加了用户 user1。

8.3.2　更改文件和目录的所有者：chown 命令

在 Linux 系统中，不仅可以更改权限，还可以更改文件和目录的所有者。

chown 命令可以修改文件和目录的所有者及所属用户组，该命令的命令格式如下。

```
chown  [-R]  所有者[.所属用户组]  文件名
```

使用 chown 命令需要注意以下两点。

（1）-R：递归设置权限，也就是为子目录中的所有文件设置权限。

（2）所有者和所属用户组中间使用点（.）分隔开。

【例 8-11】以 test 用户身份，将/usr/tmp/目录下的 abc 文件（abc 文件的所有者为 root 用户）删除。

```
[test@Server ~]$ cd /usr/tmp/
[test@Server tmp]$ rm -rf abc
rm: 无法删除"abc": 不允许的操作
```

可以看出，abc 文件是 root 用户创建的，普通用户 test 无法将其删除。使用 chown 命令可以解决这个问题，如下。

```
[test@Server tmp]$ su - root
密码：
[root@Server ~]# chown test.test /usr/tmp/abc
[root@Server ~]# cd /usr/tmp/
[root@Server tmp]# ll abc
-rw-r--r-T. 1 test test 0 8月  5 09:00 abc
[root@Server tmp]# su - test
[test@Server ~]# rm -rf abc
```

可以看出，使用 chown 命令将 abc 文件的所有者修改为 test 用户，即可成功删除。

思考：对于上述例子，能不能使用 sudo 命令直接完成 abc 文件的删除？

项目实施

任务　修改文件访问权限

（1）进入/source 目录，查看打包文件 bigdata.tar.gz 和 information.tar.gz 的权限信息。

```
[root@Server ~]# cd/source
[root@Server source]# ls -l
总用量 23864
-rw-r--r--. 1 root root 23412373 1月  18 16:17 bigdata.tar.gz
-rw-r--r--. 1 root root 1022679 1月  18 16:17 information.tar.gz
```

（2）利用 chmod 命令的数字设定法设置权限。对于以上两个文件，除了 root 用户，本部门同事只能查看不能修改，非本部门同事则没有查看权限。

```
[root@Server source]# chmod  640 bigdata.tar.gz
[root@Server source]# chmod  640 information.tar.gz
[root@Server source]# ls -l
总用量 23864
-rwxr-----. 1 root root 23412373 1月  18 16:17 bigdata.tar.gz
-rwxr-----. 1 root root 1022679 1月  18 16:17 information.tar.gz
```

小结

通过学习本项目，读者了解了 Linux 系统中文件和目录的权限类别，学会了设置文件与目录的基本权限、特殊权限和默认权限的常用命令，掌握了提升普通用户权限和更改文件与目录所有者的方法。

不同的用户拥有不同的权限，其中，root 用户拥有 Linux 系统的最高权限。因此在实际工作中，通常不会直接使用 root 用户操作 Linux 系统，而是通过 root 用户为普通用户赋权，这样可以在一定程度上保证文件的安全，防止文件被误修改或删除，同时又能让各个用户各司其职。

本项目知识点的思维导图如图 8-3 所示。

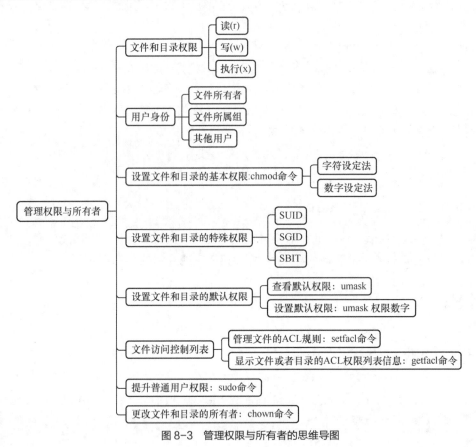

图 8-3　管理权限与所有者的思维导图

习题

一、选择题

1. Linux 系统中存放配置文件的目录是（　　　）。

A. /etc
B. /bin
C. /sbin
D. /root

2. 存放基本命令的目录是（　　　）。

A. /etc
B. /bin
C. /etc
D. /lib

3. （　　）命令用于查看文件的权限信息。

A. ls -a   B. ls   C. ls -l   D. ls -d

4. 如果工作目录为/home/user1/linux，那么 linux 的父目录是（　　）。

A. /home/user1   B. /home   C. /   D. /sea

5. （　　）命令可以将普通用户切换为 root 用户，（　　）命令可以提升普通用户的权限。

A. su、sudo   B. su、su   C. login、login   D. SU、sudo

6. 某文件的权限为 drw-r--r--，该文件的类型是（　　），用数字设定法表示该权限为（　　）。

A. d、646   B. d、644   C. d、746   D. -、646

7. 如果 umask 值被设置为 022，则默认的新建文件的权限为（　　）。

A. -----w--w-   B. -rwxr-xr-x   C. -r-xr-x---   D. -rw-r--r--

8. 使用 chmod 命令的数字设定法，可以改变（　　）。

A. 文件的访问权限   B. 目录的访问权限

C. 文件或目录的访问权限   D. 以上说法都不对

9. 改变文件所有者的命令为（　　）。

A. chmod   B. touch   C. chown   D. cat

二、填空题

1. 执行 ls -l abc 命令，执行结果如果是 drwxr--r--，则表示 abc 的文件类型是_____。

2. 可以执行 ls -l 命令来观察文件的权限，每个文件的权限都用 10 个字符表示，并分为 4 段，其中第二段占 3 位，表示_____对该文件的权限。

3. 将文件 test.pl 的访问权限设为-rwxrw-r-x 的命令是_____。

项目9
管理磁盘分区与文件系统

项目导入

公司市场部员工在服务器中归档项目材料时，系统提示磁盘空间不足，请求技术支持。

作为其他部门的驻场技术员，小乔利用 df 命令检测了各个目录对磁盘空间的占用情况，发现服务器空间已经所剩无几。凭借着丰富的经验，小乔清理了一些临时文件、日志文件，但发现并不能有效改善当前的状况，于是考虑扩展磁盘空间。

对于扩充磁盘，小乔在学校学习过，但是现在也只剩下模糊的印象，她通过简单的搜索、查询了解到 VMware WorkStation Pro 17 支持添加 IDE、SCSI、SATA 接口以及 NVMe 标准等多种类型的磁盘。由于 IDE 类型的磁盘逐渐被淘汰，于是，小乔决定添加 SCSI 类型的磁盘。

职业能力目标及素养目标

- 掌握 Linux 系统中磁盘分区的原则及创建磁盘分区命令 fdisk。
- 掌握 Linux 系统中文件系统的创建与检查，能够使用相关命令执行文件系统的创建与检查等任务。
- 掌握 Linux 系统中文件系统的手动挂载、卸载与自动挂载等，能够使用相关命令执行文件系统的挂载等任务。

- 掌握磁盘配额的设置方法，能够使用相关命令执行磁盘配额的管理等任务。
- 能够使用相关命令创建、扩展、缩小和删除逻辑卷。
- 具备独立解决问题的能力和精益求精的工匠精神。

知识准备

9.1 创建磁盘分区

9.1.1 了解磁盘分区的概念和原则

安装 Linux 系统之前，需要根据实际情况划分磁盘空间。

1. 磁盘分区的概念

磁盘分区是指在磁盘的自由空间（指磁盘上没有被分区的部分）上创建的分区，将一块物理磁盘划分成多个能够被格式化和单独使用的逻辑单元。就像在 Windows 系统中使用的 C、D、E、F 盘一样。

划分磁盘分区的目的是使各分区各司其职，方便用户使用，因此磁盘分区的划分并不是对磁盘的物理功能的划分，只是一种软件上的划分。在 Linux 系统中需要有多个磁盘分区，比如，根分区、/boot 分区、swap 分区（交换分区）等。

微课 9-1 磁盘的分区与命名方式

2. 磁盘分区的格式

常见的磁盘分区格式包括 MBR 和 GPT 两种，两者具有不同的特点。

（1）主引导记录（Master Boot Record，MBR）分区的特点。

- 最多支持 4 个主分区。
- 在 Linux 系统中使用扩展分区和逻辑分区最多可以创建 15 个分区。
- 由于分区中的数据以 32bit 存储，所以使用 MBR 分区支持的最大空间为 2TB。

（2）全局唯一标识分区表（GUID Partition Table，GPT）分区的特点。

- 是统一可扩展固件接口（Unified Extensible Firmware Interface，UEFI）标准的一部分，主板必须支持 UEFI 标准。
- GPT 分区支持的最大空间为 128PB（1PB=1024TB）。
- 可以定义 128 个分区。
- 没有主分区、扩展分区和逻辑分区等概念，所有分区都能被格式化。
- gdisk 管理工具可以创建 GPT 分区。

3. 磁盘分区的类型

Linux 系统中的磁盘分区有 3 种类型：主分区、扩展分区、逻辑分区。

（1）主分区：也称为引导分区，用来启动操作系统。

（2）扩展分区：实际上在磁盘中是看不到扩展分区的，也无法直接使用。在扩展分区上可以划分逻辑分区。

（3）逻辑分区：相当于一块存储介质，在扩展分区上可以创建多个逻辑分区，用来存储数据。

4. MBR 格式磁盘分区的原则

在为磁盘创建分区时，各种类型的分区数量并不是无限的，需要遵循以下几个原则。

（1）主分区：最多只能有 4 个。

（2）扩展分区；

- 最多只能有一个；
- 主分区加扩展分区最多有 4 个；
- 不能写入数据，只能包含逻辑分区。

（3）逻辑分区：用来写入数据。

在使用相关命令对磁盘进行分区时，可以参考图 9-1 进行划分。

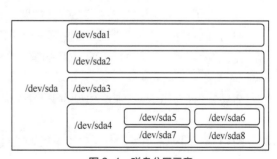

图 9-1 磁盘分区示意

9.1.2 了解硬件设备的命名规则

我们知道，Linux 系统中"一切皆文件"，硬件设备也不例外。Linux 系统对各个常用的硬件设备都有规范的命名规则，目的是让用户通过设备文件的名称大致了解设备的属性及分区信息。Linux 系统常见的硬件设备及文件名称如表 9-1 所示。

表 9-1　Linux 系统常见的硬件设备及文件名称

硬件设备	文件名称
IDE（Integrated Drirve Electronics，电子集成驱动器）磁盘	/dev/hd[a-d]，字母 a～d 代表系统中第一～第四个 IDE 磁盘
SCSI（Small Computer System Interface，小型计算机系统接口）/SATA（Serial Advanced Technology Attachment，串行 ATA）磁盘	/dev/sd[a-z]，字母代表不同的磁盘，sda 表示第一个 SATA/SCSI 磁盘，sdb 表示第二个，以此类推
NVMe（Non-Volatile Memory Express，非易失性存储器标准）磁盘	/dev/nvme[0-9]n[1-9]，第一个数字表示控制器的编号，n 是固定字符，第二个数字表示该控制器下的命名空间编号。例如，nvme0n1 表示第一个 NVMe 控制器下的第一个命名空间，即第一个 NVMe 磁盘
光驱	/dev/cdrom
鼠标	/dev/mouse

执行 fdisk -l 命令可以查看当前系统中的所有硬件设备，那么返回的文件名称/dev/hda5 包含哪些信息？具体含义如图 9-2 所示。

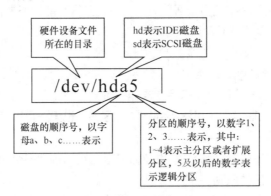

图 9-2　硬件设备文件名称的含义

下面基于 IDE 类型的磁盘和 SCSI 类型的磁盘来详细讲解分区数量及表示方法。

/dev/hda1 表示第一个 IDE 磁盘的第一个主分区。/dev/hda2 表示第一个 IDE 磁盘的第二个主分区。/dev/hda5 表示第一个 IDE 磁盘的第一个逻辑分区。/dev/hda8 表示第一个 IDE 磁盘的第四个逻辑分区。

/dev/hdb1 表示第二个 IDE 磁盘的第一个主分区。/dev/sda1 表示第一个 SCSI 磁盘的第一个主分区。

9.1.3 查看系统中的块设备与分区：lsblk 命令

lsblk 命令用于以树状图形式列出块设备信息，包括磁盘、分区以及挂载点等信息，命令格式如下。

```
lsblk [选项]
```

lsblk 命令的常用选项如表 9-2 所示。

表 9-2　lsblk 命令的常用选项

选项	说明
-l	以列表形式显示所有设备名称
-S	获取 SCSI 磁盘的列表
-b 设备名称	用于列出指定设备的信息
-m	显示磁盘和分区的归属账号权限信息

【例 9-1】　使用 lsblk 命令查看当前系统中所有可用的块设备。

```
[root@Server ~]# lsblk
NAME            MAJ:MIN RM  SIZE RO TYPE MOUNTPOINTS
sr0              11:0    1  8.9G  0 rom  /iso
                                         /run/media/root/RHEL-9-2-0-BaseOS-x86 64
nvme0n1         259:0    0   30G  0 disk
├─nvme0n1p1     259:1    0    1G  0 part /boot
└─nvme0n1p2     259:2    0   29G  0 part
  ├─rhel-root   253:0    0   27G  0 lvm  /
  └─rhel-swap   253:1    0    2G  0 lvm  [SWAP]
```

该命令执行结果中各个参数的解释如下。

- NAME：表示块设备名。RHEL 9.2 默认安装的磁盘的名称为 nvme0n1。
- MAJ:MIN：表示主要和次要设备号。
- RM：表示设备是否为可移动设备。在本例中，设备 sr0 的 RM 值等于 1，这说明它是可移动设备。
- SIZE：表示设备的容量信息。例如，8.9G 表明该设备的容量为 8.9GB。
- RO：表明设备是否为只读设备。在本例中，所有设备的 RO 值都为 0，表明它们不是只读设备。
- TYPE：表示块设备是否是磁盘或磁盘上的一个分区。在本例中，nvme0n1 是磁盘，而 sr0 是只读存储器（ROM）。
- MOUNTPOINTS：表示设备的挂载点。

9.1.4　磁盘分区：fdisk 命令

fdisk 命令是 Linux 系统中常用的磁盘分区命令，其常用的功能有两个。

（1）使用 fdisk -l 命令查询当前系统中已有分区的详情。

（2）使用 fdisk 命令加上要分区的磁盘作为参数，完成磁盘分区操作。

安装 RHEL 9.2 时，默认会将系统安装在 NVMe 硬盘，而不是 SCSI 硬盘。所以，在使用硬盘工具进行硬盘管理时要特别注意。

本节主要介绍如何利用 fdisk 命令对新增磁盘进行分区。

微课 9-2　fdisk 命令

1. 在虚拟机上新增 3 块 SCSI 磁盘

（1）打开 VMware Workstation Pro 17，选择"虚拟机"→"设置"命令，打开"虚拟机设置"对话框，单击"添加"按钮，如图 9-3 所示。

（2）弹出"添加硬件向导"对话框，在"硬件类型"列表中选择"硬盘"，如图 9-4 所示，单击"下一步"按钮。

（3）选择"虚拟磁盘类型"为"SCSI"，如图 9-5 所示，单击"下一步"按钮。

注意，如果虚拟机没有关闭，则"虚拟磁盘类型"不能选择"IDE"。

（4）选择磁盘，默认选中第一个选项"创建新虚拟磁盘"，如图 9-6 所示，单击"下一步"按钮。

（5）指定磁盘容量，默认为 20GB，可以根据实际情况设置，这里设置"最大磁盘大小"为 10GB，如图 9-7 所示，单击"下一步"按钮。

（6）指定磁盘文件，默认的文件名是虚拟机的名称加上扩展名.vmdk，可以根据实际情况设置，如图 9-8 所示，单击"完成"按钮。

图 9-3　单击"添加"按钮

图 9-4　选择"硬盘"

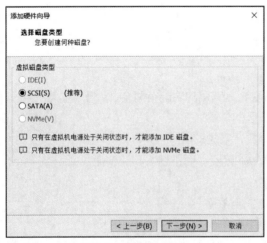

图 9-5　选择磁盘类型

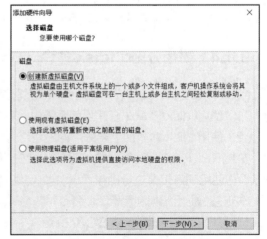

图 9-6　选中"创建新虚拟磁盘"

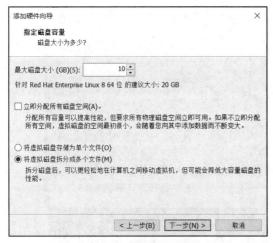
图 9-7　设置磁盘大小

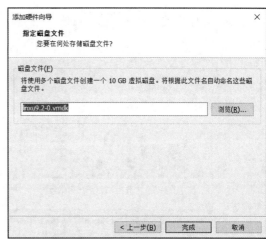
图 9-8　指定磁盘文件名称

（7）完成以上步骤后，新磁盘添加成功。采用相同的方法再添加两块磁盘，大小分别为 10GB 和 5GB。添加完成后，重新启动 Linux 虚拟机，即可读取新添加的磁盘。

2. 更改磁盘启动顺序

添加第二块磁盘后，系统默认从第二块磁盘启动，导致重启后无法进入操作系统。因此，在重新启动 Linux 系统之前，须按照如下步骤更改磁盘启动顺序，否则会重启失败。具体步骤如下。

（1）在关闭虚拟机的情况下，选择"虚拟机"→"电源"→"打开电源时进入固件"命令，如图 9-9 所示。

图 9-9　选择"虚拟机"→"电源"→"打开电源时进入固件"命令

（2）如果虚拟机的固件类型为 BIOS，需按右方向键选择"Boot"选项卡，然后按下方向键，选择"Hard Drive"，如图 9-10 所示。按 Enter 键，选中"NVMe（B：0.0：1）"，按住 Shift 键再按+键，使选中的"NVMe（B：0.0：1）"选项上升到最上方，如图 9-11 所示。按 F10 键，保存并退出，如图 9-12 所示。如果虚拟机的固件类型为 UEFI，则硬盘的启动顺序调整，如图 9-13 所示。

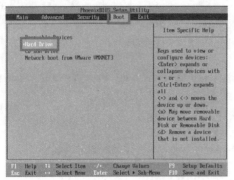

图 9-10　选择"Hard Drive"

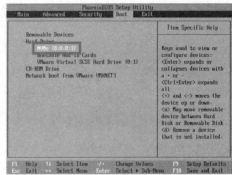

图 9-11　使选中的选项上升到最上方

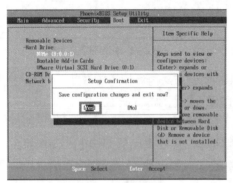

图 9-12　保存并退出

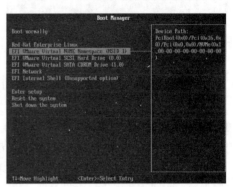

图 9-13　固件中硬盘的启动顺序

将硬盘启动顺序调整为第一启动硬盘后重启 Linux 系统。重启后，执行 fdisk-l 命令查看到新添加的磁盘文件的名称为/dev/sda。

```
[root@Server ~]# fdisk -l
Disk /dev/nvme0n1: 30 GiB, 32212254720 字节, 62914560 个扇区
磁盘型号: VMware Virtual NVMe Disk
单元: 扇区 / 1 * 512 = 512 字节
扇区大小(逻辑/物理): 512 字节 / 512 字节
I/O 大小(最小/最佳): 512 字节 / 512 字节
磁盘标签类型: dos
磁盘标识符: 0xafdde72a

设备             启动    起点      末尾      扇区 大小 Id 类型
/dev/nvme0n1p1 *     2048  2099199  2097152   1G 83 Linux
/dev/nvme0n1p2  2099200 62914559 60815360  29G 8e Linux LVM
......

Disk /dev/sda: 10 GiB, 10737418240 字节, 20971520 个扇区
磁盘型号: VMware Virtual S
单元: 扇区 / 1 * 512 = 512 字节
扇区大小(逻辑/物理): 512 字节 / 512 字节
I/O 大小(最小/最佳): 512 字节 / 512 字节
```

从以上信息可以看出，磁盘/dev/sda 还未划分分区。

3. 使用 fdisk 命令分区

在终端中执行 fdisk /dev/sda 命令，结果如下。

```
[root@Server ~]# fdisk /dev/sda
欢迎使用 fdisk (util-linux 2.23.2)。
```

更改将停留在内存中，直到您决定将更改写入磁盘。
使用写入命令前请三思。
命令 (输入 m 获取帮助)：

在"命令（输入 m 获取帮助)："提示后输入相应的命令并按 Enter 键，fdisk 命令的常用子命令如表 9-3 所示。

表 9-3　fdisk 命令的常用子命令

子命令	功能
a	开关可启动标志
d	删除分区
l	列出已知分区类型
m	输出此菜单
n	添加新分区
p	输出分区表
q	退出而不保存更改
t	更改分区类型
u	更改显示/记录单位
w	将分区表写入磁盘并退出
x	更多功能（仅限专业人员）

下面以在/dev/sda 磁盘上创建大小为 1GB、分区类型为 Linux 的/dev/sda1 主分区为例，讲解 fdisk 命令的使用方法，具体操作步骤如下。

（1）执行 fdisk /dev/sda 命令，打开 fdisk 命令操作菜单。

```
[root@Server ~]# fdisk /dev/sda
命令 (输入 m 获取帮助 )：
```

（2）输入 p 并按 Enter 键，列出当前分区表，从执行结果可以看出，磁盘/dev/sda 上没有任何分区。

```
命令 (输入 m 获取帮助 )：p
Disk /dev/sda: 10 GiB, 10737418240 字节, 20971520 个扇区
磁盘型号：VMware Virtual S
单元：扇区 / 1 * 512 = 512 字节
扇区大小 (逻辑/物理)：512 字节 / 512 字节
I/O 大小 (最小/最佳)：512 字节 / 512 字节
磁盘标签类型：dos
磁盘标识符：0xfea5a3f7

命令 (输入 m 获取帮助 )：
```

（3）输入 n 并按 Enter 键，创建一个新分区，再输入 p 并按 Enter 键，此处选择创建主分区（也可分别输入 e 或者 l 并按 Enter 键，选择创建扩展分区或逻辑分区）。再输入数字 1 并按 Enter 键，创建第一个主分区 sda1，并设置第一个主分区的大小为 1GB。

```
命令 (输入 m 获取帮助 )：n
分区类型
   p  主分区 (0 primary, 0 extended, 4 free)
   e  扩展分区 (逻辑分区容器)
选择 (默认 p)：p
分区号 (1-4，默认 1)：1
第一个扇区 (2048-20971519，默认 2048)：直接按 Enter 键
最后一个扇区，+/-sectors 或 +size{K,M,G,T,P} (2048-20971519，默认 20971519)：+1G
```

创建了一个新分区 1，类型为"Linux"，大小为 1 GiB。

命令 (输入 m 获取帮助)：

（4）输入 w 并按 Enter 键，将第一个主分区的分区信息写入磁盘分区表并退出。

命令 (输入 m 获取帮助)：**w**
分区表已调整。
将调用 ioctl() 来重新读分区表。
正在同步磁盘。

采用相同的方法，分别建立大小为 500MB 的主分区/dev/sda2 和大小为 5GB 的扩展分区/dev/sda3。创建完成后，输入 p 命令并按 Enter 键输出分区表，如下。

命令 (输入 m 获取帮助)：**p**
Disk /dev/sda: 10 GiB, 10737418240 字节, 20971520 个扇区
磁盘型号：VMware Virtual S
单元：扇区 / 1 * 512 = 512 字节
扇区大小 (逻辑/物理)：512 字节 / 512 字节
I/O 大小 (最小/最佳)：512 字节 / 512 字节
磁盘标签类型：dos
磁盘标识符：0xfea5a3f7

设备	启动	起点	末尾	扇区	大小	Id	类型
/dev/sda1		2048	2099199	2097152	1G	83	Linux
/dev/sda2		2099200	3123199	1024000	500M	83	Linux
/dev/sda3		3123200	13608959	10485760	5G	5	扩展

若要删除磁盘分区，在 fdisk 命令操作菜单下输入 d 并按 Enter 键，并选择相应的磁盘分区即可。删除后输入 w 并按 Enter 键，保存并退出，如下。

命令 (输入 m 获取帮助)：**w**
分区表已调整。
将调用 ioctl() 来重新读分区表。
正在同步磁盘。

9.2 创建与检查文件系统

9.2.1 了解常见的文件系统

文件系统（File System）是指磁盘上有特定格式的一片物理空间。Linux 系统支持多种文件系统。随着 Linux 系统的不断发展，它支持的文件系统类型也在迅速增加，达到了数十种，目前常见的类型有 ext2、ext3、ext4、XFS、ISO 9660、swap 等。

（1）ext2：为解决 ext 文件系统的缺陷而设计的可扩展的、高性能的文件系统类型。ext2 类型文件系统又称为二级扩展文件系统。它是 Linux 系统支持的文件系统中使用较多的类型，并且在速度和 CPU 利用率上较为突出，ext2 类型文件系统是 Linux 系统中标准的文件系统。ext2 类型文件系统存取文件的性能极好，对于中、小型的文件更显优势。尽管 Linux 系统可以支持的文件系统种类繁多，但是 2000 年以前，几乎所有的 Linux 系统发行版本都以 ext2 类型文件系统作为默认的文件系统。

（2）ext3：ext2 的下一代，ext3 类型文件系统是一款日志文件系统，能够在系统异常的情况下避免文件系统资料丢失，并且能够修复数据的不一致及错误。但是，当磁盘容量较大时，所需的修复时间也会延长，无法百分之百保证资料不会丢失，将整体磁盘的每个写入动作的细节预先记录，在发生异常时，可追踪到被中断的部分，尝试修复。

（3）ext4：ext3 的改进版本。ext4 类型文件系统是 RHEL 6 的默认文件管理系统，支持的存储容量高达 1EB，还能够包含无限多的子目录。另外，该文件系统能够批量分配块，极大地提高了读写效率。

（4）XFS：高性能的日志文件系统，优势在于发生意外可以快速恢复可能被破坏的文件。其强大的日志功能只需要较低的计算和存储性能即可实现，支持的最大存储容量达 18EB，可以满足多种需求。

（5）ISO 9660：光盘使用的文件系统类型，Linux 系统对光盘已有了很好的支持。它不仅提供对光盘的读写，还可以实现光盘刻录。

（6）swap：在 Linux 系统中作为交换分区使用。

为了使用户在读取或写入文件时不用关心底层的磁盘结构，Linux 内核中的软件层为用户程序提供了一个虚拟文件系统（Virtual File System，VFS）接口，这样，用户在实际操作文件时，就会统一对这个虚拟文件系统进行操作，而不用关注各种文件系统的不同。

9.2.2　为分区创建文件系统：mkfs 命令

微课 9-3　创建、挂载和卸载文件系统

9.1 节讲解了在新的磁盘上创建分区的方法，但是，新建的分区还不能直接用于存储数据，需要在分区上创建文件系统，此操作也称为格式化。这个操作实际上类似于 Windows 系统中的格式化磁盘。由于在分区中创建文件系统会清除分区中的数据，并且不可恢复，因此在分区中创建文件系统之前，须确定分区中的数据不再使用。

mkfs 命令用于创建文件系统，命令格式如下。

```
mkfs  [选项]  文件系统
```

mkfs 命令的常用选项如表 9-4 所示。

表 9-4　mkfs 命令的常用选项

选项	说明
-t type	指定要创建的文件系统的类型
-c	建立文件系统之前先检查坏块
-l file	从文件 file 中读取磁盘坏块列表
-V	显示建立文件系统的详细信息

【例 9-2】 在设备/dev/sda1 上建立 ext4 类型的文件系统，并检查坏块和显示详细信息。

```
[root@Server ~]# mkfs -t ext4 -V -c /dev/sda1
mkfs，来自 util-linux 2.37.4
mkfs.ext4 -c /dev/sda1
mke2fs 1.46.5 (30-Dec-2021)
创建含有 262144 个块（每块 4k）和 65536 个 inode 的文件系统
文件系统 UUID: 970d6e87-3d63-48f3-970c-c4bafb2c6fc7
超级块的备份存储于下列块：
 32768, 98304, 163840, 229376
检查坏块（只读测试）：已完成
正在分配组表：完成
正在写入 inode 表：完成
创建日志（8192 个块）完成
写入超级块和文件系统账号统计信息：已完成
```

9.2.3 检查文件系统：fsck 命令

fsck 命令主要用于检查文件系统的正确性，并对磁盘进行修复，该命令的命令格式如下。

```
fsck  [选项]  文件系统
```

fsck 命令的常用选项如表 9-5 所示。

表 9-5　fsck 命令的常用选项

选项	说明
-t	指定文件系统类型
-s	逐条执行 fsck 命令进行检查
-C	显示完整的检查进度
-a	如果检查中发现错误，则自动修复
-r	如果检查中发现错误，则询问是否修复

【例 9-3】 检查/dev/sda1 分区中是否有错误，如果有错误，则自动修复。

```
[root@Server ~]# fsck -a /dev/sda1
fsck, 来自 util-linux 2.37.4
/dev/sda1: 没有问题, 11/65536 文件, 12955/262144 块
```

9.3　手动挂载与卸载文件系统

9.3.1 挂载文件系统：mount 命令

创建好的文件系统需要挂载到 Linux 系统中才能使用，挂载文件系统的目录称为挂载点。Linux 系统提供了两个专门的挂载点/mnt 和/media。但是在一般情况下，会创建一个新的目录作为挂载点。

可以在系统引导过程中自动挂载文件系统，也可以使用 mount 命令手动挂载，mount 命令的命令格式如下。

```
mount [选项]  设备  挂载点
```

mount 命令的常用选项如表 9-6 所示。

表 9-6　mount 命令的常用选项

选项	说明
-t	指定要挂载的文件系统的类型
-r	以只读方式挂载文件系统
-w	以可写的方式挂载文件系统
-a	挂载/etc/fstab 文件中记录的设备

【例 9-4】 把分区/dev/sda1 挂载到新建目录/linux 下（在例 9-2 中已经将/dev/sda1 格式化为 ext4 类型的文件系统）。

```
[root@Server ~]# mkdir /linux
[root@Server ~]# mount /dev/sda1 /linux
```

```
[root@Server ~]# cd /linux/
[root@Server linux]# ls
lost+found
```

9.3.2　卸载文件系统：umount 命令

可以使用 umount 命令卸载已经挂载的文件系统，命令格式如下。

```
umount  设备/挂载点
```

【例 9-5】 将挂载的/linux 目录卸载。

```
[root@Server linux]# cd
[root@Server ~]# umount /linux
```

 注意 使用 umount 命令卸载目录之前，需退出挂载的目录，否则会提示"设备忙"。

9.3.3　显示挂载情况：df 命令

df 命令用来显示文件系统的磁盘空间占用情况，显示磁盘被占用了多少空间、还剩多少空间等信息，还可以显示分区的挂载情况，命令格式如下。

```
df  [选项]
```

df 命令的常用选项如表 9-7 所示。

表 9-7　df 命令的常用选项

选项	说明
-a	显示所有文件系统的磁盘空间使用情况
-i	显示 i 节点信息
-k	以 KB 为单位显示磁盘空间
-h	以合适的单位显示磁盘空间
-T	显示文件系统的类型
-t	显示指定类型的文件系统的磁盘空间使用情况

【例 9-6】 使用 df 命令查看文件系统的挂载情况。

```
[root@Server ~]# df
文件系统              1K-块        已用      可用      已用%    挂载点
devtmpfs             4096          0        4096      0%     /dev
tmpfs                896400        0        896400    0%     /dev/shm
tmpfs                358560        8776     349784    3%     /run
......
/dev/sda1            996780        24       927944    1%     /linux
```

9.3.4　在新的分区上读写文件

经过磁盘分区、创建文件系统、挂载等操作后，接下来便可以在新的分区上读写文件。下面通过以下步骤在新的磁盘上读写文件，这实际上就像是在 Windows 系统中使用 U 盘或者移动磁盘存储文件一样。

（1）执行 mount 命令将/dev/sda1 文件系统挂载到/linux 目录下。

```
[root@Server ~]# mount /dev/sda1 /linux
[root@Server ~]# cd /linux/
[root@Server linux]# ls
lost+found
```

进入/linux 目录后，执行 ls 命令可以看到工作目录下有 lost+found 文件夹，表明/dev/sda1 文件系统被成功挂载到/linux 目录下。

（2）在/linux 目录下创建 abc 目录。

```
[root@Server linux]# mkdir abc
[root@Server linux]# ls
abc  lost+found
```

（3）进入 abc 目录，创建空文件 study，并在该文件中输入一些信息，保存并退出。

```
[root@Server ~]# cd /linux/abc
[root@Server abc]# touch study
[root@Server abc]# echo -e "English\nChinese\nFrance" > study
[root@Server abc]# cat study
English
Chinese
France
```

（4）退出 linux 目录，执行卸载命令，然后查看/linux 目录下是否还存在 lost+found 文件夹和 abc 目录。

```
[root@Server abc]# cd ..
[root@Server linux]# cd ..
[root@Server /]# umount /linux/
[root@Server /]# cd /linux/
[root@Server linux]# ls
```

通过以上信息可以看出，abc 目录是保存在磁盘/dev/sda1 的文件系统中的。

（5）执行 mount 命令，再次将/dev/sda1 文件系统挂载到/linux 目录下，进入/linux 目录即可看到之前创建的文件。

```
[root@Server /]# mount /dev/sda1 /linux
[root@Server /]# cd /linux/
[root@Server linux]# ls
abc  lost+found
[root@Server linux]# df -h
文件系统              容量      已用   可用   已用%   挂载点
devtmpfs             4.0M       0    4.0M    0%    /dev
......
/dev/sda1            974M      24K   907M    1%    /linux
```

9.4 开机自动挂载文件系统

9.4.1 认识/etc/fstab 文件

在设置自动挂载之前，先来认识/etc/fstab 文件。这个文件记录了引导系统时需要挂载的文件系统及文件系统的类型和挂载参数等。因此，在系统启动过程中会读取该文件的内容，根据该文件的配置参数挂载相应的文件系统。

执行 cat /etc/fstab 命令，得到的该文件的信息如下。

```
# /etc/fstab
```

```
# Created by anaconda on Sun Jun 25 11:28:59 2023
……
#
/dev/mapper/rhel-root                                 /        xfs       defaults       0 0
UUID=5a3132de-cc4c-46b7-ab8b-144b15311e17 /boot        xfs       defaults       0 0
/dev/mapper/rhel-swap                               none      swap      defaults       0 0
/dev/sda5                                         /disk5    ext4      defaults       0 0
```

以上信息中的每一行都代表一个文件系统，每一行又包含 6 列内容，各列内容的含义如下。

第一列：设备或分区的路径，表示要挂载的文件系统所在的设备或分区。

第二列：挂载点，表示文件系统将被挂载到哪个目录中。

第三列：文件系统类型，表示要挂载的文件系统的类型，包括 ext2、ext3、nfs、vfat 等。

第四列：挂载选项，表示挂载文件系统时的一些配置选项，如读写权限、错误处理方式等。

第五列：备份选项，表示文件系统是否需要备份，通常设置为 0 或者 1。

第六列：检查标志，表示文件系统是否需要进行检查，通常值为 0 或者 1。在开机的过程中，系统默认用 fsck 命令检验系统是否完整。

例如，前文执行结果最后一行的含义是将设备/dev/sda5 作为 ext4 类型的文件系统挂载到/disk5 目录下。

9.4.2 设置开机自动挂载文件系统

认识/etc/fstab 文件后，接下来通过一个简单实例来演示如何将文件系统设置为开机自动挂载。

【例 9-7】 设置将文件系统类型为 ext4 的文件系统/dev/sda1 自动挂载到/linux 目录下。

```
[root@localhost ~]# vim /etc/fstab
```

在文件的最后加上：

```
/dev/sda1       /linux      ext4       defaults    0 0
```

编辑完成后，保存并退出，然后重启 Linux 系统，就能实现/dev/sda1 的自动挂载了。

 注意 修改/etc/fstab 文件时，一定要特别仔细，否则会影响系统的正常启动。建议读者在修改之前，先利用 VMware 的快照功能备份虚拟机。

9.5 管理磁盘配额

9.5.1 了解磁盘配额功能

磁盘配额是一种磁盘空间管理机制，使用磁盘配额可限制用户或用户组在某个特定文件系统中能使用的最大空间。

由于 Linux 是多用户、多任务操作系统，在使用系统时，会出现多用户共同使用一个磁盘的情况，如果有用户占用了大量的磁盘空间，势必会压缩其他用户的磁盘空间。可以通过限制索引节点数和磁盘区块数来限制用户和用户组对磁盘空间的使用。

（1）限制用户和用户组的索引节点数：限制用户和用户组可以创建的文件的数量。

（2）限制用户和用户组的磁盘区块数：限制用户和用户组可以使用的磁盘容量。

9.5.2　设置磁盘配额

ext4 类型的文件系统是 RHEL 9.2 支持的标准文件系统，因此本小节介绍的磁盘配额是基于 ext4 类型的文件系统进行的。为 ext4 类型的文件系统设置磁盘配额大致分为 5 个步骤。

（1）启动磁盘配额功能。

（2）建立磁盘配额文件。

（3）设置用户和用户组的磁盘配额。

（4）启动与关闭磁盘配额功能。

（5）检查磁盘空间的使用情况。

1.　启动磁盘配额功能

（1）将 9.1.4 节创建的主分区/dev/sda2 格式化为 ext4 类型的文件系统，并将其挂载到目录/disk1 下。

```
[root@Server ~]# mkfs -t ext4 -V -c /dev/sda2
mkfs，来自 util-linux 2.37.4
mkfs.ext4 -c /dev/sda2
......
[root@Server ~]# mkdir /disk1
[root@Server ~]# mount /dev/sda2 /disk1
```

（2）针对目录/disk1 增加其他用户的写权限，保证其他用户能正常写入数据。

```
[root@Server ~]# chmod -Rf o+w /disk1
```

（3）查看系统中是否已经安装了 quota 软件包。

```
[root@Server ~]# rpm -qa quota
quota-4.06-6.el9.x86_64
```

（4）编辑/etc/fstab 文件，在文件末尾增加如下内容，启动文件系统的磁盘配额功能。

```
[root@Server ~]# vim /etc/fstab
/dev/sda2 /disk1 ext4 defaults,usrquota,grpquota 0 0
[root@Server ~]# mount -a
```

> **注意**　如果只是想要在本次开机过程中测试磁盘配额功能，那么可以使用以下方式来手动启动磁盘配额功能。
>
> ```
> [root@Server ~]# mount -o remount,usrquota,grpquota/dev/sda2 /disk1
> ```

（5）使用 mount 命令查看磁盘配额是否生效。

```
[root@Server ~]# mount |grep disk1
/dev/sda2 on /disk1 type ext4 (rw,relatime,seclabel,quota,usrquota,grpquota)
```

2.　建立磁盘配额文件

磁盘配额通过分析整个文件系统中的每个用户（用户组）所拥有的文件总数与总容量，将这些数据记录放在文件系统顶层目录下的磁盘配额文件（aquota.user 和 aquota.group）中，然后比较磁盘配额文件中的限制值来限制用户或用户组的磁盘用量。

quotacheck 命令用于检查磁盘的使用空间和限制，并建立磁盘配额文件。该命令的命令格式如下。

```
quotacheck [选项]
```

quotacheck 命令的常用选项如表 9-8 所示。

表 9-8   quotacheck 命令的常用选项

选项	说明
-a	扫描/etc/fstab 文件，查看其中是否有加入磁盘配额设置的分区
-v	显示详细的执行过程
-u	用于检查用户的磁盘配额
-g	用于检查用户组的磁盘配额
-f	强制执行
m	不试图以只读方式挂载文件系统

【例 9-8】 使用 quotacheck 命令生成磁盘配额文件 aquota.user（设置用户的磁盘配额）和 aquota.group（设置用户组的磁盘配额）。

```
[root@Server ~]# quotacheck -auvg -mf
......
quotacheck: Scanning /dev/sda2 [/disk1] done
quotacheck: Checked 3 directories and 2 files
```

3. 设置用户和用户组的磁盘配额

对用户和用户组的磁盘配额限制分为两种。

（1）软限制（Soft Limit），是指用户和用户组在文件系统中可以使用的磁盘空间和文件数量。超过软限制后，7 天内（默认），用户仍可继续存储文件，但是系统会对用户提出警告，建议用户清理文件，释放空间。超过警告期限，即 7 天后，用户不能继续存储文件。

（2）硬限制（Hard Limit），是指用户和用户组可以使用的最大磁盘空间或最多的文件数量，超过硬限制之后，用户和用户组将无法再在相应的文件系统中存储文件。如果 Hard Limit 的取值为 0，则表示不受限制。

可以使用 edquota 命令设置用户和用户组的磁盘配额。该命令的命令格式如下。

```
edquota -u 用户名
edquota -g 组名
```

【例 9-9】 使用 edquota -u 命令设置 user1 用户的磁盘配额，硬盘使用量（blocks）的软限制和硬限制分别为 3MB（3072KB）和 6MB（6144KB），文件数量（inodes）的软限制和硬限制分别为 3 个和 6 个。

```
[root@Server ~]# useradd user1
[root@Server ~]# edquota -u user1
Disk quotas for user user1 (uid 1005):
  Filesystem         blocks        soft         hard        inodes       soft        hard
  /dev/sda2          0             3072         6144        0            3           6
```

如果需要对多个用户进行设置，可以重复上面的操作。如果每个用户的设置都相同，可以使用 edquota -p 参考用户待设定用户命令，把参考用户的磁盘配额设置复制给待设定用户。

【例 9-10】 使用 edquota -p 命令为 user2 设置与 user1 相同的磁盘配额。

```
[root@Server ~]# useradd user2
[root@Server ~]# edquota -p user1 user2
[root@Server ~]# edquota -u user2
```

对用户组的设置与对用户的设置相似，这里不赘述。

4. 启动与关闭磁盘配额功能

设置好用户及用户组的磁盘配额后，磁盘配额功能还不能立刻生效，需要使用 quotaon 命令启动磁盘配额功能。若要关闭该功能可以使用 quotaoff 命令。

quotaon 和 quotaoff 命令的常用选项如表 9-9 所示。

表 9-9　quotaon 和 quotaoff 命令的常用选项

选项	说明
-u	针对用户启动（aquota.user）
-g	针对用户组启动（aquota.group）
-v	显示启动过程的相关信息
-a	根据/etc/mtab 内设定的 filesystem 启动有关的磁盘配额功能

【例 9-11】　使用 quotaon 命令启动磁盘配额功能。

```
[root@Server ~]# quotaon -avug
......
/dev/sda2 [/disk1]: group quotas turned on
/dev/sda2 [/disk1]: user quotas turned on
```

5. 检查磁盘空间的使用情况

管理员可以使用 repquota 命令生成完整的磁盘使用报告，查看磁盘空间的使用情况。

【例 9-12】　使用 repquota 命令查看/dev/sda2 上的磁盘空间使用情况。

```
[root@Server ~]# su - user1
[user1@Server ~]$ cd /disk1
[user1@Server disk1]$ ls
aquota.group  aquota.user  lost+found
[user1@Server disk1]$ touch sample.tar
[user1@Server disk1]$ exit
登出
[root@Server ~]# repquota /dev/sda2
*** Report for user quotas on device /dev/sda2
Block grace time: 7days; Inode grace time: 7days
                        Block limits              File limits
User          used    soft    hard  grace  used  soft  hard  grace
----------------------------------------------------------------------
root    --      13       0       0           2     0     0
user1   --       0    3072    6144           1     3     6
```

用户名后的--用于判断该用户是否超出了磁盘空间限制及索引节点数限制。超出限制时，--会变成+。

要想查看所有启用了磁盘配额功能的文件系统的磁盘空间使用情况，可以使用 repquota -a 命令。

9.5.3　测试磁盘配额

经过 9.5.2 节的操作，我们已经成功设置了磁盘配额，接下来通过以下几个步骤测试磁盘配额功能是否能正常使用。

（1）切换为 user1 用户并登录。

```
[root@Server ~]# su - user1
```

（2）使用 dd 命令分别写入 5MB 和 8MB 的文件（dd 命令是一个强大的复制、转换和处理数据命令）。

```
[user1@Server ~]$ dd if=/dev/zero of=/disk1/testfile1 bs=5M count=1
sda2: warning, user block quota exceeded.
记录了 1+0 的读入
```

```
记录了 1+0 的写出
5242880 字节（5.2 MB，5.0 MiB）已复制，0.0264479 s，198 MB/s
[user1@Server ~]$ dd if=/dev/zero of=/disk1/testfile2 bs=8M count=1
sda2: write failed, user block limit reached.
dd: 写入 '/disk1/testfile2' 出错：超出磁盘限额
记录了 1+0 的读入
记录了 0+0 的写出
1048576 字节（1.0 MB，1.0 MiB）已复制，0.00433171 s，242 MB/s
[user1@Server ~]$ exit
```

从执行结果中可以看出，使用 dd 命令向/disk1/testfile1 和/disk1/testfile2 文件写入内容时，分别提示"warning，user block quota exceeded"和"write failed，user block limit reached"，表示写入 file 时超出软限制，但是写入成功，而写入 file2 时，超出磁盘限额，写入失败。这说明之前关于磁盘配额的设置都是正确的，那为什么会提示这些信息？原因在于，在例 9-9 中设置的磁盘的软限制和硬限制分别为 3MB 和 6MB。

> **提示**　测试完成后，为了避免影响其他实训操作，建议将环境恢复到初始状态后，重新启动 Linux 系统。将环境恢复到初始状态的方法如下。
>
> （1）执行 vim /etc/fstab 命令，删除或者注释该文件中的最后一行：/dev/sda2/disk1 ext4 defaults,usrquota,grpquota 0 0。
>
> （2）执行 reboot 命令。

9.6　管理逻辑卷

9.6.1　了解 LVM 的概念

微课 9-4　了解逻辑卷

逻辑卷管理（Logical Volume Manger，LVM）是 Linux 系统对磁盘分区进行管理的一种机制，逻辑卷是建立在磁盘和磁盘分区之上的逻辑层，可以提高磁盘分区管理的灵活性。逻辑卷相比传统分区，其好处是可以动态调整分区大小，而不会损坏分区中存储的数据。

LVM 将物理磁盘或者磁盘分区转换为物理卷（Physical Volume，PV），通过将物理卷划分为相同大小的物理盘区（Physical Extent，PE），再将一个或多个物理卷组合形成卷组（Volume Group，VG），最后进行分配形成逻辑卷（Logical Volume，LV）。LVM 的技术架构如图 9-14 所示。

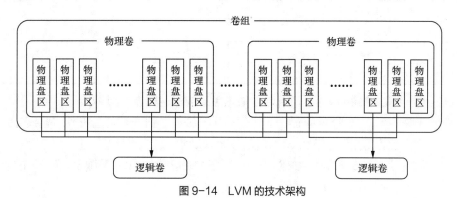

图 9-14　LVM 的技术架构

物理卷处于 LVM 中的底层，通常指的是物理磁盘、磁盘分区或者独立磁盘冗余阵列。一个卷组包含多个物理卷。

逻辑卷与物理卷没有直接的关系，逻辑卷是指利用卷组中的空闲资源建立的，在建立之后可以动态扩展或缩小逻辑卷的空间。

9.6.2 创建逻辑卷

创建逻辑卷时，需要分别配置物理卷、卷组和逻辑卷。常用的物理卷、卷组、逻辑卷管理命令分别如表 9-10～表 9-12 所示。

表 9-10　常用的物理卷管理命令

命令	说明
pvscan	扫描
pvcreate	建立
pvdisplay	显示
pvremove	删除

表 9-11　常用的卷组管理命令

命令	说明
vgscan	扫描
vgcreate	建立
vgdisplay	显示
vgremove	删除
vgextend	扩展
vgreduce	缩小

表 9-12　常用的逻辑卷管理命令

命令	说明
lvscan	扫描
lvcreate	建立
lvdisplay	显示
lvremove	删除
lvextend	扩展
lvreduce	缩小

为了更好地展示 LVM 技术，下面新增 3 块磁盘来创建逻辑卷，具体步骤如下。

（1）新增 3 块磁盘，大小分别为 10GB、5GB 和 20GB。由于新增磁盘较多，需要防止磁盘启动顺序发生变化，导致磁盘标识变化（如/dev/sda 变成/dev/sdb），影响原有的配置。添加磁盘和更改磁盘启动顺序的方法请参考 9.1.4 节，这里不赘述。其中，第三块磁盘是为 9.6.3 节做准备而新增的。

（2）使用 pvcreate 命令为新增的两块磁盘创建物理卷。

```
[root@Server ~]# pvcreate /dev/sdb /dev/sdc
  Physical volume "/dev/sdb" successfully created.
  Physical volume "/dev/sdc" successfully created.
```

（3）创建 group 卷组，把两块磁盘加入 group 卷组中。

```
[root@Server ~]# vgcreate group /dev/sdb /dev/sdc
  Volume group "group" successfully created
[root@Server ~]# vgdisplay
  --- Volume group ---
  VG Name               group
  ......
  VG Size               14.99 GiB
  PE Size               4.00 MiB
  Total PE              3838
  ......
```

（4）切割出一个大小为 300MB 的逻辑卷 l1。

```
[root@Server ~]# lvcreate -n l1 -L 300M group
  Logical volume "l1" created.
[root@Server ~]# lvdisplay
  --- Logical volume ---
  LV Path               /dev/group/l1
  LV Name               l1
  VG Name               group
  ......
  # open                0
  LV Size               300.00 MiB
  Current LE            75
```

（5）格式化逻辑卷 l1，然后进行挂载。

```
[root@Server ~]# mkfs.ext4 /dev/group/l1
mke2fs 1.46.5 (30-Dec-2021)
创建含有 307200 个块（每块 1k）和 76912 个 inode 的文件系统
文件系统 UUID: a0a4d2c9-61c6-421c-9f34-ddb571f5d751
......
[root@Server ~]# mkdir /group
[root@Server ~]# mount /dev/group/l1 /group
```

（6）查看挂载状态，验证无误后卸载。

```
[root@Server ~]# df -h
文件系统                   容量    已用   可用   已用% 挂载点
......
tmpfs                     176M   88K   175M   1%  /run/user/0
/dev/mapper/group-l1      272M   14K   253M   1%  /group
[root@Server ~]# umount /group/
```

9.6.3 扩展和缩小逻辑卷

在 9.6.2 节中，卷组由两块磁盘组成，但是在实际使用时，用户无需关心底层架构和布局的细节，只要卷组中有足够的资源，就可以一直为逻辑卷扩容。当卷组中没有足够的空间分配给逻辑卷时，可以通过增加物理卷的方法来增加卷组的空间。扩展和缩小逻辑卷可以采用如下步骤。

1. 扩展逻辑卷

（1）增加新的物理卷（/dev/sdd）到卷组（group）。

```
[root@Server ~]# pvcreate /dev/sdd
  Physical volume "/dev/sdd" successfully created.
[root@Server ~]# vgextend group /dev/sdd
  Volume group "group" successfully extended
[root@Server ~]# vgdisplay
```

```
    --- Volume group ---
    ......
    VG Size               <19.99 GiB
    PE Size               4.00 MiB
    ......
```

（2）将9.6.2节中逻辑卷l1的容量扩充至500MB。

```
[root@Server ~]# lvextend -L 500M /dev/group/l1
    Size of logical volume group/l1 changed from 300.00 MiB (75 extents) to 500.00 MiB
(125 extents).
    Logical volume group/l1 successfully resized.
```

（3）检查磁盘完整性，将文件系统容量同步到内核。

```
[root@Server ~]# e2fsck -f /dev/group/l1
e2fsck 1.46.5 (30-Dec-2021)
第 1 步：检查 inode、块和大小
......

[root@Server ~]# resize2fs /dev/group/l1
resize2fs 1.46.5 (30-Dec-2021)
文件系统已经为 307200 个块（每块 1k）。无需进一步处理！
```

（4）挂载磁盘后，重新查看挂载状态。

```
[root@Server ~]# mount /dev/group/l1 /group/
[root@Server ~]# df -h
文件系统                    容量      已用    可用    已用%  挂载点
......
tmpfs                      183M       0     183M     0%   /run/user/0
/dev/mapper/group-l1       477M     2.3M    446M     1%   /group
[root@Server ~]# umount /dev/group/l1
```

 注意 为顺利完成下面缩小逻辑卷的操作，扩容后请及时执行卸载命令：umount /dev/group/l1。

2. 缩小逻辑卷

在对逻辑卷进行缩容时，应该注意丢失数据的风险，其余步骤和扩展逻辑卷的一样，只不过需要使用 lvreduce 命令缩小逻辑卷的容量，具体步骤如下。

（1）检查文件系统的完整性。

```
[root@Server ~]# e2fsck -f /dev/group/l1
e2fsck 1.46.5 (30-Dec-2021)
第 1 步：检查 inode、块和大小
第 2 步：检查目录结构
......
```

（2）将文件系统容量减小到200MB，并同步到内核。

```
[root@Server ~]# resize2fs /dev/group/l1 200M
resize2fs 1.46.5 (30-Dec-2021)
将 /dev/group/l1 上的文件系统调整为 204800 个块（每块 1k）。
/dev/group/l1 上的文件系统现在为 204800 个块（每块 1k）。
```

（3）把逻辑卷l1的容量减小到200MB。

```
[root@Server ~]# lvreduce -L 200M /dev/group/l1
  File system ext4 found on group/l1.
  File system size (200.00 MiB) is equal to the requested size (200.00 MiB).
  ......
```

（4）挂载磁盘后，重新查看挂载状态。

```
[root@Server ~]# mount /dev/group/l1 /group/
[root@Server ~]# df -h
文件系统                        容量      已用    可用    已用%  挂载点
......
```

```
/dev/mapper/group-l1    186M  1.6M  171M   1% /group
```

9.6.4 删除逻辑卷

在实际应用中，如果不再需要使用 LVM 逻辑卷，可以将其删除。在删除之前，需要备份好重要的信息。删除逻辑卷的步骤如下。

（1）卸载逻辑卷，或者取消逻辑卷与磁盘的关联。

```
[root@Server ~]# umount /dev/group/l1
```

（2）删除逻辑卷。

```
[root@Server ~]# lvremove /dev/group/l1
Do you really want to remove active logical volume group/l1? [y/n]: y
   Logical volume "l1" successfully removed
```

（3）删除卷组。

```
[root@Server ~]# vgremove group
   Volume group "group" successfully removed
```

（4）删除磁盘。

```
[root@Server ~]# pvremove /dev/sdb /dev/sdc /dev/sdd
```

> **注意** 删除逻辑卷时，需要依次删除逻辑卷、卷组和物理卷，切记顺序不可调换。

项目实施

任务 9-1 添加大小为 10GB 的 SCSI 类型的磁盘

（1）根据 9.1.4 节的步骤，添加大小为 10GB 的 SCSI 类型的磁盘。

（2）磁盘添加完成后，根据 9.1.4 节中更改磁盘启动顺序的操作调整 NVMe 磁盘的启动顺序，再重新启动 Linux 系统。

（3）执行 fdisk -l 命令查看磁盘是否添加成功。

```
[root@Server ~]# fdisk -l
……


Disk /dev/sda: 10 GiB, 10737418240 字节, 20971520 个扇区
磁盘型号: VMware Virtual S
单元: 扇区 / 1 * 512 = 512 字节
扇区大小(逻辑/物理): 512 字节 / 512 字节
I/O 大小(最小/最佳): 512 字节 / 512 字节
```

从结果中可以看出，磁盘已经添加成功。需要注意的是，新添加的磁盘名称是否为/dev/sda，取决于实际 Linux 系统中该磁盘是否为第一块 SCSI 类型的磁盘。

任务 9-2 对新磁盘进行分区

（1）使用 fdisk /dev/sda 命令进行分区，将/dev/sda 划分出一个大小为 1GB 的主分区和一个

大小为 6GB 的扩展分区。在扩展分区上再划分出两个大小分别为 3GB 和 2GB 的逻辑分区。

（2）分区完成后，执行 fdisk -l 命令查看分区是否成功。

```
[root@Server ~]# fdisk -l
......
Disk /dev/sda: 10 GiB, 10737418240 字节, 20971520 个扇区
磁盘型号: VMware Virtual S
单元: 扇区 / 1 * 512 = 512 字节
扇区大小(逻辑/物理): 512 字节 / 512 字节
I/O 大小(最小/最佳): 512 字节 / 512 字节
磁盘标签类型: dos
磁盘标识符: 0x43bb1847

设备        启动     起点      末尾      扇区   大小 Id 类型
/dev/sda1           2048   2099199   2097152   1G 83 Linux
/dev/sda2        2099200  14682111  12582912   6G  5 扩展
/dev/sda5        2101248   8392703   6291456   3G 83 Linux
/dev/sda6        8394752  12589055   4194304   2G 83 Linux
```

任务 9-3　创建并挂载文件系统

（1）分别为/dev/sda5 和/dev/sda6 创建 ext4 类型的文件系统。

```
[root@Server ~]# mkfs -t ext4 -V -c /dev/sda5
mkfs, 来自 util-linux 2.37.4
mkfs.ext4 -c /dev/sda5
mke2fs 1.46.5 (30-Dec-2021)
......
[root@Server ~]# mkfs -t ext4 -V -c /dev/sda6
mkfs, 来自 util-linux 2.37.4
mkfs.ext4 -c /dev/sda6
......
```

（2）分别把/dev/sda5 和/dev/sda6 挂载到指定目录/mnt/test1 和/mnt/test2。

```
[root@Server ~]# mkdir /mnt/test1
[root@Server ~]# mkdir /mnt/test2
[root@Server ~]# mount /dev/sda5 /mnt/test1
[root@Server ~]# mount /dev/sda6 /mnt/test2
[root@Server ~]# cd /mnt/test1
[root@Server test1]# ls
lost+found
[root@Server ~]# cd /mnt/test2
[root@Server test2]# ls
lost+found
```

需要注意的是，如果需要开机启动/dev/sda5 和/dev/sda6，则需要修改/etc/fstab 文件，如下。

```
[root@localhost ~]# vim /etc/fstab
```

在文件的最后加上：

```
/dev/sda5        /mnt/test1        ext4        defaults    0  0
/dev/sda6        /mnt/test2        ext4        defaults    0  0
```

编辑完成后，保存并退出，然后重启 Linux 系统，就能实现/dev/sda5 和/dev/sda6 的自动挂载了。

小结

通过学习本项目，读者了解了磁盘分区的概念及原则；学会了磁盘分区的创建，以及文件系统的创建、检查、挂载和卸载等；掌握了磁盘配额和逻辑卷的管理方法。

在设置自动挂载某个分区时，可能因为对/etc/fstab 文件的修改不正确，导致整个系统无法正常启动。所以，在学习的过程中，要注重细节，一丝不苟，逐步养成精益求精的学习态度。"不积跬步，无以至千里"。

本项目知识点的思维导图如图 9-15 所示。

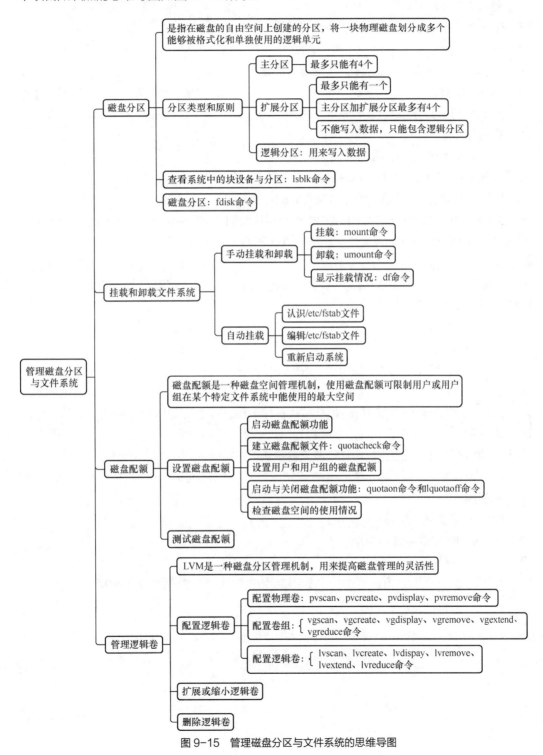

图 9-15　管理磁盘分区与文件系统的思维导图

习题

一、选择题

1. 在一个新分区上建立文件系统应该使用（　　）命令。

A. fdisk　　　　　　　B. makefs　　　　　　C. mkfs　　　　　　D. format

2. 以下命令中，可以列出已知分区的信息的是（　　）。

A. fdisk –dump　　　　B. fdisk –l　　　　　C. fdisk –view　　　D. dumppart

3. 在终端下执行 mount –a 命令的作用是（　　）。

A. 强制进行磁盘检查

B. 显示当前挂载的所有磁盘分区的信息

C. 挂载/etc/fstab 文件中除 noauto 以外的所有磁盘分区

D. 以只读方式重新挂载/etc/fstab 文件中的所有分区

4. Linux 系统中文件系统的目录结构类似一棵倒置的树，文件都按照其作用分门别类地放在相关的目录中，现有一个外部设备文件，应该将其放在（　　）目录中。

A. /bin　　　　　　　B. /etc　　　　　　　C. /dev　　　　　　D. /lib

5. 假如用户使用的计算机系统中有两块 IDE 磁盘，Linux 系统位于第一块磁盘上，查询第二块磁盘的分区情况的命令是（　　）。

A. fdisk –l /dev/hda1　　　　　　　　　　B. fdisk –l /dev/hda2

C. fdisk –l /dev/hdb　　　　　　　　　　D. fdisk –l /dev/hda

6. 统计磁盘空间或者文件系统使用情况的命令是（　　）。

A. df　　　　　　　　B. dd　　　　　　　　C. du　　　　　　　D. fdisk

7. Linux 系统通过 VFS 支持多种文件系统，RHEL 9.2 默认的文件系统类型是（　　）。

A. VFAT　　　　　　　B. XFS　　　　　　　C. ext4　　　　　　D. NTFS

8. 在 Linux 系统中设置开机自动挂载文件系统时，需要编辑（　　）文件。

A. /etc/fstab　　　　　B. /etc/ftab　　　　　C. /dev/sda　　　　D. /dev/sdb

二、填空题

1. 常见的文件系统类型有：_____、_____、_____、_____、_____等。

2. 光盘使用的文件系统类型是_____。

3. 用于检查文件系统正确性的命令是_____。

4. 可以通过_____和_____来限制用户和用户组对磁盘空间的使用。

项目10
编写shell脚本

项目导入

公司近期有一大批新员工入职，大路安排小乔为新员工创建登录 Linux 服务器的用户账号和初始密码。虽然小乔已经对添加用户的命令 useradd 非常熟悉了，但是她觉得使用 useradd 命令一个一个地添加用户，效率太低而且容易出现错误，有没有什么方法可以提高效率？

小乔主动思考如何提升工作效率的态度让导师大路很是欣慰，他告诉小乔可以利用 shell 编写程序，实现批量添加用户。

对于小乔来讲，这是一个从未接触过的领域，于是她请教了有经验的同事。同事告诉她，shell 也可以像 C 语言和 Java 一样定义变量、使用分支和循环等，在实际工作中通常利用 shell 脚本完成自动化任务，如批量添加、文件备份、定时文件清理等。

在同事的指点下，小乔的思路越来越明确。

职业能力目标及素养目标

- 理解 shell 脚本的概念。
- 学会使用 shell 脚本创建程序。
- 具有精益求精的工匠精神。

- 掌握分支结构的用法。
- 掌握循环结构的用法。
- 具有担当精神。

知识准备

10.1　创建 shell 脚本

shell 脚本是一种为 shell 编写的脚本程序。

10.1.1　创建并运行 shell 脚本

1. 理解 shell 脚本

shell 脚本是一种高效、便捷的编程工具，无需编译即可直接执行，极大地

微课 10-1　shell
脚本的基本格式

简化了编程流程。此外，它具备数组处理、循环控制、条件分支和逻辑运算等丰富的编程特性，使得自动化任务处理变得高效而灵活。因此，作为系统管理人员，需要掌握 shell 脚本的编写方法，以简化系统管理任务，提高工作效率。

shell 脚本的结构如图 10-1 所示。由此可以看出，shell 脚本由以#! 开头的解释器、以#开头的注释行和程序体 3 个部分组成。

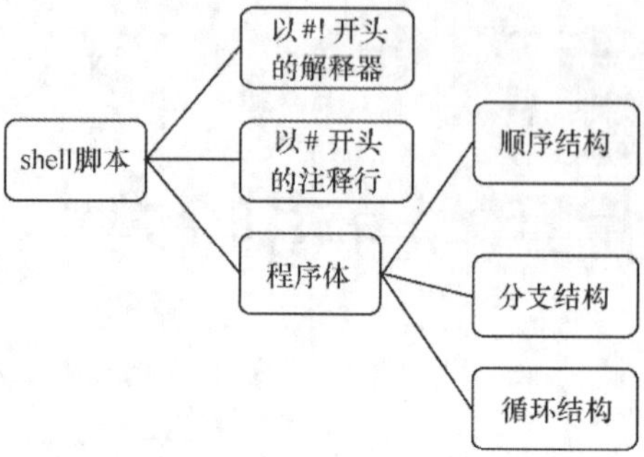

图 10-1　shell 脚本的结构

2. 编写 shell 脚本

下面以输出 Hello World! 为例，讲解 shell 脚本的编写及运行方法。

（1）编写程序实现输出 Hello World!。

```
[root@Server ~]# mkdir shellscript
[root@Server ~]# cd shellscript/
[root@Server shellscript]# vim HelloWorld.sh
1 #!/bin/bash
2 #Program
3 #This program shows "Hello World!" in your screen.
4 #History
5 #2020/06/08 test First release
6 echo -e "Hello World!\n"
```

（2）注意事项。

- 第 1 行的#!/bin/bash 不能省略，该行表示执行脚本时，使用的 shell 脚本的解释器为 /bin/bash。
- 第 2～第 5 行为注释行，以#开头，通常用于标注程序的功能、创建时间、修改时间等。在编写程序时，添加适当的注释是良好的编程习惯，有利于以后的维护工作。
- 第 6 行为主程序部分，使用 echo 命令输出 Hello World!。

（3）设置执行权限，并运行 HelloWorld.sh 文件。

编写完 HelloWorld.sh 文件后，在目录 shellscript 下，可以通过 sh HelloWorld.sh、source HelloWorld.sh 和./ HelloWorld.sh 等 3 种命令运行该脚本。

```
[root@Server shellscript]# sh HelloWorld.sh
Hello World!
```

或者

```
[root@Server shellscript]# source HelloWorld.sh
Hello World!
```

或者

```
[root@Server shellscript]# chmod a+x HelloWorld.sh
[root@Server shellscript]# ./HelloWorld.sh
Hello World!
```

10.1.2　定义 shell 变量、接收用户输入的数据：read 命令

在 shell 脚本中，为了构建更复杂的功能，可以定义多种类型的变量，并且支持与用户互动来动态赋值，从而增强了脚本的交互性和适应性。

1. shell 变量的类型

与其他程序设计语言中的变量一样，shell 变量也可以根据作用范围分为全局变量和局部变量。

- 全局变量又被称为环境变量，其作用范围包括当前 shell 进程及其子进程。

- 局部变量的作用范围仅限制在其命令行所在的 shell 或 shell 脚本文件中。

2. 设置 shell 环境变量

shell 环境变量一般是指用 export 命令设置的变量，用于设置 shell 程序的运行环境。

环境变量可以在命令行中设置，用户退出 shell 时，这些变量值会丢失，若想要永久保存环境变量，可在用户主目录下的.bash_profile 或.bashrc 文件中定义，也可以在/etc/profile 文件中定义，这样每次用户登录时，这些变量都将自动设置。

（1）在命令行中使用 export 命令设置环境变量。

在 bash 中，设置环境变量可以使用 export 命令，命令格式如下。

```
export 环境变量名=变量值
```

使用 export 命令设置用户的主目录为/home/test，并使用cd $HOME 命令切换到用户主目录，如下。

```
[root@Server ~]# mkdir /home/test
[root@Server ~]# export HOME=/home/test
[root@Server root]# cd $HOME
[root@Server ~]# pwd
/home/test
[root@Server ~]# echo $HOME
/home/test
```

（2）修改/etc/profile 文件，设置环境变量。

使用 export 命令可以设置临时性的环境变量，退出 shell 时，这些环境变量就失效了，若想永久保存环境变量，需要修改/etc/profile 文件。

若要为 Java 设置环境变量，可在/etc/profile 文件的最后加入如下代码。

```
[root@Server ~]# vim /etc/profile
export JAVA_HOME=/usr/lib/jvm/java-1.8.0-openjdk-1.8.0.362.b09-2.el9_1.x86_64
export PATH=$PATH:$JAVA_HOME/bin
[root@Server ~]# source /etc/profile
[root@Server ~]# echo $JAVA_HOME
/usr/lib/jvm/java-1.8.0-openjdk-1.8.0.362.b09-2.el9_1.x86_64
```

3. 定义 shell 局部变量

shell 局部变量一般在 shell 脚本中定义，只在当前 shell 脚本执行期间有效。定义局部变量命令格式如下。

```
变量名=变量值
```

变量的命名需遵循一定的规则，具体如下。

- 变量名由数字、字母、下画线等组成，必须以字母或者下画线开头。

- 等号两侧不能有空格。

- 变量值若包含空格，则必须用引号引起来。

- 变量名建议大写，便于与 shell 命令区分。

【例 10-1】定义变量 VAR、STR，并输出变量的值。

```
[root@Server ~]# VAR=100
[root@Server ~]# STR="Hello Linux"
[root@Server ~]# echo $VAR
100
[root@Server ~]# echo $STR
Hello Linux
```

【例 10-2】 定义变量 A，值为 HelloWorld，并输出变量 A。

```
[root@Server ~]# vim printa.sh
#!/bin/bash
#对变量赋值
A="HelloWorld"
echo "A is:"
echo $A
[root@Server ~]# sh printa.sh
A is:
HelloWorld
```

4. 接收用户输入的数据：read 命令

read 命令用于接收从键盘输入的数据，并将其作为变量的值。此命令通常用在 shell 脚本与用户进行交互的场合中。命令格式如下。

```
read  [选项]  变量名
```

read 命令的常用选项如表 10-1 所示。

表 10-1　read 命令的常用选项

选项	说明
-p	输出提示信息，即输入前输出提示信息
-e	在输入时，使用命令自动补全功能
-n	指定输入文本的长度
-t	等待读取输入数据的时间

【例 10-3】 通过提示 "Please enter your name:" 输入用户的姓名，输出 "Hello XX,welcome to the linux classroom!"。

```
[root@Server ~]# vim myname.sh
#!/bin/bash
#This program shows "Hello XX, welcome to the linux classroom!" in your screen.
read -p "Please enter your name:" NAME
echo  "Hello $NAME,welcome to the linux classroom!"
exit 0
[root@Server ~]# sh myname.sh
Please enter your name:bobby
Hello bobby,welcome to the linux classroom!
```

10.2　条件测试与分支结构

shell 脚本和其他大多数程序设计语言的脚本一样，为了实现更加复杂的功能，有用于控制程序执行流程的条件分支语句。

10.2.1　条件测试

test 命令用来检查某个条件是否成立。执行条件测试操作以后，通过预定义变量$? 获取测试命令的返回值，返回值为 0 表示条件成立，返回值为 1 表示条件不成立。

常见的测试类型有文件测试、整数值比较、字符串比较和逻辑测试等。

1. 文件测试

test 命令可以对文件进行测试，如 test -e filename 用于表示判断文件名是否存在。文件测试的常用选项如表 10-2 所示。

表 10-2　文件测试的常用选项

选项	说明
-e	测试文件是否存在
-d	测试文件类型是否为目录文件
-f	测试文件类型是否为普通文件
-r	测试当前用户是否有读权限
-w	测试当前用户是否有写权限
-x	测试当前用户是否有执行权限

【例 10-4】　使用 test 命令判断/root 目录是否存在。

```
[root@Server ~]# test -e /root
[root@Server ~]# echo $?
0
```

echo $?语句用于查看上一条命令的返回值，返回值为 0 表示/root 目录存在。

2. 整数值比较

test 命令可以将两个整数进行比较，如 test num1 -eq num2 表示判断 num1 和 num2 是否相等。整数值比较的常用选项如表 10-3 所示。

表 10-3　整数值比较的常用选项

选项	说明
-eq	相等测试
-ne	不相等测试
-gt	大于测试
-lt	小于测试
-ge	大于或等于测试
-le	小于或等于测试

【例 10-5】　使用 test 命令比较 10 和 11 是否相等。

```
[root@Server ~]# test 10 -eq 11
[root@Server ~]# echo $?
1
```

通过 echo $?语句查看到上一条命令的返回值为 1，表示 10 和 11 不相等。

3. 字符串比较

test 命令可以将两个字符串进行比较，如 test -z string 表示判断字符串 string 是否为空。字符串比较的常用选项如表 10-4 所示。

表 10-4　字符串比较的常用选项

选项	说明
-z	判断字符串是否为空
-n	判断字符串是否不为空

续表

选项	说明
str1=str2	判断字符串 str1 是否等于字符串 str2
str1!=str2	判断字符串 str1 是否不等于字符串 str2

【例 10-6】 使用 test 命令判断字符串 sas 和 sas 是否相等。

```
[root@Server ~]# test "sas"="sas"
[root@Server ~]# echo $?
0
```

通过 echo $?语句查看到上一条命令的返回值为 0，表示两个字符串相等。

4. 逻辑测试

shell 提供了与、或、非等逻辑运算来测试某个条件是否成立。逻辑测试的常用选项如表 10-5 所示。

表 10-5 逻辑测试的常用选项

选项	说明
! 表达式	测试表达式是否为假
表达式 1 -a 表达式 2	测试两个表达式是否同时为真，也可以用&&表示
表达式 1 -o 表达式 2	测试两个表达式是否至少有一个为真，也可以用||表示

【例 10-7】 使用 test 命令判断/root 目录是否不存在。

```
[root@Server ~]# test ! -e /root/
[root@Server ~]# echo $?
1
```

通过 echo $?语句查看到上一条命令的返回值为 1，表示/root 目录存在。

10.2.2 if 语句

if 语句有 3 种类型：单分支 if 语句、双分支 if 语句、多分支 if 语句。

1. 单分支 if 语句

单分支 if 语句是常见的条件判断式。当条件成立时，执行相应的操作，否则不执行任何操作，其语法格式如下。

```
if [ 条件表达式 ]; then
    命令序列
fi
```

单分支 if 语句的流程如图 10-2 所示。

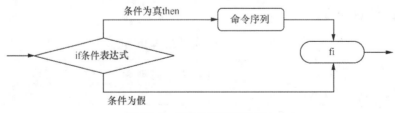

图 10-2 单分支 if 语句的流程

【例 10-8】 编写如下程序，文件名为 compare.sh，查看运行结果。

```
[root@Server ~]# vim compare.sh
#!/bin/bash
FIRST=50
SECOND=10
if [ $FIRST -gt $SECOND ]; then
    echo "$FIRST > $SECOND"
fi
[root@Server ~]# chmod a+x compare.sh
[root@Server ~]# ./compare.sh
50 > 10
```

在例 10-8 中，FIRST 初值为 50，SECOND 初值为 10，FIRST 大于 SECOND，因此在执行过程中可以执行到 if 分支语句。但是如果要根据用户输入的数据来判断条件是否成立，就需要用到双分支 if 语句了。

> **注意** 为避免出现语法错误，在 if 语句的语法格式中，方括号即[]的两侧都要用空格分隔，即
> if [条件表达式];

2. 双分支 if 语句

双分支 if 语句在条件成立和条件不成立时执行不同的操作，其语法格式如下。

```
if [ 条件表达式 ]; then
    命令序列 1
else
    命令序列 2
fi
```

双分支 if 语句的流程如图 10-3 所示。

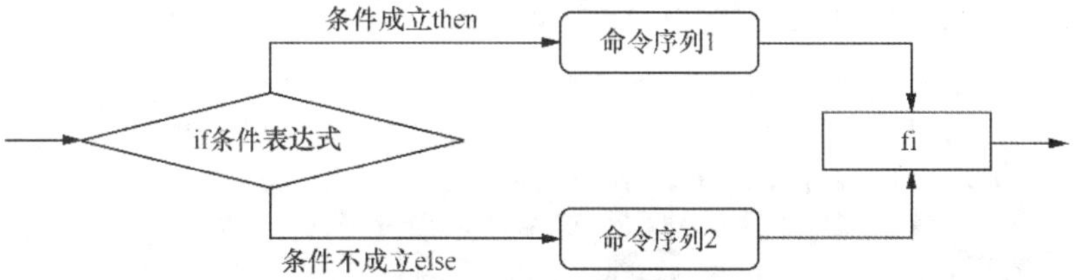

【例 10-9】 使用双分支 if 语句改进例 10-8 中的代码，查看运行结果。

图 10-3 双分支 if 语句的流程

```
[root@Server ~]# vim compare.sh
#!/bin/bash
read -p "Please input the first num:" FIRST
read -p "Please input the second num:" SECOND
if [ $FIRST -gt $SECOND ]; then
    echo "$FIRST > $SECOND"
else
    echo "$FIRST <= $SECOND"
fi
[root@Server ~]# sh compare.sh
Please input the first num:12
Please input the second num:45
12 <= 45
```

3. 多分支 if 语句

多分支 if 语句能针对多个条件执行不同操作，其语法格式如下。

```
if [ 条件表达式 1 ]; then
    命令序列 1
elif [ 条件表达式 2 ]; then
    命令序列 2
elif
……
else
```

命令序列 n
```
fi
```

多分支 if 语句的流程如图 10-4 所示。

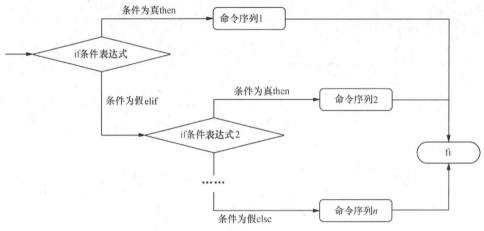

图 10-4　多分支 if 语句的流程

【**例 10-10**】　根据输入的成绩判断成绩档次是优秀、良好、及格还是不及格。

```
[root@Server ~]# vim scorelevel.sh
#!/bin/bash
read -p "请输入您的成绩(0-100):" SCORE
if (( $SCORE >= 90 )) && (($SCORE <= 100))
then
     echo "$SCORE, 属于优秀档次! "
elif (($SCORE < 90)) && (($SCORE >= 80))
then
     echo "$SCORE, 属于良好档次! "
elif (($SCORE < 80)) && (($SCORE >= 60))
then
     echo "$SCORE, 属于及格档次! "
else
     echo "$SCORE, 属于不及格档次! "
fi
[root@Server ~]# chmod a+x scorelevel.sh
[root@Server ~]# ./scorelevel.sh
请输入您的成绩(0-100):99
99, 属于优秀档次!
```

提示　例 10-10 使用了 shell 的双括号运算符，语法格式如下。

((表达式 1, 表达式 2…))

特点如下。

（1）在双括号结构中，所有表达式都可以像 C 语言表达式一样书写，如 a++、b--等。

（2）在双括号结构中，所有变量可以不加$前缀。

（3）双括号可以进行逻辑运算、四则运算。

（4）双括号结构扩展了 for、while、if 条件测试运算。

（5）双括号结构支持多个表达式运算，各个表达式之间用，分开。

双括号运算符不仅可以用在 if 语句中，也可以用在 case 分支及循环结构中，大大降低了编写代码的复杂性，是对 shell 中算术运算及赋值运算的扩展。

10.2.3　case 语句

例 10-10 利用多分支 if 语句实现了成绩的档次分类，但是我们发现如果 if 语句太多，代码量比较大，代码逻辑容易混乱。case 语句可以很好地实现多分支的条件判断，达到更好的效果。

case 语句的语法格式如下。

```
case 变量 in
    值1)
        命令序列 1
        ;;
    值2)
        命令序列 2
        ;;
    值3)
        命令序列 3
        ;;
    ......
    *)
    默认命令序列
    ;;
esac
```

（1）使用 case 语句需要注意以下 3 点。

① 首行关键字是 case，末行关键字是 esac（case 反过来写）。

② 值后面都有）。

③ 每条分支语句结尾一般会有一对分号即;;。

（2）case 语句的执行过程如下。

① shell 通过计算变量的值，将其结果依次与值 1、值 2、值 3……比较，直到找到一个匹配项。

② 找到匹配项，执行它后面的命令，直到遇到一对分号即;;为止。若找不到匹配项，则执行*）默认命令序列。

case 语句的流程如图 10-5 所示。

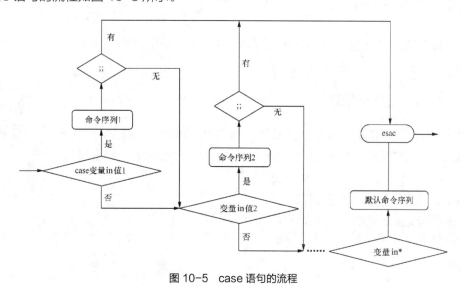

图 10-5　case 语句的流程

【例 10-11】 使用 case 语句实现：根据输入的成绩判断成绩等级是优秀、良好、中等还是差。

```
[root@Server ~]# vim caselevel.sh
#!/bin/bash
read -p "Please input your score:" SCORE
case $SCORE in
    [9][0-9]|100)
        echo "成绩为: $SCORE,等级为优秀"
        ;;
    [8][0-9])
        echo "成绩为: $SCORE,等级为良好"
        ;;
    [6-7][0-9])
        echo "成绩为: $SCORE,等级为中等"
        ;;
    [0-9]|[0-5][0-9])
        echo "成绩为: $SCORE,等级为差"
        ;;
    *)
        echo "输入的成绩不合法: $SCORE" ;;
esac
[root@Server ~]# sh caselevel.sh
Please input your score:45
成绩为: 45,等级为差
[root@Server ~]# sh caselevel.sh
Please input your score:86
成绩为: 86,等级为良好
[root@Server ~]# sh caselevel.sh
Please input your score:94
成绩为: 94,等级为优秀
```

> **素养提升** 使用 if 语句和 case 语句都可以实现多分支程序，但是不管使用哪种实现方式，在程序执行的同一时刻，只能选择其中一个分支运行。在日常生活中，我们也经常面临各种各样的选择，虽然有时选择比努力重要，但只有努力才能拥有更多的选择。

10.3 循环结构

小乔在掌握了变量的定义、分支的用法等基础知识后，便想尝试批量添加用户，这时，有经验的同事告诉她，还需要掌握循环的相关知识。

10.3.1 for 循环语句

for 循环语句对一个变量依次赋值后，重复执行同一个命令序列。对于赋给变量的几个数值，既可以在程序中以数值列表的形式提供，又可以在程序以外以位置参数的形式提供。for 循环语句有如下两种语法格式。

微课 10-2　循环结构

1. for 循环语句的第一种语法格式

for 循环语句的第一种语法格式如下。

```
for 循环变量名 in 取值列表
do
    命令序列
done
```

使用该语法格式需要注意以下 3 点。

- 取值列表指的是循环变量所能取到的值的列表。
- do 和 done 之间的所有语句称为循环体。
- 循环执行的次数取决于取值列表中元素的个数。

该语句的执行流程如图 10-6 所示。

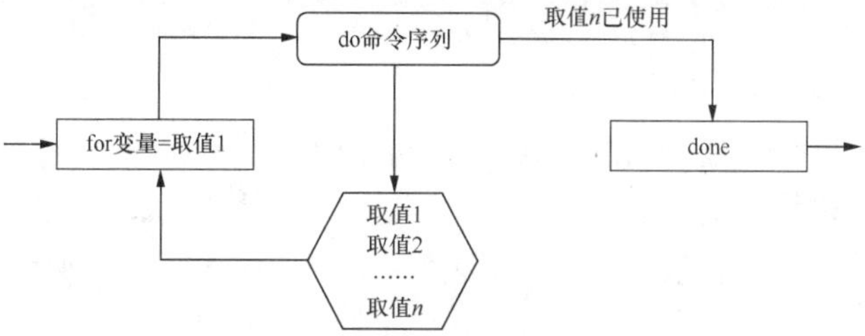

2. for 循环语句的第二种语法格式

for 循环语句的第二种语法格式如下。

```
for ((初始值;限制值;执行步长))
do
    命令序列
done
```

使用该语法格式需要注意以下 3 点。

图 10-6　for 循环语句的执行流程

- 初始值通常是条件变量的初始化语句。
- 限制值用来决定是否执行 for 循环。
- 执行步长通常用来改变条件变量的值，如递增或递减。

【例 10-12】 使用 for 循环语句求 1+2+3+⋯+100 的和。

```
[root@Server ~]# vim forloop.sh
#/bin/bash
s=0
for ((i=1;i<=100;i=i+1))
do
    s=$(($s+$i))
done
echo "The result of '1+2+⋯+100' is ==> $s"
[root@Server ~]# sh forloop.sh
The result of '1+2+⋯+100' is ==> 5050
```

10.3.2　while 循环语句

while 循环语句也称为不定循环语句，其语法格式如下。

```
while 条件测试
do
    命令序列
done
```

当条件测试成立时，执行命令序列，不成立时，跳出循环。

【例 10-13】 使用 while 循环语句求 1+2+3+⋯+100 的和。

```
[root@Server ~]# vim whileloop.sh
#/bin/bash
s=0
i=0
while [ "$i" != "100" ]
do
    i=$(($i+1))
    s=$(($s+$i))
done
echo "The result of '1+2+⋯+100' is ==> $s"
[root@Server ~]# sh whileloop.sh
The result of '1+2+⋯+100' is ==> 5050
```

【例 10-14】 将例 10-13 中的部分代码修改为如下形式。

```
#/bin/bash
s=0
i=0
```

```
while :
do
    i=$(($i+1))
    s=$(($s+$i))
done
echo "The result of '1+2+…+100' is ==> $s"
```

再次运行并观察结果，发现程序进入了死循环状态，按 Ctrl+C 组合键强制终止程序。

 **素养
提升** 仔细观察例 10-13 和例 10-14 中的两段代码不难发现，两者的区别仅在于 while 语句后面
是["$i" != "100"]还是:，但是执行结果的差别非常大，可谓"失之毫厘，谬以千里"。
在学习程序设计语言时，一定要严格遵循语法标准和规范，养成严谨、细致的学习态度
和工作作风。

10.3.3　until 循环语句

until 循环语句也称为不定循环语句，其执行过程与 while 循环语句的正好相反，其语法格式如下。

```
until 条件测试
do
    命令序列
done
```

当条件测试成立时，终止循环，不成立时，执行循环中的命令序列。

【例 10-15】 使用 until 循环语句求 1+2+3+…+100 的和。

```
[root@Server ~]# vim untilloop.sh
#/bin/bash
s=0
i=1
until (($i>100))
do
    s=$(($s+$i))
    i=$(($i+1))
done
echo "The result of '1+2+…+100' is ==> $s"
[root@Server ~]# sh untilloop.sh
The result of '1+2+…+100' is ==> 5050
```

使用 while、until、for 循环语句时，如果希望在不满足结束条件的情况下跳出循环，需要使用
break 或者 continue 语句。break 与 continue 语句的区别如下。

- break：用于跳出当前循环体，终止循环语句，执行 done 后面的语句。
- continue：用于跳过当前循环体内剩余未执行的语句，重新判断循环条件，以便执行下一
  轮循环。

项目实施

任务 10-1　创建用户信息文件

为了更好地完成本任务，我们做如下约定。

（1）新用户的用户名来自一个包含文件名列表的文件 userlist，文件内容如

微课 10-3　批量
创建用户

表 10-6 所示。

（2）用户的密码与用户名相同。

（3）这些用户都属于新员工用户组 newgroup。

表 10-6 userlist 文件内容

用户名	密码
LiLei	LiLei
HanMeiMei	HanMeiMei
MengLi	MengLi
HuFei	HuFei
LiuMing	LiuMing
WangLei	WangLei

（1）新建空文件 userlist。

```
[root@Server ~]# touch userlist
```

（2）把用户名和密码分为两列添加到文件中，保存并退出。

```
[root@Server ~]# vim userlist
LiLei LiLei
HanMeiMei HanMeiMei
MengLi MengLi
HuFei HuFei
LiuMing LiuMing
WangLei WangLei
```

任务 10-2　编写 shell 脚本

（1）新建空文件 createuser.sh。

```
[root@Server ~]# touch createuser.sh
```

（2）使用 Vim 编辑器编写 createuser.sh 脚本，输入如下内容。

```
[root@Server ~]# vim createuser.sh
#!/bin/bash
Users=/root/userlist        #批量新增用户的内容文件
UserAdd=/usr/sbin/useradd #新增用户命令路径
Passwd=/usr/bin/passwd
#设置用户密码命令路径
Cut=/bin/cut
#字符串分割命令路径
while read LINES #逐行读取用户数据文件
do
    USERNAME=$(echo $LINES |$Cut -f1 -d ' ') #从每行中分割出用户名
    PASSWORD=$(echo $LINES |$Cut -f2 -d ' ') #从每行中分割出用户密码
    #echo $USERNAME
    grep -E "newgroup" /etc/group &> /dev/null
    if [ $? -ne 0 ]
    then
        groupadd newgroup
    echo "组群名称不存在，已创建$GROUPNAME 组"
    else
echo "系统中找到 newgroup 组"
```

```
    fi
    $UserAdd -g newgroup $USERNAME #执行创建用户命令
    if [ $? -ne 0 ]; then          #如果已存在该用户则不修改密码
echo "$USERNAME 已经存在，不能设置密码"
    else
        echo $PASSWORD | $Passwd --stdin $USERNAME #给新用户设置密码
    fi
done < $Users
```

任务 10-3　运行 shell 脚本

（1）赋予 createuser.sh 脚本执行权限。

```
[root@Server ~]# chmod a+x createuser.sh
```

（2）运行 createuser.sh 脚本。

```
[root@Server ~]# ./createuser.sh
组群名称不存在，已创建组
更改用户 LiLei 的密码 。
passwd: 所有的身份验证令牌已经成功更新。
系统中找到 newgroup 组
更改用户 HanMeiMei 的密码 。
passwd: 所有的身份验证令牌已经成功更新。
系统中找到 newgroup 组
更改用户 MengLi 的密码 。
passwd: 所有的身份验证令牌已经成功更新。
系统中找到 newgroup 组
更改用户 HuFei 的密码 。
passwd: 所有的身份验证令牌已经成功更新。
系统中找到 newgroup 组
更改用户 LiuMing 的密码 。
passwd: 所有的身份验证令牌已经成功更新。
系统中找到 newgroup 组
更改用户 WangLei 的密码 。
passwd: 所有的身份验证令牌已经成功更新。
```

（3）查看/etc/passwd 文件。

```
[root@Server ~]# tail -5 /etc/passwd
HanMeiMei:x:1021:1201::/home/HanMeiMei:/bin/bash
MengLi:x:1022:1201::/home/MengLi:/bin/bash
HuFei:x:1023:1201::/home/HuFei:/bin/bash
LiuMing:x:1024:1201::/home/LiuMing:/bin/bash
WangLei:x:1025:1201::/home/WangLei:/bin/bash
```

由以上结果可见，新员工已经成功添加。

小结

通过学习本项目，读者学会了创建和运行 shell 脚本的方法，掌握了 shell 脚本中的分支结构与循环结构。

在 Linux 系统的实际运维过程中，很多配置工作都是通过自动化设置来完成的。所以，我们只有脚踏实地掌握好基础知识，才能聚焦能力向高端发展，正所谓"千里之行，始于足下"。

本项目知识点的思维导图如图 10-7 所示。

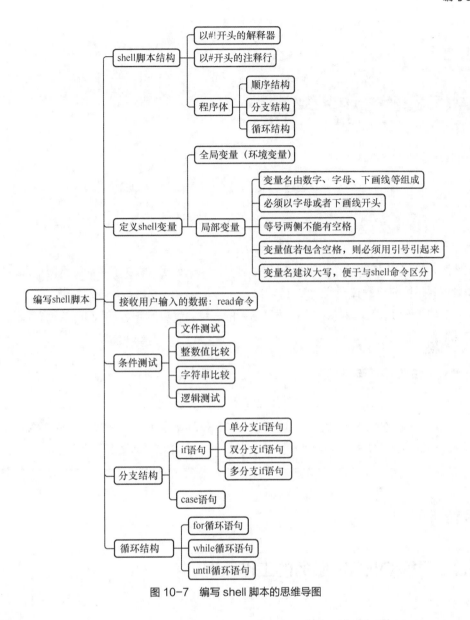

图 10-7 编写 shell 脚本的思维导图

习题

编程题

1. 创建一个 shell 脚本,执行 shell 脚本后提示用户输入一个数字(大于 3),程序可以实现计算 1+2+3+···用户输入的数字。

2. 分别利用 if 语句和 case 语句实现:根据输入的成绩判断成绩档次是优秀、良好、及格还是不及格。

项目11
配置DHCP服务器

项目导入

公司使用 DHCP 服务器为员工的计算机动态分配 IP 地址，解决了手动配置网络参数的麻烦，即便是多台计算机同时联网也不会产生 IP 地址冲突问题，有效地提高了办公效率。

小乔对搭建 DHCP 服务器的技术产生了浓厚的兴趣，她决定学习 DHCP 的相关知识，并使用虚拟机软件配置一台 DHCP 服务器。

职业能力目标及素养目标

- 了解 DHCP 服务的工作过程。
- 掌握 DHCP 服务器的安装和配置。

- 掌握 DHCP 客户端功能的配置方法。
- 具有精益求精的工匠精神。

知识准备

11.1 了解 DHCP 服务的工作原理

11.1.1 认识 DHCP 服务

DHCP 主要用于为局域网中的计算机动态分配 IP 地址、网关地址、DNS 服务器地址等网络参数，网络管理人员通过 DHCP 能更好地对局域网中的计算机进行集中管理。

DHCP 基于 UDP 实现，根据角色分为 DHCP 服务器和 DHCP 客户端，其中 DHCP 服务器负责管理 IP 地址池，并将 IP 地址动态分配给客户端；DHCP 客户端从服务器处动态获取 IP 地址、网关地址、DNS 服务器地址等网络参数。

简单来说，DHCP 是用于给网络中的客户端动态分配 IP 地址等参数的网络协议。

说明 为了简洁明了，本项目中的客户端都是指支持 DHCP 的客户端主机。
本项目包含 DHCP 服务器、DNS 服务器、网络时间服务器等明确类型的服务器，还有在【素养提升】中不特指某种明确类型的服务器。经筛查，基本无语义不明确、无法区分是哪种服务器的文字描述，故在“说明”中就不再统一说明。

11.1.2 熟悉 DHCP 服务的工作过程

在 DHCP 客户端初次被分配 IP 地址的过程中，客户端发送广播数据包给整个局域网内的所有主机，只有局域网内存在 DHCP 服务器时，才会响应客户端的 IP 地址请求，因此，DHCP 服务器与 DHCP 客户端应该处于同一个局域网内。

在 DHCP 服务运行过程中，DHCP 客户端以 UDP 68 号端口进行数据传输，而 DHCP 服务器以 UDP 67 号端口进行数据传输。DHCP 服务不仅体现在为 DHCP 客户端自动分配 IP 地址的过程中，还体现在后面的 IP 地址续约和释放过程中。

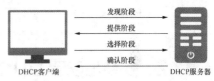

DHCP 服务器为 DHCP 客户端初次自动分配 IP 地址的工作过程被划分为 4 个阶段，如图 11-1 所示。

图 11-1 DHCP 服务的工作过程

1. 发现阶段

在发现阶段，DHCP 客户端获取网络中 DHCP 服务器的信息。客户端配置了 DHCP 客户端程序并启动网络后，使用 IP 地址 0.0.0.0 和 UDP 68 号端口在局域网内以广播方式发送 DHCP DISCOVER（DHCP 发现）报文，此报文中包含客户端网卡的 MAC 地址等信息，寻找网络中的 DHCP 服务器，请求 IP 地址租约。

2. 提供阶段

在提供阶段，DHCP 服务器向 DHCP 客户端提供预分配的 IP 地址。网络中的每个 DHCP 服务器接收到 DHCP 客户端的 DHCP DISCOVER 报文后，都会根据自己地址池中 IP 地址的分配优先次序选出一个 IP 地址，然后使用 UDP 67 号端口以广播方式发送 DHCP OFFER（DHCP 提供）报文给 DHCP 客户端的 UDP 68 号端口，此报文包含待出租的 IP 地址及地址租期等信息。DHCP 客户端通过对比封装在报文中的目的 MAC 地址来确定是否接收该报文。

在该阶段，DHCP 服务器通过 DHCP OFFER 报文向 DHCP 客户端提供 IP 地址预分配信息。

3. 选择阶段

在选择阶段，DHCP 客户端选择 IP 地址。如果网络中有多台 DHCP 服务器向 DHCP 客户端发来 DHCP OFFER 报文，则该客户端只选择接收最先收到的 DHCP OFFER 报文，然后以广播方式发送 DHCP REQUEST（DHCP 请求）报文作为回应。该报文包含 DHCP 服务器在 DHCP OFFER 报文中预分配的 IP 地址、对应的 DHCP 服务器地址等。这就相当于同时告诉其他 DHCP 服务器，它们可以释放提供的地址，并将这些地址回收到可用地址池中。

在该阶段，DHCP 客户端通过 DHCP REQUEST 报文确认选择第一个 DHCP 服务器为它提供 IP 地址自动分配服务。

4. 确认阶段

在确认阶段，DHCP 服务器确认分配给 DHCP 客户端的 IP 地址。被 DHCP 客户端选择的 DHCP 服务器收到该 DHCP 客户端发来的 DHCP REQUEST 报文后，如果确认将地址分配给该 DHCP 客户端，则以广播方式返回 DHCP ACK（DHCP 确认响应）报文作为响应，正式确认该 DHCP 客户端的租用请求；否则返回 DHCP NAK（DHCP 拒绝响应）报文，表明地址不能分配给该 DHCP 客户端。

在该阶段，被 DHCP 客户端选择的 DHCP 服务器通过 DHCP ACK 报文把在 DHCP OFFER 报文中准备的 IP 地址租给对应的 DHCP 客户端。

> **提示** 当 DHCP 客户端的 IP 地址租约期限达到 50%和 87.5%时，DHCP 客户端会向为其提供 IP 地址的 DHCP 服务器发出 DHCP REQUEST 请求更新 IP 地址租约。如果 DHCP 客户端接收到该 DHCP 服务器回应的 DHCP ACK 报文，就根据报文中提供的新租期及其他已经更新的 TCP/IP 参数更新自己的配置，IP 地址租约更新完成。若租约期限达到 100%，DHCP 客户端仍未更新租约，则必须放弃当前使用的 IP 地址，重新申请。

11.2 安装与配置 DHCP 服务器

接下来在 Linux 虚拟机中安装 DHCP 服务器，并介绍 DHCP 服务器的配置方法。

DHCP 服务器的配置参数如表 11-1 所示。

表 11-1 DHCP 服务器的配置参数

节点主机名	IP 地址/子网掩码位数	网络工作模式	IP 地址池
Server	192.168.200.3/24	NAT 模式	192.168.200.51～192.168.200.80

DHCP 服务器分配给 DHCP 客户端的子网掩码为 255.255.255.0，网关地址为 192.168.200.2，DNS 服务器地址为 8.8.8.8。

11.2.1 安装 DHCP 服务器

1. 配置网络环境

在 VMware Workstation Pro 17 主界面中选择"编辑"→"虚拟网络编辑器"命令。在打开的 "虚拟网络编辑器"对话框中选择名称为 VMnet8 的网络（类型为 NAT 模式），对 VMnet8 的网络环境进行配置。

（1）将子网 IP 地址设置为 192.168.200.0，将子网掩码设置为 255.255.255.0。

（2）取消勾选"使用本地 DHCP 服务将 IP 地址分配给虚拟机"复选框，关闭 VMware 提供的本地 DHCP 服务。

（3）单击"NAT 设置"按钮，在弹出的"NAT 设置"对话框中，将网关 IP 地址设置为 192.168.200.2。

以上全部设置的操作界面如图 11-2 所示。

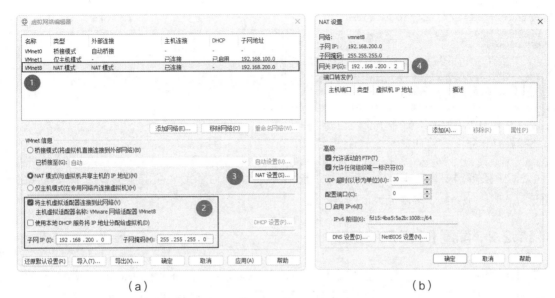

（a）   （b）

图 11-2　设置 VMnet8 网络环境的操作界面

2. 配置 DHCP 服务器的网络参数

（1）使用 nmcli 命令配置网络连接 ens160 的 IP 地址等网络参数，命令如下。

```
[root@Server ~]# nmcli c modify ens160 \
ipv4.method manual \
ipv4.addr 192.168.200.3/24 \
ipv4.gateway 192.168.200.2 \
ipv4.dns 8.8.8.8 \
connection.autoconnect yes
```

（2）重新加载网络连接 ens160 的配置，并激活连接。

```
[root@Server ~]# nmcli c reload && nmcli c up ens160
```

3. 获取 DHCP 服务器软件包

dhcp-server 是在 Linux 系统中配置 DHCP 服务器的软件包，RHEL 9.2 系统安装光盘中自带该软件包（版本号为 4.4.2）。为了便于处理安装 DHCP 服务器软件包时的依赖关系，下面采用 yum 方式安装。

4. 配置本地 yum 仓库

（1）将 Server 节点虚拟机的 CD/DVD 设备连接 RHEL 9.2 系统安装光盘的 ISO 映像文件。

（2）创建 RHEL 9.2 系统安装光盘的挂载点/iso，并挂载光盘。

```
[root@Server ~]# mkdir /iso
[root@Server ~]# mount /dev/cdrom /iso
```

（3）创建本地 yum 仓库的配置文件/etc/yum.repos.d/local.repo。

```
[root@Server ~]# vi /etc/yum.repos.d/local.repo
```

在 local.repo 文件中增加以下内容。

```
[BaseOS]
name=BaseOS
baseurl=file:///iso/BaseOS
gpgcheck=0
enabled=1

[AppStream]
name=AppStream
```

```
baseurl=file:///iso/AppStream
gpgcheck=0
enabled=1
```

（4）重建 yum 缓存，确保本地 yum 仓库可用。

```
[root@Server ~]# yum clean all
[root@Server ~]# yum makecache
[root@Server ~]# yum repolist
```

5. 安装 dhcp-server 软件包

使用 yum 命令安装 dhcp-server 软件包。

```
[root@Server ~]# yum install -y dhcp-server
```

DHCP 服务器安装完毕，会在系统中注册名称为 dhcpd.service 的服务，接下来需要进一步配置 DHCP 服务器，才能启动此服务。

11.2.2 配置 DHCP 服务器

DHCP 服务器的主配置文件是/etc/dhcp/dhcpd.conf（以下简称 dhcpd.conf），默认该文件仅包含一些以#开头的注释。配置该文件时，可以参考模板文件/usr/share/doc/dhcp-server/dhcpd.conf.example 中的参考示例，或者执行 man 5 dhcpd.conf 命令获取配置 dhcpd.conf 的相关帮助。

1. 熟悉 DHCP 服务器的主配置文件

（1）dhcpd.conf 文件的结构。

dhcpd.conf 文件的内容由全局配置和局部配置两部分构成。全局配置对整个 DHCP 服务器生效，局部配置仅对所声明的子网生效。dhcpd.conf 文件中的配置项包括声明、参数和选项等 3 种类型。dhcpd.conf 文件的结构如下。

```
# 第一部分：全局配置
参数或选项；

# 第二部分：局部配置
声明 {
参数或选项；
}
```

（2）DHCP 服务器的声明。

声明用来描述 DHCP 服务器中对网络布局的划分，即声明 IP 地址的作用域。DHCP 服务器常用的声明如表 11-2 所示。

表 11-2　DHCP 服务器常用的声明

声明	说明
subnet	声明一个子网，即声明子网作用域
netmask	声明子网掩码
range	声明动态分配 IP 地址的范围
host	声明一个主机，为其分配固定的 IP 地址
group	为一组参数提供声明
shared-network	用来指定共享相同网络的子网，即声明超级作用域

subnet 是 dhcpd.conf 文件常用的声明。例如，声明一个网络号为 192.168.200.0 的子网作

用域，子网掩码为 255.255.255.0，格式如下。

```
subnet 192.168.200.0 netmask 255.255.255.0{
# 配置参数或选项;
}
```

（3）DHCP 服务器的参数。

参数由参数名和参数值组成，用来确定 DHCP 服务器的运行参数，如默认租约时间、最长租约时间等。参数以分号结束，可以位于全局配置或声明的局部配置中。DHCP 服务器常用的参数如表 11-3 所示。

表 11-3　DHCP 服务器常用的参数

参数名	说明
default-lease-time	默认租约时间，单位为 s
max-lease-time	最长租约时间，单位为 s
hardware	指定网卡类型（比如 ethernet 表示以太网卡）和 MAC 地址
server-name	向客户端通知 DHCP 服务器的名称
fixed-address	给客户端分配一个保留的固定 IP 地址

（4）DHCP 服务器的选项。

选项以 option 关键字开头，后面跟上具体的配置选项名和对应的选项值，一般用于配置 DHCP 服务器的可选参数，如网关地址、子网掩码、DNS 服务器地址等。选项也以分号结束，可以位于全局配置或声明的局部配置中。DHCP 服务器常用的选项如表 11-4 所示。

表 11-4　DHCP 服务器常用的选项

选项名	说明
subnet-mask	为客户端设定子网掩码
domain-name	为客户端设定 DNS 域名
domain-name-servers	为客户端设定 DNS 服务器地址
host-name	为客户端设定主机名称
routers	为客户端设定网关地址
broadcast-address	为客户端设定广播地址
ntp-servers	为客户端设定网络时间服务器（NTP 服务器）的 IP 地址

2. 配置 DHCP 服务器

编辑配置文件/etc/dhcp/dhcpd.conf。

```
[root@Server ~]# vi /etc/dhcp/dhcpd.conf
```
在 dhcpd.conf 配置文件中增加以下内容。

```
# 全局配置
default-lease-time 600;                          # 默认租约时间为 600s
max-lease-time 7200;                             # 最长租约时间为 7200s

# 局部配置
subnet 192.168.200.0 netmask 255.255.255.0 {     # 声明一个内部子网
   range 192.168.200.51 192.168.200.80;          # 声明当前子网使用的 IP 地址池
   option domain-name-servers 8.8.8.8;           # 设定客户端的 DNS 服务器地址
   option routers 192.168.200.2;                 # 设定客户端的网关地址
```

```
     option broadcast-address 192.168.200.255;    # 设定客户端的广播地址
}
```

3. 启动 dhcpd 服务

（1）启动 dhcpd 服务并设置开机自动启动。

```
[root@Server ~]# systemctl start dhcpd
[root@Server ~]# systemctl enable dhcpd
Created  symlink  /etc/systemd/system/multi-user.target.wants/dhcpd.service →
/usr/lib/systemd/system/dhcpd.service.
```

dhcpd.service 是 DHCP 服务器在 Linux 系统中创建的服务名称。

（2）使用 ss 命令查看 dhcpd 服务的运行状态。

```
[root@Server ~]# ss -nulp | grep dhcpd
UNCONN 0   0    0.0.0.0:67        0.0.0.0:*   users:(("dhcpd",pid=12706,fd=7))
```

从命令执行结果中可以看到，dhcpd 服务已在监听 UDP 67 号端口。

11.3 配置 DHCP 客户端功能

使用 Linux、Windows 等系统的计算机都可以作为 DHCP 客户端，从 DHCP 服务器处自动获取 IP 地址等网络参数。

11.3.1 在 Windows 客户端中配置 DHCP 客户端功能

下面以配置 Windows 11 物理机中的 VMware Network Adapter VMnet8 网卡为例，介绍 DHCP 客户端功能的配置方法。

1. 设置网卡自动获得 IP 地址

在 Windows 系统中打开"网络连接"窗口，如图 11-3 所示。

（1）选中"VMware Network Adapter VMnet8"（在 NAT 模式下，物理机通过此网卡与虚拟机通信），然后单击"更改此连接的设置"按钮，打开此网络连接的属性对话框，如图 11-4 所示。

图 11-3 "网络连接"窗口

图 11-4 网络连接的属性对话框

（2）在打开的"VMware Network Adapter VMnet8 属性"对话框中双击"Internet 协议版本 4(TCP/IPv4)"，在弹出的"Internet 协议版本 4(TCP/IPv4)属性"对话框中分别选中"自动获得 IP 地址"和"自动获得 DNS 服务器地址"单选按钮，如图 11-5 所示，然后单击"确定"按钮。

（3）完成上述设置后，Windows 客户端将立即向 DHCP 服务器申请 IP 地址。选中图 11-3 所示的"网络连接"窗口中的"VMware Network Adapter VMnet8"，单击"查看此连接的状态"按钮，打开"VMware Network Adapter VMnet8 状态"对话框。单击该对话框中的"详细信息..."按钮，在弹出的"网络连接详细信息"对话框中显示了 Windows 客户端已获取的 IP 地址、租期等信息，如图 11-6 所示。

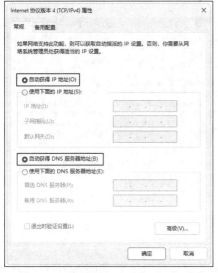

图 11-5　"Internet 协议版本 4(TCP/IPv4)属性"对话框

图 11-6　"网络连接详细信息"对话框

2. IP 地址的释放与重新获取

当 Windows 客户端不再需要从 DHCP 服务器获取的 IP 地址时，可以在 Windows 命令提示符中执行 ipconfig /release 命令将已经获取的 IP 地址释放。

如果 Windows 客户端需要重新向 DHCP 服务器申请 IP 地址，可执行 ipconfig /renew 命令。

11.3.2　在 Linux 客户端中配置 DHCP 客户端功能

下面以配置 Linux 虚拟机中的 ens160 网卡为例，介绍 DHCP 客户端功能的配置方法。

（1）准备一台 Linux 虚拟机（主机名为 Client）作为 DHCP 客户端，该虚拟机的网络连接采用 NAT 模式，并确保该虚拟机与 DHCP 服务器在同一网络中。

（2）使用 Vi 编辑器修改客户端 Client 中的 ens160.nmconnection 配置文件。

```
[root@Client ~]# vi /etc/NetworkManager/system-connections/ens160.nmconnection
```

将 ipv4 配置段中的 method 参数值修改为 auto，并删除 address、dns 等参数。

```
[ipv4]
method=auto
```

（3）重新加载客户端 Client 中网络连接 ens160 的配置，并激活连接，以便向 DHCP 服务器申请 IP 地址。

```
[root@Client ~]# nmcli c reload && nmcli c up ens160
```

（4）使用 ip 命令查看客户端 Client 中 ens160 网卡获取的 IP 地址等网络参数。

```
[root@Client ~]# ip a s ens160
2: ens160: <BROADCAST,MULTICAST,UP,LOWER_UP> mtu 1500 qdisc mq state UP group default
qlen 1000
    link/ether 00:0c:29:76:63:e3 brd ff:ff:ff:ff:ff:ff
    altname enp3s0
    inet 192.168.200.52/24 brd 192.168.200.255 scope global dynamic noprefixroute ens160
        valid_lft 416sec preferred_lft 416sec
    inet6 fe80::20c:29ff:fe76:63e3/64 scope link noprefixroute
        valid_lft forever preferred_lft forever
```

命令执行结果显示，客户端 Client 获取的 IP 地址为 192.168.200.52。

素养提升　在配置服务器时，哪怕有一个步骤出错，服务器都可能无法启动或者运转不正常。服务器是互联网中各种服务的载体，服务器配置与运维的质量主要体现在性能、可用性、伸缩性、安全性等方面，运转不稳定的服务器会严重影响客户的使用体验。

由于服务器基础架构的变动不是很大，从事服务器运维工作越久越有经验。但是运维工作不是随随便便就能干好的，运维工作讲究的是工匠精神，运维人员应脚踏实地、坚持不懈，做每件事时都精益求精，在工作中不断解决问题，形成经验沉淀。

项目实施

任务 11-1　需求分析与规划

本项目实施要组建一个 DHCP 网络，由一台 DHCP 服务器负责给局域网中的其他计算机分配 IP 地址、网关地址和 DNS 服务器地址等网络参数。DHCP 服务器的配置参数如下。

（1）DHCP 服务器的 IP 地址为 192.168.200.3/24。

（2）DHCP 服务器动态分配给客户端的 IP 地址池是 192.168.200.11～192.168.200.240，子网掩码为 255.255.255.0，网关地址为 192.168.200.2，DNS 服务器地址为 8.8.8.8。

（3）IP 地址的默认租期为 1 天，最长租期为 7 天。

该网络的拓扑结构如图 11-7 所示。

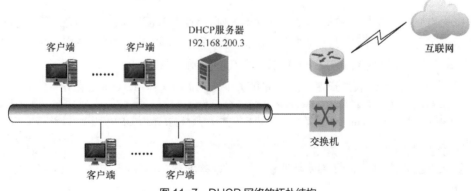

图 11-7　DHCP 网络的拓扑结构

在项目实施中，需要使用 3 台 Linux 虚拟机。使用一台最小安装的 RHEL 9.2 虚拟机来配置 DHCP 服务器，再分别以两台 Linux 虚拟机作为 DHCP 客户端进行测试。将所有虚拟机的网络工作模式都设置为 NAT 模式，并关闭 VMware 提供的本地 DHCP 服务。虚拟机节点的具体规划如表 11-5 所示。

表 11-5　虚拟机节点的具体规划

主机名	IP 地址/掩码	网络工作模式	说明
Server	192.168.200.3/24	NAT 模式	DHCP 服务器
Client1	使用 DHCP 服务器动态分配的 IP 地址	NAT 模式	DHCP 客户端 1
Client2	使用 DHCP 服务器分配的固定 IP 地址：192.168.200.241	NAT 模式	DHCP 客户端 2

 提示　在安装 Linux 操作系统过程中，选择安装包时一般应遵循"最小安装原则"，即只安装最基本的功能，不安装不需要的或者不确定是否需要的软件包，这样可以在一定程度上为系统"瘦身"，使服务器生产环境简洁，最大限度确保系统安全。

任务 11-2　配置 DHCP 服务器

（1）配置网络环境。

参考 11.2.1 节中配置网络环境的操作方法，在"虚拟网络编辑器"对话框中对 VMnet8 网络完成以下配置。

① 将子网 IP 地址设置为 192.168.200.0，将子网掩码设置为 255.255.255.0。

② 关闭 VMware 提供的本地 DHCP 服务。

③ 将网关 IP 地址设置为 192.168.200.2。

（2）配置 DHCP 服务器的主机名。

微课 11-1　配置 DHCP 服务器

```
[root@localhost ~]# hostnamectl set-hostname Server
[root@localhost ~]# bash
```

（3）配置 DHCP 服务器的 IP 地址等网络参数。

```
[root@Server ~]# nmcli c modify ens160 \
ipv4.method manual \
ipv4.addr 192.168.200.3/24 \
ipv4.gateway 192.168.200.2 \
ipv4.dns 8.8.8.8 \
connection.autoconnect yes
[root@Server ~]# nmcli c reload && nmcli c up ens160
```

（4）配置本地 yum 仓库。

参考 11.2.1 节中配置本地 yum 仓库的操作方法，完成配置。

（5）安装 dhcp-server 软件包。

```
[root@Server ~]# yum install -y dhcp-server
```

（6）编辑配置文件/etc/dhcp/dhcpd.conf。

```
[root@Server ~]# vi /etc/dhcp/dhcpd.conf
# 添加以下内容
```

```
default-lease-time 86400;                              # 设置默认租期
max-lease-time 604800;                                 # 设置最长租期

subnet 192.168.200.0 netmask 255.255.255.0 {           # 声明一个内部子网
   range 192.168.200.11 192.168.200.240;               # 声明当前子网使用的 IP 地址池
   option domain-name-servers 8.8.8.8;                 # 设定客户端的 DNS 服务器地址
   option routers 192.168.200.2;                       # 设定客户端的网关地址
   option broadcast-address 192.168.200.255;           # 设定客户端的广播地址
}

host Client2{                                          # 声明客户端 Client2 使用固定 IP 地址
   hardware ethernet 00:0c:29:76:63:e3;                # 客户端 Client2 的网卡 MAC 地址
   fixed-address 192.168.200.241;                      # 为客户端 Client2 分配固定 IP 地址
}
```

注意：为客户端分配固定 IP 地址时，需要先在客户端中执行 ip a 命令查看网卡的 MAC 地址（在以上代码中，00:0c:29:76:63:e3 假设为客户端 Client2 的网卡 MAC 地址），然后将此 MAC 地址作为 hardware ethernet 配置参数的值。

（7）启动 dhcpd 服务。

```
[root@Server ~]# systemctl start dhcpd
[root@Server ~]# systemctl enable dhcpd
```

（8）查看 dhcpd 服务的运行状态，确保 dhcpd 服务已监听 UDP 67 号端口。

```
[root@Server ~]# ss -nulp | grep dhcpd
```

任务 11-3　验证 DHCP 客户端的功能

（1）在 DHCP 客户端 1（Client1）中编辑网络连接 ens160 的配置文件。

```
[root@Client1 ~]# vi /etc/NetworkManager/system-connections/ens160.
nmconnection
```

将 ipv4 配置段中的 method 参数值修改为 auto，并删除 address、dns 等参数。

```
[ipv4]
method=auto
```

微课 11-2　验证
DHCP 客户端的
功能

（2）重新加载 Client1 节点的网络连接 ens160 的配置，并激活连接。

```
[root@Client1 ~]# nmcli c reload && nmcli c up ens160
```

（3）查看 Client1 节点中网络连接 ens160 获取的动态 IP 地址。

```
[root@Client1 ~]# ip a s ens160
```

（4）请依照上述步骤自行验证 DHCP 客户端 2（Client2）是否能自动获得固定 IP 地址。

小结

通过学习本项目，读者了解了 DHCP 的基本工作原理，掌握了 DHCP 服务器和 DHCP 客户端的配置技术，会对 DHCP 服务器进行简单的运维管理。

DHCP 的应用十分广泛，在企业、家庭、公共场所等都能见到它的身影。在网络中配置 DHCP 服务器可以降低配置客户端 IP 地址、子网掩码等网络参数的难度，能有效提升 IP 地址的利用率，减少管理者的工作量，降低维护成本，使网络管理工作游刃有余。

本项目知识点的思维导图如图 11-8 所示。

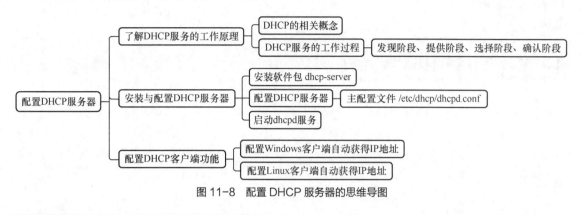

图 11-8　配置 DHCP 服务器的思维导图

习题

一、选择题

1. 下列关于 DHCP 服务器的描述中，正确的是（　　）。

A. 客户端只能接受本网段内 DHCP 服务器提供的 IP 地址

B. 需要保留的 IP 地址可以包含在 DHCP 服务器的 IP 地址池中

C. DHCP 服务器不能帮助客户端指定 DNS 服务器

D. DHCP 服务器可以将一个 IP 地址同时分配给两个不同的客户端

2. 以下服务器可以为客户端动态指派 IP 地址的是（　　）。

A. DHCP 服务器　　　B. DNS 服务器　　　C. WWW 服务器　　　D. FTP 服务器

3. DHCP 客户端申请 IP 地址租约时，首先发送的信息是（　　）。

A. DHCP DISCOVER　　　　　　　　B. DHCP OFFER

C. DHCP REQUEST　　　　　　　　D. DHCP ACK

4. 通过 DHCP 服务器的 host 声明为特定主机分配固定 IP 地址时，使用（　　）参数指定该主机的 MAC 地址。

A. mac-address　　　　　　　　　B. hardware ethernet

C. fixed-address　　　　　　　　　D. match-physical-address

二、填空题

1. 在 Linux 系统中，使用 dhcp-server 软件包配置 DHCP 服务器的主配置文件是_____。

2. 在 Windows 系统中，使用_____命令能释放已获取的 IP 地址，使用_____命令能重新从 DHCP 服务器获取 IP 地址。

项目12
配置DNS服务器

项目导入

随着数字化转型的加速推进，公司上线了文件管理系统、人力资源管理平台等业务系统，降低了运营成本，提高了管理效率。当下，公司迫切需要部署一组域名服务器，以便为这些业务系统提供域名服务。

部门经理大路决定搭建一组主、辅架构的 DNS 服务器。其中，主 DNS 服务器为公司内部各业务系统提供域名解析服务，另一台辅助 DNS 服务器为主 DNS 服务器提供容错功能，当主 DNS 服务器响应失败时，由辅助 DNS 服务器提供域名解析服务。

大路决定借此机会锻炼小乔，安排她负责搭建此主、辅架构 DNS 服务器，对公司域名 rymooc.com 下各业务系统的子域名进行解析。

职业能力目标及素养目标

- 了解域名空间的概念。
- 了解 DNS 服务器的类型、域名解析的工作原理。
- 掌握 DNS 服务器的安装与配置。

- 会配置主、辅架构 DNS 服务器。
- 会使用测试命令测试 DNS 服务器。
- 具有爱国情结和社会责任感。

知识准备

12.1　了解 DNS 服务器的工作原理

12.1.1　了解域名空间和 DNS 服务器的类型

DNS 服务是实现域名与 IP 地址之间转换的网络服务，使用 DNS 服务，在访问网站时不再需要输入难记的 IP 地址，只需知道要访问的网站的域名即可。

1. 域名空间

互联网中众多的域名组成了一个巨大的域名空间，按照域名的分层机制，可以把域名空间看作一棵倒置的树。树的每一棵子树都代表一个域（Domain），在域名空间顶端的是根域。根域的下一层为顶级域，也称为一级域，常见的顶级域名有.com、.net、.org 等。每个顶级域又可以进一步划分为不同的二级域，二级域还可以划分为子域。子域下面可以是主机，也可以继续划分子域，直到底层是主机，如图 12-1 所示。

域名空间中的每个域由域名表示，域名通常由一个完全限定域名（Fully Qualified Domain Name，FQDN）标识，FQDN 的格式是从底层节点到顶层根域反向书写，并将每个节点用.分隔。例如，主机名是 www，域名是 sdcit.edu.cn，那么该主机的 FQDN 表示为 www.sdcit.edu.cn。

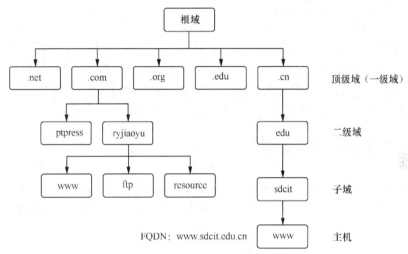

图 12-1　域名空间的结构

一个 DNS 域可以包含主机或子域，例如，在图 12-1 所示的域名空间结构中，ryjiaoyu 是.com 域的子域，它使用域名表示为 ryjiaoyu.com；www 是 ryjiaoyu 域中的主机，可以使用域名 www.ryjiaoyu.com 表示。

2. DNS 服务器的类型

DNS 服务器是保持和维护域名空间中数据的程序。由于域名服务是分布式的，为了便于管理，对域名空间进行划分，将一个域中的一个子域或由具有上下隶属关系的多个子域组成的范围称为区域（Zone）。因此，一个域可能被划分为多个区域。

DNS 服务器是通过区域来管理域名空间的，当一个 DNS 服务器管理某个区域时，它是该区域的权威 DNS 服务器。

根据用途不同，DNS 服务器分为 4 种类型。

（1）主 DNS 服务器。

主 DNS（Master DNS）服务器负责维护所管辖区域的域名信息。对于一个区域来说，主 DNS 服务器是唯一存在的，主 DNS 服务器中保存了该区域的数据库文件。

（2）辅助 DNS 服务器。

辅助 DNS（Slave DNS）服务器用于分担主 DNS 服务器的负载，加快查询速度。启动辅助 DNS 服务器时，它会与主 DNS 服务器建立联系，并从中复制信息。辅助 DNS 服务器会定期更新原有信息，尽可能地保证副本与原始数据的一致性。由于辅助 DNS 服务器中的区域数据库文件是从主 DNS 服务器中传送过来的，因此辅助 DNS 服务器不需要配置自己的区域数据库文件。

（3）转发 DNS 服务器。

转发 DNS 服务器对于自己无法解析的请求，可以向其他 DNS 服务器转发解析请求。DNS 服务器收到客户端的解析请求后，首先尝试从本地数据库中查找，若没有找到，则需要向其他 DNS 服务器转发解析请求；其他 DNS 服务器完成解析后返回解析结果，转发 DNS 服务器将解析结果放入自己的 DNS 缓存中，并向客户端返回解析结果。在缓存期内，如果客户端请求解析相同的域名，转发 DNS 服务器就能立即回应客户端。

（4）缓存 DNS 服务器。

缓存 DNS 服务器主要用于提供域名解析的缓存。缓存 DNS 服务器是一种既不管理任何区域，又不负责域名解析的 DNS 服务器，它可以查询其他 DNS 服务器获得的解析记录，并将该解析记录放在自己的缓存中，为客户端提供解析记录查询，以提高下次解析相同域名的效率。缓存 DNS 服务器不是权威的服务器，因为它提供的所有信息都是间接信息。

12.1.2　掌握 DNS 查询模式

当客户端通过域名访问互联网上的某一台主机时，客户端首先向本地 DNS 服务器查询对方的 IP 地址，如果在本地 DNS 服务器中无法查询到结果，则本地 DNS 服务器继续向另外一台 DNS 服务器查询，直到得出结果，这一过程称为 DNS 查询。

常见的查询模式有递归查询和迭代查询。

1. 递归查询

递归查询用于客户端向 DNS 服务器查询。如果客户端查询的本地 DNS 服务器不知道被查询域名的 IP 地址，本地 DNS 服务器就以 DNS 客户端的身份，向其他 DNS 服务器继续发出查询请求（即替客户端继续查询），而不是让客户端自己进行下一步查询。因此，递归查询返回的查询结果是所要查询域名的 IP 地址，或者一个失败的响应，表示无法查询到结果。

2. 迭代查询

迭代查询用于 DNS 服务器向其他 DNS 服务器查询。当根域名服务器收到本地 DNS 服务器发出的迭代查询请求时，要么给出所要查询的 IP 地址，要么告诉本地 DNS 服务器下一步应当向哪一个 DNS 服务器查询，然后本地 DNS 服务器进行后续的查询。根域名服务器通常是把自己已知的顶级域名服务器的 IP 地址告诉本地 DNS 服务器，让本地 DNS 服务器向顶级域名服务器发送查询请求。顶级域名服务器收到本地 DNS 服务器的查询请求后，要么给出所要查询的 IP 地址，要么告诉本地 DNS 服务器下一步应当向哪个二级域名服务器发送查询请求，以此类推，直到查询到所需信息或返回查询失败响应。

> **提示**　DNS 服务采用分布式结构保存区域 DNS 数据信息，客户端实际的查询顺序一般依次为本地 hosts 文件（/etc/hosts 文件）、本地 DNS 服务器、向其他 DNS 服务器发起 DNS 查询。

12.1.3 掌握域名解析的工作原理

假设客户端已配置了本地 DNS 服务器的相关信息，该客户端使用 www.ryjiaoyu.com 域名访问网站，现在需要将 www.ryjiaoyu.com 域名解析为 IP 地址。DNS 域名解析的工作过程如图 12-2 所示。

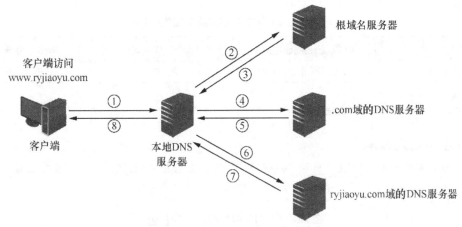

图 12-2　DNS 域名解析的工作过程

① 客户端向本地 DNS 服务器发送解析 www.ryjiaoyu.com 域名的请求。

② 本地 DNS 服务器无法解析此域名，将其转发给根域名服务器。

③ 根域名服务器管理.com、.net、.org 等顶级域名的解析过程，它根据收到的请求，返回.com 域的 DNS 服务器地址。

④ 本地 DNS 服务器向.com 域的 DNS 服务器发出解析请求。

⑤ .com 域的 DNS 服务器返回 ryjiaoyu.com 域的 DNS 服务器地址。

⑥ 本地 DNS 服务器再向 ryjiaoyu.com 域的 DNS 服务器发出解析请求，在 ryjiaoyu.com 域的 DNS 服务器上查询到 www.ryjiaoyu.com 域名对应的 IP 地址。

⑦ ryjiaoyu.com 域的 DNS 服务器将域名解析结果返回给本地 DNS 服务器。

⑧ 本地 DNS 服务器将域名解析结果返回给客户端，使客户端能访问网站。

12.1.4 理解 DNS 解析类型

部署 DNS 服务器时，必须考虑 DNS 解析类型，从而决定 DNS 服务器要配置的功能。DNS 解析类型可以分为正向解析与反向解析。

1. 正向解析

正向解析是指根据域名解析出对应的 IP 地址，它是 DNS 服务器的主要功能。

2. 反向解析

反向解析是通过 IP 地址解析出对应的域名，用于对 DNS 服务器进行身份验证。

12.2 安装与配置 DNS 服务器

BIND（Berkeley Internet Name Domain）是一款被广泛使用的开源 DNS 服务器软件。接下来在 Linux 虚拟机中安装 BIND，并介绍使用 BIND 配置 DNS 服务器的方法。

DNS 服务器的基本配置参数如表 12-1 所示。

表 12-1　DNS 服务器的基本配置参数

节点主机名	IP 地址/子网掩码位数	网络工作模式	DNS 服务器类型
Master	192.168.200.4/24	NAT 模式	主 DNS 服务器

12.2.1　安装 DNS 服务器

1. 获取 BIND 软件包

RHEL 9.2 系统安装光盘自带 BIND 相关软件包（版本号为 9.16.23），由一组 rpm 软件包组成，如表 12-2 所示。

表 12-2　BIND 相关的 rpm 软件包

rpm 软件包名称	说明
bind	配置 DNS 服务器的主程序包
bind-utils	提供 DNS 测试命令，包括 dig、host、nslookup 等命令（系统已默认安装）
bind-libs	域名解析需要的库文件（系统已默认安装）

为了便于处理安装 BIND 时的依赖关系，下面采用 yum 方式安装 bind 软件包。

2. 配置本地 yum 仓库

在 Master 节点虚拟机中配置本地 yum 仓库，操作步骤请参考 11.2.1 节中配置本地 yum 仓库的内容，在此不赘述。

3. 安装 bind 软件包

（1）使用 yum 安装 bind 软件包。

```
[root@Master ~]# yum install -y bind
```

（2）查询已安装的 bind 软件包。

```
[root@Master ~]# yum list installed | grep bind
bind.x86_64                      32:9.16.23-11.el9        @AppStream
bind-dnssec-doc.noarch           32:9.16.23-11.el9        @AppStream
bind-dnssec-utils.x86_64         32:9.16.23-11.el9        @AppStream
bind-libs.x86_64                 32:9.16.23-11.el9        @AppStream
bind-license.noarch              32:9.16.23-11.el9        @AppStream
bind-utils.x86_64                32:9.16.23-11.el9        @AppStream
python3-bind.noarch              32:9.16.23-11.el9        @AppStream
```

bind 软件包安装完毕，会自动创建一个名称为 named.service 的系统服务，主程序默认为 /usr/sbin/named。

12.2.2 熟悉 BIND 配置文件

BIND 的相关配置文件如表 12-3 所示。

表 12-3 BIND 的相关配置文件

文件名称和位置	作用
主配置文件：/etc/named.conf	设置 BIND 的运行参数
根域数据库文件：/var/named/named.ca	记录了互联网中 13 组根域名服务器的 IP 地址
区域配置文件：/etc/named.rfc1912.zones	用于声明区域的文件
区域数据库文件：默认存放在/var/named 目录下	保存所管理区域的 DNS 数据

建议将以上配置文件的所有者和所属组设置为 named:named，以确保 DNS 服务器有足够的访问权限。

1. 主配置文件/etc/named.conf

BIND 的主配置文件是/etc/named.conf 文件，该文件主要用于设置 DNS 服务器的运行参数。在/etc/named.conf 文件中，以//开头的行是注释行，它仅为配置参数起解释作用。

主配置文件/etc/named.conf 的内容由全局配置和局部配置两部分组成，其结构如下。

```
//第一部分：全局配置
//options 选项配置段
options { …… }
//logging 日志配置段
logging { …… }

//第二部分：局部配置
//zone 区域配置段
zone { …… }
```

查看/etc/named.conf 文件的默认内容。

```
[root@Master ~]# vi /etc/named.conf
//第一部分：全局配置
//全局运行参数
options {
        listen-on port 53 { 127.0.0.1; };      //服务器监听的 IPv4 地址和端口
        listen-on-v6 port 53 { ::1; };         //服务器监听的 IPv6 地址和端口
        directory       "/var/named";          //设置 named 服务的工作目录
        dump-file       "/var/named/data/cache dump.db";
        statistics-file "/var/named/data/named stats.txt";
        memstatistics-file "/var/named/data/named mem stats.txt";
        secroots-file   "/var/named/data/named.secroots";
        recursing-file  "/var/named/data/named.recursing";
        allow-query     { localhost; };        //允许进行 DNS 查询的客户端
        recursion yes;                         //是否启用递归式 DNS 服务器
        dnssec-validation yes;                 //DNS 安全验证开关
        ……
};
//BIND 服务的日志选项
logging {
        channel default debug {
                file "data/named.run";
                severity dynamic;
        };
```

```
};

//第二部分: 局部配置
zone "." IN {                                    //配置根域名服务器
     type hint;                                  //设置区域的类型
     file "named.ca";                            //设置区域数据库文件的名称
};

include "/etc/named.rfc1912.zones";
include "/etc/named.root.key";
```

（1）在 options 选项配置段可以配置 DNS 服务器的全局运行参数，常见的全局运行参数如下。

① listen-on：设置 named 服务监听的 IP 地址和端口。只有一个 IP 地址的服务器可不必设置此参数，默认监听本机的 53 号端口。当服务器安装了多块网卡并有多个 IP 地址时，需通过 listen-on 指定要监听的 IP 地址和端口，如果不设定，则默认监听全部 IP 地址和 53 号端口。

② directory：设置 named 服务的工作目录，默认为/var/named 目录。每个 DNS 区域的正向、反向区域数据库文件和 DNS 根域数据库文件（named.ca）都应放到该配置项指定的目录中。

③ allow-query{ }：设置允许进行 DNS 查询的主机，DNS 服务器只回应被允许的主机发来的 DNS 查询请求。

例如，配置 DNS 服务器仅允许回应 192.168.200.0/24 网段主机的 DNS 查询请求。
```
allow-query { 192.168.200.0/24; };
```
在该配置项中除了可以设定具体的 IP 地址外，还可以使用 BIND 内置的 4 个 ACL 表示允许的主机，其中，any 表示匹配任意主机，none 表示不匹配任何主机，localhost 表示匹配本机，localnets 表示匹配本地网络中的所有主机。

例如，配置 DNS 服务器允许回应任意主机的 DNS 查询请求。
```
allow-query{ any; };
```
④ allow-transfer{ }：用于设置允许哪些 DNS 服务器从当前 DNS 服务器中同步传输区域数据，比如，只允许指定的辅助 DNS 服务器同步主 DNS 服务器的区域数据；若该参数省略，则默认允许对所有的主机进行区域数据传输。

例如，配置当前 DNS 服务器允许向 IP 地址为 192.168.200.5 的另一台 DNS 服务器传输区域数据。
```
allow-transfer { 192.168.200.5;};
```
⑤ allow-update{ }：用于指定允许哪些主机向主 DNS 服务器提交动态 DNS 资源记录更新，默认拒绝任何主机进行更新。

例如，配置为禁止动态更新 DNS。
```
allow-update { none ;};
```
⑥ forwarders{ }：用于指定转发 DNS 服务器。设置转发 DNS 服务器后，对于所有非本地域的域名查询和在缓存中无法找到的域名查询，均可由指定的转发 DNS 服务器来完成解析并缓存。

⑦ dnssec-validation：配置是否启用 DNS 安全验证。

（2）在 logging 日志配置段，对 DNS 服务器日志选项进行配置。

（3）zone 区域配置段用于区域声明，表示该 DNS 服务器管辖的区域。

例如，使用 zone 语句声明根域名服务器。

```
zone "." IN {
     type hint;           //该区域类型为 hint，表示根 DNS 区域
     file "named.ca";     //该区域数据库文件为/var/named 目录中的 named.ca 文件
};
```

2. 根域数据库文件/var/named/named.ca

用户访问一个域名时（假设不考虑本地 hosts 文件），正常情况下会向指定的 DNS 服务器发送递归查询请求，如果该 DNS 服务器中没有此域名的解析信息，那么会通过根域名服务器逐级迭代查询。

全球有 13 组根域名服务器（以 A ~ M 命名），它们的 IP 地址记录在 DNS 服务器的/var/named/named.ca 文件中，该文件称为根域数据库文件。

素养提升　电影《流浪地球 2》中月球危机来临之际，必须同步启动分散在地球各处的"行星发动机"，在该任务中，重启根域名服务器成为拯救地球的关键，那么现实中根域名服务器位于何处？

在 IPv4 网络中，全球有 13 组根域名服务器，但是没有一组在我国。为了打破困局，我国牵头发起了全球下一代互联网（IPv6）根域名服务器测试和运营实验项目——"雪人计划"。该项目对我国互联网发展而言具有里程碑意义。我国部署的 IPv6 网络基础设施越多，掌握的先进经验和技术也就越多，就更有话语权，甚至能站到制定规则的高度之上。

3. 区域配置文件/etc/named.rfc1912.zones

一台 DNS 服务器可以管理一个或多个区域，一个区域也可以由多台 DNS 服务器管理，比如，由一台主 DNS 服务器和多台辅助 DNS 服务器管理一个或多个区域。在 DNS 服务器中必须先声明所管理的区域，然后在区域中添加资源记录，才能完成域名解析工作。

DNS 服务器中用于声明区域的配置文件是/etc/named.rfc1912.zones，在该文件中声明 DNS 服务器所管理的正向解析区域和反向解析区域。

（1）声明主 DNS 服务器的正向解析区域。

使用 zone 语句声明自定义区域的格式如下。

```
zone 区域名称 IN {
    type 区域类型 ;
    file "该区域的数据库文件名称";
    allow-update {none;};
    masters {主 DNS 服务器的 IP 地址;};
}
```

例如，声明 ryjiaoyu.com 区域的代码如下。

```
zone "ryjiaoyu.com" IN {             //声明 DNS 区域名称为 ryjiaoyu.com
    type master;                     //master 表示主要 DNS 服务器
    file "ryjiaoyu.com.zone";        //该区域的正向解析数据库文件名称
    allow-update {none;};            //设置 DNS 不允许动态更新
}
```

以上区域声明代码既可以放在区域配置文件/etc/named.rfc1912.zones 中，又可以直接放到/etc/named.conf 文件的尾部，以简化配置。

在区域声明代码中，参数 type、file 以及 allow-update 的作用如下。

① 参数 type 用于设置 DNS 区域的类型，常见的 DNS 区域类型如表 12-4 所示。

表 12-4　常见的 DNS 区域类型

区域类型	说明
master（主要 DNS 区域）	在主要区域中可以创建、修改、读取和删除资源记录
slave（辅助 DNS 区域）	从主要区域复制区域数据库文件，在辅助区域中，资源记录只能被读取，不能创建、修改和删除
hint（根 DNS 区域）	从根域名服务器中解析资源记录

② 参数 file 用于指定该区域的数据库文件，该文件默认保存在/var/named 目录中，通常文件名与区域名相同，并使用.zone 作为文件的扩展名。

③ 参数 allow-update 用于设置是否允许动态更新 DNS。

（2）声明主 DNS 服务器的反向解析区域。

例如，声明一个区域给 192.168.200.0 网段的主机提供反向解析，代码如下。

```
zone "200.168.192.in-addr.arpa" IN {    //声明 DNS 区域名称为 200.168.192.in-addr.arpa
    type master;
    file "200.168.192.zone";            //该区域的反向解析数据库文件名称
    allow-update { none; };
};
```

> **提示**　虽然正向解析与反向解析采用不同的区域数据库文件，但是反向解析的声明格式与正向解析的基本相同，只是区域名称和 file 参数指定的区域数据库文件名不同。例如，要反向解析 192.168.200.0 网段的主机，区域名称一般设置为 200.168.192.in-addr.arpa，区域数据库文件名则为 200.168.192.zone。

4. 区域数据库文件

用来保存一个区域内所有数据（包括域名与 IP 地址的映射关系、刷新时间和过期时间等）的文件称为区域数据库文件。DNS 服务器的区域数据库文件默认保存在/var/named 目录中，通常以.zone 作为文件的扩展名。一台 DNS 服务器可以保存多个区域数据库文件，同一个区域数据库文件也可以存放在多台 DNS 服务器上。

（1）区域数据库文件的结构。

在 DNS 服务器的/var/named 目录中默认有 named.localhost 和 named.loopback 两个文件。named.localhost 是本地正向区域数据库文件，用于将名称 localhost 转换为本机 IP 地址 127.0.0.1。named.loopback 是本地反向区域数据库文件，用于将本机 IP 地址 127.0.0.1 转换为名称 localhost。在配置 DNS 服务器时，named.localhost 和 named.loopback 文件经常分别被用作正向、反向区域数据库文件的模板。

使用 cat 命令查看/var/named/named.localhost 文件的内容。

```
[root@Master ~]# cat -n /var/named/named.localhost
    1    $TTL 1D
    2    @   IN SOA  @ rname.invalid. (
    3                            0    ; serial
    4                            1D   ; refresh
```

```
 5                          1H  ; retry
 6                          1W  ; expire
 7                          3H ); minimum
 8          NS  @
 9          A   127.0.0.1
10          AAAA::1
```

以上配置的含义如下。

① $TTL 指令。

该文件的第 1 行是$TTL 指令，定义了当前 DNS 资源记录的有效期为 1 天，也可以以 S（秒）、H（小时）、D（天）和 W（星期）为时间单位。DNS 服务器在响应中提供 TTL 值，目的是允许其他服务器在 TTL 间隔内缓存数据。如果本地的 DNS 服务器数据改变不大，则可以使用较大的 TTL 值，最长可以设为一星期。但是不推荐设置 TTL 值为 0，以避免大量的 DNS 服务器数据传输。

② SOA 资源记录。

该文件的第 2 ~ 第 7 行是起始授权机构（Start of Authority，SOA）资源记录，每个区域数据库文件都必须将 SOA 资源记录设置为第一条资源记录，而且只能有一条 SOA 资源记录。

在 SOA 资源记录中要设置管理此区域的主 DNS 服务器域名和附加参数，附加参数用于控制辅助 DNS 服务器区域更新的频繁程度。

SOA 资源记录的格式如下。

```
@ IN SOA 主 DNS 服务器域名 管理员的邮箱地址 (
                                    版本序列号；
                                    刷新时间；
                                    重试时间；
                                    过期时间；
                                    最短存活期    )；
```

SOA 资源记录各个字段的含义如表 12-5 所示。

表 12-5　SOA 资源记录各个字段的含义

字段	含义
@	表示当前区域的名称，例如，named.localhost 文件中的@表示本地域
IN	表示网络的类型为互联网
SOA	表示资源记录的类型为 SOA
主 DNS 服务器域名	管理此区域的主 DNS 服务器的域名（FQDN），域名以.结尾
管理员的邮箱地址	管理员邮箱地址中的@用.代替，域名以.结尾
版本序列号（serial）	此区域数据库文件的修订版本号，每次修改该文件时，将此数字增加
刷新时间（refresh）	辅助 DNS 服务器等待连接主 DNS 服务器复制资源记录的时间
重试时间（retry）	如果辅助 DNS 服务器连接主 DNS 服务器失败，重试的时间间隔
过期时间（expire）	到达过期时间后，辅助 DNS 服务器会把它的区域文件内的资源记录当作不可靠数据
最短存活期（minimum）	区域文件中所有资源记录的生存时间的最小值（资源记录在 DNS 缓存中保留的时间）

例如，以下是 ryjiaoyu.com.zone 文件中 ryjiaoyu.com 区域的 SOA 资源记录。

```
@   IN  SOA  ryjiaoyu.com. root.ryjiaoyu.com. (
                                            0     ; serial
                                            1D    ; refresh
                                            1H    ; retry
                                            1W    ; expire
                                            3H )  ; minimum
```

以上代码的含义如下。

a. @表示当前区域的名称是 ryjiaoyu.com。

b. IN 表示网络类型为互联网。

c. root.ryjiaoyu.com.表示该区域的管理员的邮箱地址是 root@ryjiaoyu.com。

d. SOA 资源记录的附加参数，如版本序列号、刷新时间等，放在 SOA 资源记录后面的括号中。

③ 其他资源记录。

该文件第 8～第 10 行的每一行都表示设置一条资源记录。这些资源记录是用于回应客户端请求的 DNS 数据记录，包含与特定主机有关的信息，如 IP 地址、提供的服务类型等。

（2）资源记录。

一条资源记录通常包含 5 个字段，格式如下。

```
[区域名]  [TTL]  [IN]   资源记录类型   资源记录的值
```

各字段的含义和常用的 DNS 资源记录类型分别如表 12-6 和表 12-7 所示。

表 12-6 各字段的含义

字段	含义
区域名	表示该资源记录描述的区域或主机
TTL	指定该资源记录生存时间的最小值
IN	表示资源记录的网络类型为互联网
资源记录类型	指定该资源记录的类型，常见的 DNS 资源记录类型有 SOA、NS、A、MX、CNAME 等
资源记录的值	资源记录的值，一般为主机的 IP 地址或域名（域名要以.结尾）

表 12-7 常用的 DNS 资源记录类型

类型	说明	描述
SOA	起始授权机构	SOA 资源记录表明一个区域的起点，包含区域名、管理员邮箱地址等信息，每个区域有且仅有一条 SOA 资源记录
NS	名称服务器	NS 资源记录用于指定负责该区域 DNS 解析的权威名称服务器，每个区域在区根处至少包含一条 NS 资源记录
A	主机 IPv4 地址	A 资源记录是主机地址资源记录，用于将 FQDN 映射到对应主机的 IPv4 地址上
AAAA	主机 IPv6 地址	AAAA 资源记录用于将 FQDN 映射到对应主机的 IPv6 地址上
MX	邮件交换器	MX 资源记录用于定义邮件交换器，即负责该区域电子邮件收发的主机
CNAME	规范名	CNAME 资源记录用于将一个别名指向某个 A 资源记录
PTR	指针	与 A 资源记录的用途相反，PTR 资源记录用于将 IP 地址反向映射为 FQDN

① NS 资源记录。

名称服务器（Name Server，NS）资源记录用于定义本区域的权威名称服务器。权威名称服务器负责维护和管理所管辖区域中的 DNS 数据，被其他服务器或客户端当作权威的信息来源。

例如，配置 ryjiaoyu.com 区域的一条 NS 资源记录。

```
@    IN    NS    dns.ryjiaoyu.com.
```

@表示当前区域的名称，即 ryjiaoyu.com，该记录定义域名 ryjiaoyu.com 由 DNS 服务器

dns.ryjiaoyu.com 负责解析。

至少定义一条 NS 资源记录，若存在多条 NS 资源记录，则说明有多台 DNS 服务器能进行域名解析。在众多 NS 资源记录中，与 SOA 资源记录对应的 DNS 服务器是该区域中 DNS 数据的权威来源。

② A 资源记录。

主机地址（Address，A）资源记录用于定义域名对应的主机 IPv4 地址。

例如，使用两种格式配置 A 资源记录。

```
www                     IN      A       192.168.200.10
ftp.ryjiaoyu.com.       IN      A       192.168.200.8
```

第一种格式使用相对名称，在名称的末尾不用加.。

第二种格式使用 FQDN，即名称的最后以.结束。

这两种格式只是形式不同而已，在使用上没有区别。在 ryjiaoyu.com 区域的配置中，使用相对名称 www，DNS 服务器会自动在相对名称 www 的后面加上扩展名.ryjiaoyu.com.，所以相当于 FQDN 的 www.ryjiaoyu.com.。

③ MX 资源记录。

邮件交换器（Mail eXchanger，MX）资源记录用于定义邮件交换服务器。

例如，配置 ryjiaoyu.com 区域的一条 MX 资源记录。

```
@               IN    MX  10  mail.ryjiaoyu.com.
```

该 MX 资源记录表示发往 ryjiaoyu.com 区域的电子邮件由域名为 mail.ryjiaoyu.com 的邮件服务器负责处理。例如，一封电子邮件要发送到 boss@ryjiaoyu.com 时，发送方的邮件服务器通过 DNS 服务器查询 ryjiaoyu.com 区域的 MX 资源记录，然后把邮件发送到查询到的邮件服务器中。至于 mail.ryjiaoyu.com 域名对应的主机 IP 地址，则需要通过 A 资源记录设置。

可以设置多条 MX 资源记录，表示多个邮件服务器，邮件服务器的优先级由 MX 标识后面的数字决定，数字越小，邮件服务器的优先级越高。

④ CNAME 资源记录。

规范名（Canonical Name，CNAME）资源记录是 A 资源记录的别名。

例如，访问域名 www.ryjiaoyu.com 或 oa.ryjiaoyu.com 时，实际上是访问 IP 地址为 192.168.200.10 的同一台主机，可对 ryjiaoyu.com 区域的资源记录做如下配置。

```
www             IN      A       192.168.200.10
oa              IN      CNAME   www.ryjiaoyu.com.
```

通过 A 资源记录 www   IN   A   192.168.200.10 先将域名 www.ryjiaoyu.com 映射到 192.168.200.10 主机上，然后设置 CNAME 资源记录 oa   IN   CNAME   www.ryjiaoyu.com.，表示给该主机设置别名为 oa。

⑤ PTR 资源记录。

指针（Pointer，PTR）资源记录定义的是一个反向记录，即通过 IP 地址反向查询对应的域名。PTR 资源记录一般在反向区域数据库文件中使用。

例如，在反向区域数据库文件 200.168.192.zone 中配置一条 PTR 资源记录。

```
10              IN      PTR     www.ryjiaoyu.com.
```

第一个字段表示主机的 IP 地址，例如，在反向区域 200.168.192.in-addr.arpa 中，10 表示的 IP 地址是 192.168.200.10。最后一个字段是通过 IP 地址反向查询的对应域名，该域名使用

FQDN 表示。

> **提示** 辅助 DNS 服务器无须配置区域数据库文件，会通过区域传输（Zone Transfer）从主
> DNS 服务器中获得正向、反向区域的数据库文件，并将文件保存到/var/named/slaves
> 路径中，因此在辅助 DNS 服务器获取的区域数据库文件中，只能读取资源记录，不
> 能修改和删除。

12.2.3 配置 DNS 服务器

接下来搭建一台主 DNS 服务器用于管理 ryjiaoyu.com 区域，该区域中的域名如表 12-8 所示。

表 12-8 ryjiaoyu.com 区域中的域名

服务器	FQDN	IP 地址
DNS 服务器	dns.ryjiaoyu.com	192.168.200.4
FTP 服务器	ftp.ryjiaoyu.com	192.168.200.8
Web 服务器	www.ryjiaoyu.com	192.168.200.10

DNS 服务器的参数配置如下。

（1）DNS 服务器的 IP 地址为 192.168.200.4。

（2）DNS 服务器的域名为 dns.ryjiaoyu.com。

（3）正向区域名为 ryjiaoyu.com。

（4）反向区域名为 200.168.192.in-addr.arpa。

（5）正向区域数据库文件名为 /var/named/ryjiaoyu.com.zone。

（6）反向区域数据库文件名为 /var/named/200.168.192.zone。

接下来将 Master 节点虚拟机配置为主 DNS 服务器。

1. 关闭 SELinux 安全子系统

```
[root@Master ~]# setenforce 0
[root@Master ~]# sed -i 's/^SELINUX=.*/SELINUX=disabled/' /etc/selinux/config
```

2. 配置本地 yum 仓库

在 Master 节点虚拟机中配置本地 yum 仓库，操作步骤请参考 11.2.1 节中的配置本地 yum 仓库相关内容，在此不赘述。

3. 安装 bind 软件包

使用 yum 命令安装 bind 软件包。

```
[root@Master ~]# yum install -y bind
```

4. 配置 BIND

（1）配置/etc/named.conf 文件。

```
[root@Master ~]# vi /etc/named.conf
// 以下是/etc/named.conf 文件的内容
options {
        listen-on port 53 { any; };          //修改监听的 IP 地址为 any;
        listen-on-v6 port 53 { ::1; };
        directory       "/var/named";        //区域数据库文件存储在默认位置
        dump-file       "/var/named/data/cache_dump.db";
        statistics-file "/var/named/data/named_stats.txt";
```

```
        memstatistics-file "/var/named/data/named mem stats.txt";
        secroots-file   "/var/named/data/named.secroots";
        recursing-file  "/var/named/data/named.recursing";
        allow-query     { any; };                //设置允许任意主机进行查询
        recursion yes;
        dnssec-validation yes;
        managed-keys-directory "/var/named/dynamic";
        geoip-directory "/usr/share/GeoIP";
        pid-file "/run/named/named.pid";
        session-keyfile "/run/named/session.key";
        include "/etc/crypto-policies/back-ends/bind.config";
};

logging {
        channel default debug {
                file "data/named.run";
                severity dynamic;
        };
};

zone "." IN {
        type hint;
        file "named.ca";
};

zone "ryjiaoyu.com" IN {              //声明正向区域 ryjiaoyu.com
        type master;                  //区域类型为 master
        file "ryjiaoyu.com.zone";     //指定正向区域的数据库文件
        allow-update {none;};         //设置不允许客户端动态更新 DNS
};

zone "200.168.192.in-addr.arpa" IN{   //声明反向区域 200.168.192.in-addr.arpa
        type master;                  //区域类型为 master
        file "200.168.192.zone";      //指定反向区域的数据库文件
        allow-update {none;};         //设置不允许客户端动态更新 DNS
};

include "/etc/named.rfc1912.zones";
include "/etc/named.root.key";
```

（2）创建正向区域（ryjiaoyu.com）的数据库文件。

① 进入/var/named 目录。

```
[root@Master ~]# cd /var/named
```

② 复制模板文件 named.localhost，并将副本重命名为 ryjiaoyu.com.zone。

```
[root@Master named]# cp -a named.localhost ryjiaoyu.com.zone
```

说明：cp 命令使用-a 选项是为了确保新复制的.zone 文件与源文件有相同的所有者、所属组以及访问权限，以便 DNS 服务器能正确加载。

③ 编辑正向区域数据库文件/var/named/ryjiaoyu.com.zone。

```
[root@Master named]# vi /var/named/ryjiaoyu.com.zone
$TTL 1D
@       IN SOA  dns.ryjiaoyu.com. root.ryjiaoyu.com. (
                                  2024061 ; serial
                                  1D      ; refresh
                                  1H      ; retry
                                  1W      ; expire
                                  3H )    ; minimum
                NS        @
                A         127.0.0.1
                AAAA      ::1
@               IN        NS        dns.ryjiaoyu.com.
```

199

```
dns                    IN      A      192.168.200.4
ftp.ryjiaoyu.com.      IN      A      192.168.200.8
www                    IN      A      192.168.200.10
```

（3）创建反向区域（200.168.192.in-addr.arpa）的数据库文件。

① 进入/var/named 目录。

```
[root@Master named]# cd /var/named
```

② 复制模板文件 named.loopback，并将副本重命名为 200.168.192.zone。

```
[root@Master named]# cp -a named.loopback 200.168.192.zone
```

③ 编辑反向区域数据库文件/var/named/200.168.192.zone。

```
[root@Master named]# vi /var/named/200.168.192.zone
$TTL 1D
@   IN SOA 200.168.192.in-addr.arpa. root.ryjiaoyu.com. (
                                2024061 ; serial
                                1D      ; refresh
                                1H      ; retry
                                1W      ; expire
                                3H )    ; minimum

@                      IN      NS     dns.ryjiaoyu.com.
4                      IN      PTR    dns.ryjiaoyu.com.
8                      IN      PTR    ftp.ryjiaoyu.com.
10                     IN      PTR    www.ryjiaoyu.com.
```

（4）检查配置文件。

使用 named-checkconf -z 命令检查 named.conf 文件和区域数据库文件的配置是否正确。
如果有语法错误，则提示具体的出错信息。

```
[root@Master named]# named-checkconf -z
```

当 DNS 服务器中主配置文件和区域数据库文件被修改后，使用 rndc reload 命令重新配置，
可以实现 DNS 服务器不停机更新数据，命令如下。

```
[root@Master named]# rndc reload
server reload successful
```

5. 配置防火墙

配置防火墙，放行 DNS 服务。

```
[root@Master named]# firewall-cmd --permanent --add-service=dns
success
[root@Master named]# firewall-cmd --reload
success
```

6. 启动 named 服务

安装 bind 软件包之后，会自动创建一个名为 named.service 的服务，下面启动此服务。

（1）启动 named 服务。

```
[root@Master named]# systemctl start named
[root@Master named]# systemctl enable named
Created   symlink   /etc/systemd/system/multi-user.target.wants/named.service  →
/usr/lib/systemd/system/named.service.
```

（2）查看 named 服务的运行状态，确保运行状态为 active (running)。

```
[root@Master named]# systemctl status named
```

7. 修改本机的 DNS 设置

（1）设置 Master 节点使用的 DNS 服务器。

```
[root@Master named]# nmcli c mod ens160 ipv4.dns 192.168.200.4
[root@Master named]# nmcli c reload && nmcli c up ens160
```

（2）查看 Master 节点当前使用的 DNS 服务器。

```
[root@Master ~]# cat /etc/resolv.conf
```

```
# Generated by NetworkManager
nameserver 192.168.200.4
```

8. 本地测试 DNS 解析是否正常

使用 ping 命令测试 dns.ryjiaoyu.com 域名。

```
[root@Master named]# ping dns.ryjiaoyu.com
PING dns.ryjiaoyu.com (192.168.200.4) 56(84) bytes of data.
64 bytes from Master (192.168.200.4): icmp_seq=1 ttl=64 time=0.009 ms
……
```

12.3 配置 DNS 客户端

12.3.1 在 Linux 客户端中配置 DNS 服务器

（1）准备一台 Linux 虚拟机（主机名为 Client）作为 DNS 客户端，该虚拟机的网络连接采用 NAT 模式，并确保该虚拟机与 DNS 服务器在同一网络中。

（2）在客户端 Client 中配置 ens160 网卡使用的 DNS 服务器为 192.168.200.4。

```
[root@Client ~]# nmcli c mod ens160 ipv4.dns 192.168.200.4
```

（3）重启 ens160 网卡以应用更改。

```
[root@Client ~]# nmcli c reload && nmcli c up ens160
```

（4）查看 Linux 客户端当前使用的 DNS 服务器。

```
[root@Client ~]# cat /etc/resolv.conf
# Generated by NetworkManager
nameserver 192.168.200.4
```

12.3.2 在 Windows 客户端中配置 DNS 服务器

以 Windows 11 系统为例，通过 Windows 网络连接的属性对话框打开"Internet 协议版本 4(TCP/IPv4)属性"对话框（11.3.1 节介绍了相关操作步骤，在此不赘述），在该对话框中输入首选 DNS 服务器和备用 DNS 服务器的 IP 地址，如图 12-3 所示。

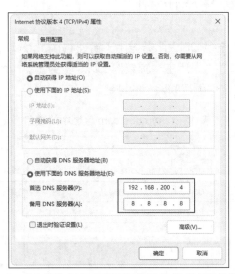

图 12-3　输入首选 DNS 服务器和备用 DNS 服务器的 IP 地址

12.3.3 使用 DNS 测试命令

bind-utils 是常用的域名解析和 DNS 测试软件包，包含 nslookup 等 DNS 测试命令。接下来介绍在 Linux 客户端中安装 bind-utils 和使用 nslookup 命令的方法。

1. 安装 bind-utils

RHEL 9.2 系统安装光盘自带 bind-utils 软件包，下面将系统安装光盘配置为本地 yum 仓库进行安装。

使用 yum 命令安装 bind-utils 软件包。

```
[root@Client ~]# yum install -y bind-utils
```

2. 使用 nslookup 命令

nslookup 命令用于检测能否从 DNS 服务器查询到域名与 IP 地址的解析记录。该命令有两种使用模式：命令模式和交互模式。直接在命令提示符中输入 nslookup 命令并按 Enter 键，即可进入交互模式。

【例 12-1】 使用 nslookup 命令正向查询，将域名 www.ryjiaoyu.com 解析为 IP 地址。

```
[root@Client ~]# nslookup www.ryjiaoyu.com
Server:        192.168.200.4
Address: 192.168.200.4#53

Name:    www.ryjiaoyu.com
Address: 192.168.200.10
```

【例 12-2】 使用 nslookup 命令反向查询，将 IP 地址 192.168.200.8 解析为域名。

```
[root@Client ~]# nslookup 192.168.200.8
8.200.168.192.in-addr.arpa    name = ftp.ryjiaoyu.com.
```

此外，在 Windows 系统中也可以使用自带的 nslookup 命令对 DNS 服务器进行测试。

项目实施

任务 12-1　需求分析与规划

在本项目实施中，要搭建一组 DNS 服务器用于管理 rymooc.com 区域，为客户端提供域名服务。为了保证域名服务的可靠性，采用主、辅架构 DNS 服务器。rymooc.com 区域中的域名如表12-9 所示，同时还要为客户端提供互联网上的域名解析。

表 12-9　rymooc.com 区域中的域名

主机	FQDN	IP 地址
主 DNS 服务器	dns.rymooc.com	192.168.200.4
辅助 DNS 服务器	dns2.rymooc.com	192.168.200.5
文件管理系统	ftp.rymooc.com	192.168.200.8
人力资源管理平台	hr.rymooc.com	192.168.200.9
公司网站	www.rymooc.com	192.168.200.10

在项目实施中，需要使用 3 台 Linux 虚拟机。以两台最小安装的 RHEL 9.2 虚拟机分别作为主 DNS 服务器、辅助 DNS 服务器，另外一台服务器 Linux 虚拟机作为 DNS 客户端，将所有虚拟机的网络工作模式都设置为 NAT 模式。虚拟机节点的规划如表 12-10 所示。

表 12-10 虚拟机节点的规划

主机名	IP 地址/子网掩码位数	网络工作模式	说明
Master	192.168.200.4/24	NAT 模式	主 DNS 服务器
Slave	192.168.200.5/24	NAT 模式	辅助 DNS 服务器
Client	192.168.200.112/24	NAT 模式	DNS 客户端

主 DNS 服务器、辅助 DNS 服务器的配置参数如下。

（1）使用 BIND 配置主 DNS 服务器、辅助 DNS 服务器。

（2）正向区域的名称为 rymooc.com。

（3）反向区域的名称为 200.168.192.in-addr.arpa。

（4）正向区域的数据库文件为 /var/named/rymooc.com.zone。

（5）反向区域的数据库文件为 /var/named/200.168.192.zone。

（6）管理员的邮箱地址为 admin@rymooc.com。

任务 12-2　安装与配置主 DNS 服务器

微课 12-1　安装与配置主 DNS 服务器

（1）配置网络环境。

参考 11.2.1 节中配置网络环境的操作方法，在"虚拟网络编辑器"对话框中对 VMnet8 网络完成以下配置。

①将子网 IP 地址设置为 192.168.200.0，将子网掩码设置为 255.255.255.0。

②将网关 IP 地址设置为 192.168.200.2。

（2）配置主 DNS 服务器的主机名。

```
[root@localhost ~]# hostnamectl set-hostname Master
[root@localhost ~]# bash
```

（3）配置 Master 节点的 IP 地址等网络参数。

```
[root@Master ~]# nmcli c modify ens160 \
ipv4.method manual ipv4.addr 192.168.200.4/24 \
ipv4.gateway 192.168.200.2 ipv4.dns "192.168.200.4,8.8.8.8" \
connection.autoconnect yes
[root@Master ~]# nmcli c reload && nmcli c up ens160
```

（4）关闭 SELinux 安全子系统，配置防火墙。

```
[root@Master ~]# setenforce 0
[root@Master ~]# sed -i 's/^SELINUX=.*/SELINUX=disabled/' /etc/selinux/config
[root@Master ~]# firewall-cmd --permanent --add-service=dns
[root@Master ~]# firewall-cmd --reload
```

（5）配置本地 yum 仓库。

参考 11.2.1 节中配置本地 yum 仓库的操作方法，完成配置。

（6）在 Master 节点上安装 bind 软件包。

```
[root@Master ~]# yum install -y bind
```

（7）将 Master 节点配置为主 DNS 服务器。设置允许回应任何主机的查询请求，声明区域名称为 rymooc.com 的正向区域和名称为 200.168.192.in-addr.arpa 的反向区域，并设置这两个区域允许辅助 DNS 服务器进行区域传输。

① 配置/etc/named.conf 文件。

```
[root@Master ~]# vi /etc/named.conf
//以下是/etc/named.conf 文件的内容
options {
        listen-on port 53 { any; };             //修改监听的 IP 地址为 any;
        listen-on-v6 port 53 { ::1; };
        directory        "/var/named";          //区域数据库文件存储在默认位置
        dump-file        "/var/named/data/cache_dump.db";
        statistics-file "/var/named/data/named_stats.txt";
        memstatistics-file "/var/named/data/named_mem_stats.txt";
        secroots-file    "/var/named/data/named.secroots";
        recursing-file  "/var/named/data/named.recursing";
        allow-query      { any; };              //设置允许任意主机进行查询
        recursion yes;
        dnssec-validation no;                   //关闭 DNS 安全验证
        forwarders {8.8.8.8;}};                 //将此 DNS 服务器无法解析的请求转发给 8.8.8.8
        managed-keys-directory "/var/named/dynamic";
        geoip-directory "/usr/share/GeoIP";
        pid-file "/run/named/named.pid";
        session-keyfile "/run/named/session.key";
        include "/etc/crypto-policies/back-ends/bind.config";
};

logging {
        channel default_debug {
                file "data/named.run";
                severity dynamic;
        };
};

zone "." IN {
        type hint;
        file "named.ca";
};

zone "rymooc.com" IN {
        type master;                            //区域类型为 master
        file "rymooc.com.zone";                 //配置正向解析的区域数据库文件名称
        allow-transfer {192.168.200.5;};        //允许本区域数据传输至指定的辅助 DNS 服务器
};

zone "200.168.192.in-addr.arpa" IN{
        type master;                            //区域类型为 master
        file "200.168.192.zone";                //配置反向解析的区域数据库文件名称
        allow-transfer {192.168.200.5;};        //允许本区域数据传输至指定的辅助 DNS 服务器
};

include "/etc/named.rfc1912.zones";
include "/etc/named.root.key";
```

② 创建正向区域（rymooc.com）的数据库文件/var/named/rymooc.com.zone，并添加正

向区域的资源记录。

```
[root@Master ~]# cp -a /var/named/named.localhost /var/named/rymooc.com.zone
[root@Master ~]# vi /var/named/rymooc.com.zone
;  添加以下内容
$TTL 1D
@       IN SOA  rymooc.com. admin.rymooc.com. (
                                0          ; serial
                                1D         ; refresh
                                1H         ; retry
                                1W         ; expire
                                3H )       ; minimum
                        NS      @
                        A       127.0.0.1
dns     IN      A       192.168.200.4
dns2    IN      A       192.168.200.5
ftp     IN      A       192.168.200.8
hr      IN      A       192.168.200.9
www     IN      A       192.168.200.10
```

③ 创建反向区域的数据库文件/var/named/200.168.192.zone，并添加反向区域的资源记录。

```
[root@Master ~]# cp -a /var/named/named.loopback /var/named/200.168.192.zone
[root@Master ~]# vi /var/named/200.168.192.zone
$TTL 1D
@       IN SOA  200.168.192.in-addr.arpa. admin.rymooc.com. (
                                0          ; serial
                                1D         ; refresh
                                1H         ; retry
                                1W         ; expire
                                3H )       ; minimum
                        NS      @
                        A       127.0.0.1
4       IN      PTR     dns.rymooc.com.
5       IN      PTR     dns2.rymooc.com.
8       IN      PTR     ftp.rymooc.com.
9       IN      PTR     hr.rymooc.com.
10      IN      PTR     www.rymooc.com.
```

④ 验证配置文件。

```
[root@Master ~]# named-checkconf -z
```

（8）启动 Master 节点的 named 服务。

```
[root@Master ~]# systemctl start named
[root@Master ~]# systemctl enable named
```

（9）在 Master 节点进行域名解析测试。

```
[root@Master ~]# nslookup dns.rymooc.com
```

任务 12-3　安装与配置辅助 DNS 服务器

（1）配置辅助 DNS 服务器的主机名为 Slave。

（2）配置 Slave 节点的 IP 地址等网络参数。

```
[root@Slave ~]# nmcli c modify ens160 \
ipv4.method manual ipv4.addr 192.168.200.5/24 \
ipv4.gateway 192.168.200.2 ipv4.dns "192.168.200.5,8.8.8.8" \
connection.autoconnect yes
[root@Slave ~]# nmcli c reload && nmcli c up ens160
```

微课 12-2　安装
与配置辅助 DNS
服务器

（3）关闭 SELinux 安全子系统，配置防火墙和本地 yum 仓库，步骤与主 DNS 服务器的相同，在此不赘述。

（4）在 Slave 节点上安装 bind 软件包。

```
[root@Slave ~]# yum install -y bind
```

（5）将 Slave 节点配置为辅助 DNS 服务器。

① 配置/etc/named.conf 文件，添加正向、反向区域，并设置关联的主 DNS 服务器。

```
[root@Slave ~]# vi /etc/named.conf
//以下是/etc/named.conf 文件的内容
options {
        listen-on port 53 { any; };            //修改监听的 IP 地址为 any;
        listen-on-v6 port 53 { ::1; };
        directory       "/var/named";          //区域数据库文件存储在默认位置
        dump-file       "/var/named/data/cache dump.db";
        statistics-file "/var/named/data/named stats.txt";
        memstatistics-file "/var/named/data/named mem stats.txt";
        secroots-file   "/var/named/data/named.secroots";
        recursing-file  "/var/named/data/named.recursing";
        allow-query     { any; };              //设置允许任意主机进行查询
        recursion yes;
        dnssec-validation no;                  //关闭 DNS 安全验证
        forwarders {8.8.8.8;};                 //将此 DNS 服务器无法解析的请求转发给 8.8.8.8
        dnssec-validation yes;
        managed-keys-directory "/var/named/dynamic";
        geoip-directory "/usr/share/GeoIP";
        pid-file "/run/named/named.pid";
        session-keyfile "/run/named/session.key";
        include "/etc/crypto-policies/back-ends/bind.config";
};

logging {
        channel default debug {
                file "data/named.run";
                severity dynamic;
        };
};

zone "." IN {
        type hint;
        file "named.ca";
};

zone "rymooc.com" IN {
        type slave;                            //区域类型为 slave
        file "slaves/rymooc.com.zone";         //设置本区域的数据库文件路径
        masters {192.168.200.4;};              //主 DNS 服务器地址为 192.168.200.4
};

zone "200.168.192.in-addr.arpa" IN{
        type slave;                            //区域类型为 slave
        file "slaves/200.168.192.zone";        //设置本区域的数据库文件路径
        masters {192.168.200.4;};              //主 DNS 服务器地址为 192.168.200.4
};

include "/etc/named.rfc1912.zones";
include "/etc/named.root.key";
```

② 验证配置文件。

```
[root@Slave ~]# named-checkconf -z
```

（6）启动 Slave 节点的 named 服务。

```
[root@Slave ~]# systemctl start named
[root@Slave ~]# systemctl enable named
```

（7）查看 Slave 节点上已完成区域传输的数据库文件。

```
[root@Slave ~]# ls /var/named/slaves/
```

查看到主 DNS 服务器上的 rymooc.com.zone 和 200.168.192.zone 区域数据库文件已传输到辅助 DNS 服务器中，说明辅助 DNS 服务器配置完成。

（8）在 Slave 节点进行域名解析测试

```
[root@Slave ~]# nslookup dns.rymooc.com
```

任务 12-4　在客户端测试 DNS 服务器的功能

主、辅架构 DNS 服务器配置完毕，在 Linux 客户端（Client 节点）中使用 nslookup 命令进行域名解析测试。

（1）配置 Linux 客户端（主机名为 Client）的 IP 地址等网络参数。

```
[root@Client ~]# nmcli c mod ens160 \
ipv4.method manual ipv4.addr 192.168.200.112/24 \
ipv4.gateway 192.168.200.2 connection.autoconnect yes
```

微课 12-3　在客户端测试 DNS 服务器的功能

（2）配置 Linux 客户端（主机名为 Client）使用的 DNS 服务器。

① 配置 Client 节点中 ens160 网卡使用的 DNS 服务器为 192.168.200.4 和 192.168.200.5。

```
[root@Client ~]# nmcli c mod ens160 ipv4.dns "192.168.200.4,192.168.200.5"
```

② 重启 ens160 网卡以应用更改。

```
[root@Client ~]# nmcli c reload && nmcli c up ens160
```

③ 查看 Linux 客户端当前使用的 DNS 服务器。

```
[root@Client ~]# cat /etc/resolv.conf
# Generated by NetworkManager
nameserver 192.168.200.4
nameserver 192.168.200.5
```

（3）在 Client 节点进行域名解析测试。

```
[root@Client ~]# nslookup ftp.rymooc.com
[root@Client ~]# nslookup www.baidu.com
```

小结

通过学习本项目，读者了解了 DNS 服务器的基本工作原理及分类，掌握了使用 bind 软件包配置 DNS 服务器的技术，会使用 nslookup 命令对 DNS 服务器进行简单的测试，会对 DHCP 服务器进行简单的运维管理。

DNS 服务器是互联网中重要的基础设施，可以为用户提供不间断、稳定且快速的域名查询服务，保证互联网正常运转。在互联网中，用户基本上都是基于 DNS 提供的域名服务访问网站的，DNS 服务是我们每天使用最多的网络服务之一。对于网络、服务器技术人员而言，配置 DNS 服务器是必备的技能，但是学习 DNS 技术从入门到精通有很长一段路要走。

本项目知识点的思维导图如图 12-4 所示。

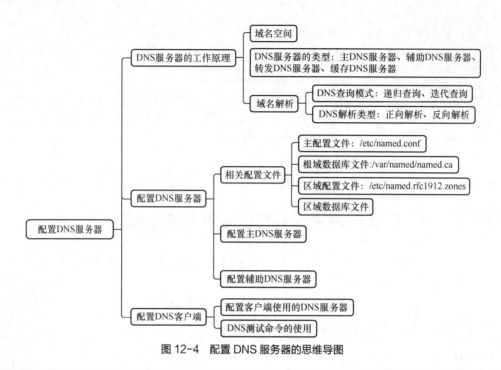

图 12-4　配置 DNS 服务器的思维导图

习题

一、选择题

1. DNS 主要负责域名和（　　）之间的解析。

A. IP 地址　　　　　　B. MAC 地址　　　　　C. 网络地址　　　　　D. 主机别名

2. DNS 服务使用的端口号是（　　）。

A. TCP 53　　　　　　B. UDP 53　　　　　　C. TCP 35　　　　　　D. UDP 35

3. 关于 DNS 服务器，以下叙述不正确的是（　　）。

A. 在配置 DNS 服务器的同时，需要确保客户端也被正确配置

B. 建立某个区域的 DNS 服务器时，可以使用主、辅 DNS 服务器架构

C. 主 DNS 服务器需要启动 named 进程，而辅助 DNS 服务器不需要

D. DNS 服务器中的/var/named/name.ca 文件包含根域名服务器的有关信息

4. 在 Linux 系统中，使用 BIND 配置域名服务器，主配置文件为（　　）。

A. name.conf　　　　　B. named.conf　　　　C. dns.conf　　　　　D. dnsd.conf

5. 可以对主机名与 IP 地址进行正向解析和反向解析测试的命令是（　　）。

A. nslookup　　　　　B. arp　　　　　　　　C. ifconfig　　　　　D. dnslook

二、填空题

1. 顶级域名中表示商业组织的是_____。

2. DNS 服务器根据用途不同，一般可分为 4 种类型，分别是_____、_____、_____、_____。

3. _____资源记录是主机地址资源记录，用于将域名（FQDN）映射到主机的 IPv4 地址。

项目13
配置FTP服务器

项目导入

在 Linux 系统中，使用互联网中的 yum 仓库安装或升级软件能自动处理软件间的依赖关系，省时、省力，提高工作效率。但是在生产环境中，出于安全方面的考虑，不允许内部计算机与外网连接，因此无法使用互联网中的 yum 仓库。

为了便于给公司内部的 Linux 主机安装软件，大路安排小乔在内网中配置一台基于 FTP 的私有 yum 仓库服务器。小乔在公司工作已有较长一段时间，对自己的学习能力和技术水平信心满满，她迫不及待地想借这次机会大显身手。

职业能力目标及素养目标

- 了解 FTP 的工作原理。
- 掌握 FTP 服务器的安装和配置。

- 学会使用 FTP 客户端访问服务器。
- 建立共享价值观。

知识准备

13.1　了解 FTP 服务器的工作原理

13.1.1　认识 FTP

FTP 是用于在网络上进行文件传输的协议。FTP 服务器是基于 FTP 在网络中提供文件存储和访问服务的服务器。无论是个人还是企业，都可以搭建 FTP 服务器，用来上传、下载和共享文件。如果用户需要将文件从本机发送到 FTP 服务器，可以使用 FTP 上传；反之，用户可以从 FTP 服务器上将文件下载到本机。

13.1.2 熟悉 FTP 的工作原理

FTP 采用客户端/服务器架构，用户通过 FTP 客户端程序连接到 FTP 服务器，实现文件传输。

一个完整的 FTP 文件传输过程需要建立两种类型的连接：一种是控制连接，用于在服务器与客户端之间传输控制信息，如用户标识、口令、操作命令等；另一种是数据连接，用于实际传输文件数据。

1. 控制连接

FTP 客户端希望与 FTP 服务器进行上传、下载的数据传输时，它首先向 FTP 服务器的 TCP 21 号端口发起建立连接的请求，FTP 服务器接收来自 FTP 客户端的请求，完成控制连接的建立。

2. 数据连接

控制连接建立之后，可以开始传输文件，传输文件数据的连接称为数据连接，数据连接使用 TCP 20 号端口。

需要说明的是，在数据连接存在的时间段内，控制连接也同时存在，一旦控制连接断开，数据连接也会自动关闭。

13.1.3 掌握 FTP 的数据传输模式

按照建立 FTP 的数据连接方式的不同，数据传输模式分为两种，即主动模式（PORT 模式）和被动模式（PASV 模式）。

1. 主动模式

在主动模式下，客户端随机打开一个端口号大于 1024 的 N 号端口，向服务器的 21 号端口发起连接，并向服务器发送 PORT N+1 命令，同时开放(N+1)号端口进行监听。服务器接收到该命令后，默认使用服务器的 20 号端口主动与客户端指定的(N+1)号端口建立数据连接，进行数据传输，如图 13-1 所示。

主动模式的 FTP 的控制连接方向与数据连接方向是相反的，客户端向服务器建立控制连接，而服务器主动向客户端建立数据连接。对于客户端的防火墙来说，数据连接是从外部到内部的连接，可能会被防火墙阻塞。

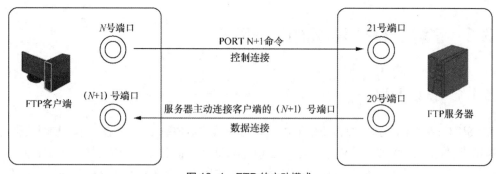

图 13-1　FTP 的主动模式

2. 被动模式

在被动模式下，客户端随机打开两个端口，分别是端口号大于 1024 的 N 号端口和(N+1)号端口，然后使用 N 号端口向服务器的 21 号端口发起连接，并向服务器发送 PASV 命令，通知服务器使用被动模式。服务器收到命令后，开放一个端口号大于 1024 的 P 端口进行监听，然后用 PORT P 命令通知客户端自己的数据端口是 P。客户端收到命令后，再通过(N+1)号端口与服务器的 P 端口建立数据连接，然后进行数据传输，如图 13-2 所示。

在被动模式下，FTP 的控制连接方向与数据连接方向是相同的，也就是说，被动模式中的控制连接和数据连接都由客户端发起，服务器只是被动地接受连接，服务器的数据端口也是随机端口，不一定是 20 号端口。被动模式解决了从服务器主动连接客户端的数据端口被防火墙阻塞的问题，在互联网上，客户端通常没有独立的公网 IP 地址，服务器主动连接客户端的难度太大，因此，FTP 服务器大多采用被动模式。

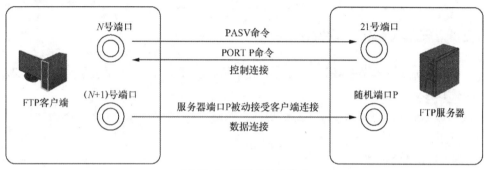

图 13-2　FTP 的被动模式

13.1.4　了解 FTP 服务器的用户

FTP 服务器默认提供 3 类用户，不同类型的用户有不同的访问权限和操作功能。

1. 匿名用户

如果 FTP 服务器提供匿名访问功能，则匿名用户可以匿名访问服务器上的某些公开资源。匿名用户访问 FTP 服务器时，使用 anonymous 或 ftp 账号及任意口令登录。匿名用户登录后，匿名用户的 FTP 根目录默认是/var/ftp/。一般情况下，匿名 FTP 服务器只提供下载功能，不提供上传功能或上传受到一定的限制。

2. 本地用户

本地用户在 FTP 服务器上拥有 shell 登录账号，即本地用户是在/etc/passwd 文件中的用户。当该类用户访问 FTP 服务器上的资源时，可以通过自己的账号和口令授权登录。本地用户登录后，FTP 根目录默认是该用户自己的主目录，而且可以变更到其他目录。经过配置后，本地用户在 FTP 服务器中既可以下载文件，又可以上传文件。

3. 虚拟用户

虚拟用户是指拥有访问 FTP 服务器上的资源的专用账号用户，该类用户并不能使用 shell 登录 FTP 服务器。由于虚拟用户并非系统中真实存在的用户，仅供 FTP 服务器认证使用，因此，FTP 服务器通过这种方式来保障服务器上其他文件的安全。通常，虚拟用户在 FTP 服务器中既可以下载文件，又可以上传文件。

基于以上 3 类用户，FTP 服务器提供 3 种不同的工作模式。

13.2　安装与配置 FTP 服务器

vsftpd 是一款免费、开源的 FTP 服务器软件。接下来在 Linux 虚拟机中安装 vsftpd，并介绍使用 vsftpd 配置 FTP 服务器的方法。

FTP 服务器的基本配置参数如表 13-1 所示。

表 13-1　FTP 服务器的基本配置参数

节点主机名	IP 地址/子网掩码位数	网络工作模式
Ftp	192.168.200.8/24	NAT 模式

13.2.1　安装 vsftpd 软件包

RHEL 9.2 系统安装光盘中自带 vsftpd 软件包（版本号为 3.0.5），下面采用 yum 方式安装。

1. 配置本地 yum 仓库

在 Linux 虚拟机中配置本地 yum 仓库，操作步骤请参考 11.2.1 节中的配置本地 yum 仓库相关内容，在此不赘述。

2. 安装 vsftpd 软件包

使用 yum 命令安装 vsftpd 软件包。

```
[root@Ftp ~]# yum install -y vsftpd
```

3. 启动 vsftpd 服务，并设置为开机启动

```
[root@Ftp ~]# systemctl start vsftpd
[root@Ftp ~]# systemctl enable vsftpd
```

13.2.2　熟悉 vsftpd 配置文件

与配置 FTP 服务器相关的 vsftpd 配置文件如表 13-2 所示。

表 13-2　vsftpd 配置文件

文件名	说明
/etc/vsftpd/vsftpd.conf	主配置文件
/etc/vsftpd/ftpusers	黑名单，禁止登录 FTP 服务器的用户列表
/etc/vsftpd/user_list	登录控制用户列表，禁止或允许登录 FTP 服务器的用户列表
/etc/vsftpd/chroot_list	限制/排除名单，控制用户能否切换到自己的 FTP 根目录之外

1. 主配置文件

vsftpd 的主配置文件是/etc/vsftpd/vsftpd.conf，可对用户登录控制、用户权限控制、超时设置、服务器的功能和性能选项等进行配置。主配置文件 vsftpd.conf 是文本文件，以#作为注释符号。

使用 cat 命令查看/etc/vsftpd/vsftpd.conf 文件的默认配置。

```
[root@Ftp ~]# cat /etc/vsftpd/vsftpd.conf | grep -v "^#"
```

```
anonymous_enable=No                 #关闭匿名用户登录
local_enable=YES                    #开启本地用户登录
write_enable=YES                    #允许写入
local_umask=022                     #设置本地用户所创建的文件的 umask 值为 022
dirmessage_enable=YES               #激活消息目录
xferlog_enable=YES                  #是否启用日志
connect_from_port_20=YES            #主动模式端口为 20
xferlog_std_format=YES              #将日志格式设置为标准格式
listen=NO                           #不可同时将 listen 与 listen_ipv6 的值设置为 YES
listen_ipv6=YES                     #允许 IPv4 或 IPv6 客户端的连接
pam_service_name=vsftpd             #PAM（可插拔认证）服务的名称为 vsftpd
userlist_enable=YES                 #允许用户列表生效
```

vsftpd.conf 文件的每个配置项占一行，格式如下。

配置项=值

注意：=的两边不能有空格。

vsftpd.conf 文件的常用配置项如下。

（1）匿名用户的相关配置选项如表 13-3 所示。

表 13-3　匿名用户的相关配置选项

选项	说明	默认值
anonymous_enable	是否允许匿名用户登录 FTP 服务器	YES
no_anon_password	匿名访问时不需要密码，值为 YES 表示不需要密码，值为 NO 表示需要密码	NO
ftp_username	定义匿名访问使用的用户名，不配置该选项时默认用户名为 ftp	ftp
anon_root	设置匿名用户的 FTP 根目录	/var/ftp
anon_upload_enable	是否允许匿名用户上传文件，仅当 write_enable=YES 时，此选项有效	NO
anon_mkdir_write_enable	是否允许匿名用户创建目录，仅当 write_enable=YES 时，此选项有效	NO
anon_other_write_enable	是否允许匿名用户有其他的写权限，如删除、重命名文件	NO
chown_uploads	是否允许改变匿名用户上传文件的所有者	NO
chown_username	设置匿名用户上传文件的所有者，仅当 chown_uploads=YES 时，此选项有效	root

（2）本地用户的相关配置选项如表 13-4 所示。

表 13-4　本地用户的相关配置选项

选项	说明	默认值
local_enable	是否允许本地用户登录	YES
local_root	用于设置本地用户登录后的 FTP 根目录	无
local_umask	本地用户上传文件的 umask 值，默认值为 077，对应的上传文件的权限为 700	077
chroot_local_user	是否将本地用户禁锢在 FTP 根目录内	NO
chroot_list_enable	是否启用 chroot 用户名单	NO
chroot_list_file	指定 chroot 用户名单的文件名	/etc/vsftpd/chroot_list
userlist_enable	是否启用 userlist（登录控制用户列表文件/etc/vsftpd/user_list）	NO

续表

选项	说明	默认值
userlist_deny	设置 userlist 用作拒绝列表或允许列表，默认 userlist 用作拒绝列表。userlist_deny 选项需要与 userlist_enable 选项配合使用	YES
allow_writeable_chroot	是否开启 chroot 目录的写权限	NO

（3）vsftpd.conf 文件的全局配置选项如表 13-5 所示。

表 13-5　vsftpd.conf 文件的全局配置选项

选项	说明	默认值
write_enable	是否允许登录用户有写权限	NO
listen	设置 vsftpd 是否以独立模式运行，在该模式下，vsftpd 作为独立的服务启动	NO
listen_port	设置 FTP 服务器的监听端口	21
ftp_data_port	设置在主动模式下，FTP 服务器的数据端口	20
pasv_enable	设置传输模式，默认使用被动模式，值为 NO 则使用主动模式	YES
max_clients	设置 vsftpd 允许的最多连接数量，仅在独立模式下有效	2000
xferlog_enable	是否启用日志记录	YES
xferlog_file	设置日志文件名和路径	/var/log/vsftpd.log

若想了解更多有关 vsftpd.conf 配置文件的详细帮助信息可使用 man 5 vsftpd.conf 命令查询。

2. 黑名单

/etc/vsftpd/ftpusers 文件是一个用户列表，所列出的用户都不能登录 FTP 服务器，因此该文件相当于登录 FTP 服务器的黑名单。如果 FTP 服务器要拒绝某个用户登录，将该用户的用户名添加到 ftpusers 文件中即可。默认情况下，root 用户包含在该文件中。

3. 登录控制用户列表

/etc/vsftpd/user_list 是登录控制用户列表，该文件用于控制"只允许"或"拒绝"在 user_list 文件中列出的用户登录 FTP 服务器。

当主配置文件 vsftpd.conf 中的 userlist_enable 选项的值为 YES，且 userlist_deny 选项的值为 NO 时，user_list 文件被用作一个允许列表，只允许在 user_list 文件中列出的用户登录 FTP 服务器。

当主配置文件 vsftpd.conf 中的 userlist_enable 和 userlist_deny 选项的值都是 YES 时，user_list 文件被用作一个拒绝列表，user_list 文件列出的用户将被拒绝登录 FTP 服务器。

4. 限制/排除名单

/etc/vsftpd/chroot_list 文件可以作为限制/排除名单使用，控制本地用户能否切换到 FTP 根目录之外。

如果作为限制名单，则该名单中的用户只能在 FTP 根目录中活动。如果作为排除名单，则该名单中的用户不受活动限制，不仅能进入 FTP 根目录，还能切换到服务器上 FTP 根目录之外的其他目录中。

在主配置文件 vsftpd.conf 中，chroot_local_user 选项用于设置是否将所有用户禁锢在 FTP

根目录中，从而决定 chroot_list 是作为限制名单，还是作为排除名单。chroot_list_enable 选项用于决定是否启用 chroot_list 名单。因此，chroot_list 名单发挥的具体作用是由 chroot_local_user 和 chroot_list_enable 选项共同决定的，其具体作用如表 13-6 所示。

表 13-6　限制/排除名单的具体作用

选项	chroot_list_enable=YES	chroot_list_enable=NO
chroot_local_user=YES （所有用户受限制）	启用 chroot_list 作为排除名单，名单中的用户不受限制（作为例外情况）	禁用 chroot_list 名单，所有用户受限（没有任何例外的用户）
chroot_local_user=NO （所有用户不受限制）	启用 chroot_list 作为限制名单，名单中的用户受限制，只能在 FTP 根目录中活动（作为例外情况）	禁用 chroot_list 名单，所有用户不受限（没有任何例外的用户）

13.2.3　配置匿名用户模式 FTP 服务器

使用匿名用户模式的 FTP 服务器一般用于分享一些不重要的文件，比如软件安装包等。在实际生产环境中，匿名用户模式下一般只允许用户下载文件。但是，本节为了更多地演示匿名用户模式的使用，也将在该模式下配置上传文件、创建目录等功能。

下面在 Linux 虚拟机中安装 vsftpd，并介绍使用 vsftpd 配置匿名用户模式 FTP 服务器的方法。

1. 关闭 SELinux 安全子系统

```
[root@Ftp ~]# setenforce 0
[root@Ftp ~]# sed -i 's/^SELINUX=.*/SELINUX=disabled/' /etc/selinux/config
```

 提示　若希望不关闭 SELinux 安全子系统，也可以执行 setsebool -P ftpd_full_access=on 命令，以保证 FTP 服务器可以正常写入和删除。

2. 安装 vsftpd 软件包

配置本地 yum 仓库（配置过程不赘述），并使用 yum 命令安装 vsftpd 软件包。

```
[root@Ftp ~]# yum install -y vsftpd
```

3. 配置 vsftpd

编辑主配置文件/etc/vsftpd/vsftpd.conf，使 vsftpd 支持匿名访问，开启匿名用户下载文件、上传文件、删除与重命名文件、创建目录等功能。

```
[root@Ftp ~]# vi /etc/vsftpd/vsftpd.conf
```

找到 anonymous_enable 参数并将其值修改为 YES。

```
anonymous_enable=YES          #将 anonymous_enable 参数值修改为 YES（默认值是 NO），允许匿名访问
```

在该文件中添加以下 3 行代码（注意等号两侧不要有空格）。

```
anon_upload_enable=YES          #允许匿名用户上传文件
anon_mkdir_write_enable=YES     #允许匿名用户创建目录
anon_other_write_enable=YES     #允许匿名用户有其他的写权限，如删除和重命名文件
```

4. 配置/var/ftp/pub 目录权限

自 vsftpd 2.3.5 开始，不允许匿名用户对自己的 FTP 根目录（默认根目录是/var/ftp/）拥有写权限，但并不限制对 FTP 根目录的子目录写入。因此，需要修改/var/ftp/pub 目录的所有者为 ftp 用户，使匿名用户对 pub 子目录拥有写权限，以便上传文件。

```
[root@Ftp ~]# chown ftp /var/ftp/pub
```

注意 要在 FTP 服务器上实现创建目录、上传和删除文件等操作，仅在配置文件中开启相关功能是不够的，还需要开放本地文件系统的权限，使匿名用户拥有写权限，或者将上传目录的所有者改为 ftp 用户。

5. 在 FTP 根目录中创建测试文件

匿名用户的默认 FTP 根目录是/var/ftp/，下面在此目录中创建测试文件 welcome.txt。

```
[root@Ftp ~]# echo "welcome to use FTP " > /var/ftp/welcome.txt
```

6. 设置防火墙

（1）配置防火墙，放行 FTP 服务。

```
[root@Ftp ~]# firewall-cmd --permanent --add-service=ftp
success
[root@Ftp ~]# firewall-cmd --reload
success
```

（2）查看防火墙是否对 FTP 服务放行。

```
[root@Ftp ~]# firewall-cmd --list-all
public (active)
  target: default
  icmp-block-inversion: no
  interfaces: ens33
  sources:
  services: ssh dhcpv6-client ftp     //此处显示有 ftp，表示防火墙对 FTP 服务放行
......
```

7. 启动 vsftpd 服务

（1）启动 vsftpd 服务，并设置为开机启动。

```
[root@Ftp ~]# systemctl start vsftpd
[root@Ftp ~]# systemctl enable vsftpd
```

（2）查看 21 号端口是否被监听，确认 vsftpd 服务是否正常运行。

```
[root@Ftp ~]# ss -ntlp | grep vsftpd
LISTEN 0    32    *:21          *:*    users:(("vsftpd",pid=35252,fd=3))
```

13.2.4 访问 FTP 服务器

无论是使用 Windows 系统还是 Linux 系统的计算机，都能作为客户端访问 FTP 服务器。

1. 使用 Windows 客户端访问 FTP 服务器

使用 Windows 系统的物理机作为客户端，在客户端中打开 Windows 资源管理器，在地址栏中输入 ftp://192.168.200.8，如图 13-3 所示，然后按 Enter 键登录 FTP 服务器。

图 13-3　登录 FTP 服务器

Windows 资源管理器中显示 FTP 服务器根目录/var/ftp 中的内容。其中,welcome.txt 是 FTP 服务器上已经存在的文件，用户可以将此文件下载到本机；pub 是文件上传目录，用户可以将文件上传到此目录。

打开 pub 目录，新建一个名称为 abc 的文件夹，上传一个文本文件 test.txt，如图 13-4 所示。

图 13-4　在 FTP 服务器中新建文件夹和上传文件

在 FTP 服务器中执行 ls -l 命令，查看/var/ftp/pub/目录中的文件。

```
[root@Ftp ~]# ls -l /var/ftp/pub/
总用量 4
drwx------ 2 ftp ftp 6  4月 13 12:37 abc
-rw------- 1 ftp ftp 14  4月 13 12:37 test.txt
```

2. 使用 Linux 客户端访问 FTP 服务器

ftp 命令是常用的 FTP 客户端工具，在 Linux 和 Windows 系统中都可以使用，用户可以通过 ftp 命令在 FTP 服务器中上传文件、下载文件。接下来，使用 ftp 命令在 Linux 客户端中访问 FTP 服务器。

（1）准备一台 Linux 虚拟机（主机名为 Client）作为 FTP 客户端，该虚拟机的网络连接采用 NAT 模式，并确保该虚拟机与 FTP 服务器在同一网络中。

（2）使用 yum 命令安装 ftp 软件包。

在客户端 Client 上配置本地 yum 仓库（配置过程不赘述），使用 yum 命令安装 ftp 软件包。

```
[root@Client ~]# yum install -y ftp
```

（3）登录 FTP 服务器。

使用 ftp 命令登录服务器的命令格式如下。

```
ftp [主机名 | IP 地址]
```

【例 13-1】 使用 ftp 命令登录 IP 地址为 192.168.200.8 的 FTP 服务器。

```
[root@Client ~]# ftp 192.168.200.8
Connected to 192.168.200.11 (192.168.200.11).
220 (vsFTPd 3.0.5)
Name (192.168.200.11:root): ftp        //输入匿名用户名 ftp
331 Please specify the password.
Password:                              //不用输入密码，直接按 Enter 键
230 Login successful.                  //登录成功显示 Login successful.
Remote system type is UNIX.
Using binary mode to transfer files.
ftp> quit                              //使用 quit 命令退出登录
221 Goodbye.
```

（4）管理 FTP 服务器中的目录和文件。

登录 FTP 服务器后，会显示 ftp 提示符 ftp>，用户可以在此提示符后面输入 ftp 子命令。ftp 命令提供了丰富的子命令便于对 FTP 服务器中的目录和文件进行管理，常用的 ftp 子命令如表 13-7 所示。

表 13-7　常用的 ftp 子命令

子命令	说明
pwd	显示远程工作目录，即 FTP 服务器的工作目录
!pwd	显示本地工作目录，即 FTP 客户端的工作目录
ls	列出远程工作目录中的文件
!ls	列出本地工作目录中的文件
cd	切换远程的工作目录
lcd	切换本地的工作目录
mkdir	在 FTP 服务器中创建目录
rmdir	删除 FTP 服务器上的目录
delete	删除 FTP 服务器上的单个文件
help	获取 ftp 子命令的帮助

【例 13-2】在 FTP 服务器上打开 pub 目录，然后新建一个名称为 xyz 的目录，并删除已存在的 abc 目录。

```
……                                //参考例 13-1 中的步骤登录 FTP 服务器
ftp> cd pub                        //使用 cd 命令将远程工作目录切换到 pub
250 Directory successfully changed.
ftp> ls                            //使用 ls 命令查看 pub 目录中的文件和子目录
227 Entering Passive Mode (192,168,200,8,229,169).
150 Here comes the directory listing.
drwx------    2 14       50            6 Apr 13 04:37 abc
-rw-------    1 14       50           14 Apr 13 04:37 test.txt
226 Directory send OK.
ftp> mkdir xyz                     //使用 mkdir 命令创建 xyz 目录
257 "/pub/xyz" created
ftp> rmdir abc                     //使用 rmdir 命令删除 abc 目录
250 Remove directory operation successful.
```

（5）上传和下载文件。

上传和下载文件时应该设置正确的 FTP 传输方式。FTP 传输方式分为 ASCII 传输方式和二进制传输方式两种，对于文本文件，可以采用 ASCII 传输方式或二进制传输方式，对于程序、图片和音视频等文件，则需要采用二进制传输方式，默认使用二进制传输方式。

上传、下载文件相关的 ftp 子命令如表 13-8 所示。

表 13-8　上传、下载文件相关的 ftp 子命令

子命令	说明
ascii	设置为 ASCII 传输方式
binary	设置为二进制传输方式
put	上传一个文件

续表

子命令	说明
mput	上传多个文件（支持通配符*和?）
get	下载一个文件
mget	下载多个文件（支持通配符*和?）

【例 13-3】将 FTP 服务器根目录中的 welcome.txt 文件下载到 Linux 客户端的/root 目录中。

```
……                              //参考例 13-1 中的步骤登录 FTP 服务器
ftp> lcd /root                  //切换本地的工作目录为/root，将文件下载到此目录中
Local directory now /root
ftp> ls                         //查看 FTP 根目录下是否存在 welcome.txt 文件
227 Entering Passive Mode (192,168,200,8,75,109).
150 Here comes the directory listing.
drwxr-xr-x    6 14        0          87 Apr 13 13:27 pub
-rw-r--r--    1 0         0          20 Apr 13 04:03 welcome.txt
ftp> get welcome.txt            //将 welcome.txt 文件下载到客户端的/root 目录中
local: welcome.txt remote: welcome.txt
227 Entering Passive Mode (192,168,200,8,64,33).
150 Opening BINARY mode data connection for welcome.txt (20 bytes).
226 Transfer complete.
20 bytes received in 6e-05 secs (333.33 Kbytes/sec)
```

13.2.5　配置本地用户模式 FTP 服务器

本地用户模式 FTP 服务器通过 Linux 系统本地的账号、密码进行认证，相较匿名用户模式更安全。

下面在 Linux 虚拟机中安装 vsftpd，并使用 vsftpd 配置一台本地用户模式的 FTP 服务器，其主要参数配置如下。

（1）FTP 服务器的两个管理账号分别为 Linux 本地用户 user1 和 user2。

（2）FTP 服务器仅允许 Linux 本地用户 user1 和 user2 登录，禁止匿名用户登录。

（3）设置 FTP 服务器的根目录为 /var/www。

（4）登录 FTP 服务器的用户不能切换到 FTP 根目录之外，即使用 chroot 功能将本地用户 user1 和 user2 限制在/var/www 目录中。

（5）允许本地用户 user1 和 user2 上传、下载文件。

1. 关闭 SELinux 安全子系统

```
[root@Ftp ~]# setenforce 0
[root@Ftp ~]# sed -i 's/^SELINUX=.*/SELINUX=disabled/' /etc/selinux/config
```

2. 创建本地用户

（1）创建 Linux 本地用户 user1 和 user2，并禁止本地登录。

```
[root@Ftp ~]# useradd -s /sbin/nologin user1
[root@Ftp ~]# useradd -s /sbin/nologin user2
```

（2）设置本地用户 user1 和 user2 的初始密码为 123456。

```
[root@Ftp ~]# echo 123456 | passwd --stdin user1
[root@Ftp ~]# echo 123456 | passwd --stdin user2
```

（3）向/etc/shells 文件中添加 user1 和 user2 用户使用的 shell。

配置/etc/shells 文件

```
[root@Ftp ~]# vi /etc/shells
```

向/etc/shells 文件末尾添加以下代码。

```
/sbin/nologin
```

说明：vsftpd 会检查/etc/shells 文件，以确定用户是否使用合法的 shell 登录 FTP 服务器，只有用户使用的 shell 被/etc/shells 文件列出，才允许该用户登录 FTP 服务器。

3. 创建 FTP 根目录

（1）创建 FTP 服务器的根目录/var/www。

```
[root@Ftp ~]# mkdir -p /var/www
```

（2）设置其他用户对/var/www/var/www/目录的写权限。

```
[root@Ftp ~]# chmod -R o+w /var/www
[root@Ftp ~]# ls -ld /var/www
drwxr-xrwx 2 root root 6  4月 13 22:29 /var/www
```

4. 安装 vsftpd 软件包

配置本地 yum 仓库（配置过程不赘述），并使用 yum 命令安装 vsftpd 软件包。

```
[root@Ftp ~]# yum install -y vsftpd
```

5. 配置 vsftpd

（1）编辑主配置文件/etc/vsftpd/vsftpd.conf，对 vsftpd 的工作模式、功能进行配置，包括启用本地用户模式、禁用匿名用户模式、设置 FTP 根目录为/var/www、对本地用户开放在 FTP 根目录中上传、下载文件的权限等。具体的操作代码如下。

```
[root@Ftp ~]# vi /etc/vsftpd/vsftpd.conf
```

对该文件做如下配置（注意等号两侧不要有空格）。

```
#禁用匿名用户模式（第 12 行）
anonymous_enable=NO
#检查是否启用本地用户模式，默认值为 YES（第 15 行）
local_enable=YES
#检查是否允许本地用户写入，默认值为 YES（第 18 行）
write_enable=YES
#设置本地用户的 FTP 根目录为/var/www（添加下面一行配置）
local_root=/var/www
#启用本地用户的 chroot 功能，禁止本地用户切换到 FTP 根目录外（去掉第 100 行前面的#）
chroot_local_user=YES
#对用户开放 FTP 根目录的写权限
allow_writeable_chroot=YES
#检查是否启用 user_list 文件，默认值为 YES（第 126 行）
userlist_enable=YES
#设置只允许 user_list 文件中列出的用户登录（在文件中添加以下配置）
userlist_deny=NO
```

> **注意** 在 vsftpd 2.3.5 之后，如果使用 chroot 功能将用户限定在 FTP 根目录下，则不允许用户对 FTP 根目录拥有写权限。如果 vsftpd 检查到用户对 FTP 根目录拥有写权限，登录时就会报告 500 OOPS: vsftpd: refusing to run with writable root inside chroot()错误。
>
> 此时，若仍要对用户开放 FTP 根目录写权限，则可在 vsftpd.conf 配置文件中增加以下配置：allow_writeable_chroot=YES。

（2）编辑登录控制用户列表文件/etc/vsftpd/user_list，设置只允许 user1 和 user2 这两个本地用户登录 FTP 服务器。

在主配置文件 vsftpd.conf 中，当 userlist_enable=YES 且 userlist_deny=NO 时，只有在 user_list 文件中列出的用户才能登录 FTP 服务器。

将 user1 和 user2 添加到/etc/vsftpd/user_list 文件中，并在该文件中的其他用户名前都加上#注释符，以拒绝除 user1 和 user2 之外的用户登录 FTP 服务器。

```
[root@Ftp ~]# vi /etc/vsftpd/user_list
#root
#bin
#daemon
#adm
#lp
#sync
#shutdown
#halt
#mail
#news
#uucp
#operator
#games
#nobody
user1
user2
```

6. 设置防火墙

（1）配置防火墙，放行 FTP 服务。

```
[root@Ftp ~]# firewall-cmd --permanent --add-service=ftp
[root@Ftp ~]# firewall-cmd --reload
```

（2）查看防火墙是否对 FTP 服务放行。

```
[root@Ftp ~]# firewall-cmd --list-all
```

7. 启动 vsftpd 服务

（1）启动 vsftpd 服务，并设置为开机启动。

```
[root@Ftp ~]# systemctl start vsftpd
[root@Ftp ~]# systemctl enable vsftpd
```

（2）查看 21 号端口是否被监听，确认 vsftpd 服务是否正常运行。

```
[root@Ftp ~]# ss -ntlp | grep vsftpd
LISTEN 0        32       *:21           *:*      users:(("vsftpd",pid=2465,fd=3))
```

8. 使用 Linux 客户端测试 FTP 服务器

（1）在客户端 Client 的/root 目录中创建测试文件 user1.txt。

```
[root@Client ~]# echo "I am user1" > user1.txt
```

（2）从客户端登录 FTP 服务器。

```
[root@Client ~]# ftp 192.168.200.8
Connected to 192.168.200.8 (192.168.200.8).
220 (vsFTPd 3.0.5)
Name (192.168.200.8:root): user1      #输入用户名 user1
331 Please specify the password.
Password:                             #在"Password:"提示符后输入 user1 的密码
230 Login successful.
Remote system type is UNIX.
Using binary mode to transfer files.
ftp>                                  #登录成功，出现 ftp> 提示符
```

（3）测试，在 FTP 服务器中创建目录和上传文件。

```
ftp> mkdir user1_dir                  #创建目录 user1_dir
257 "/user1_dir" created
ftp> cd user1_dir                     #切换到 user1_dir 目录
250 Directory successfully changed.
ftp> lcd /root                        #将本地工作目录切换到/root
```

221

```
Local directory now /root
ftp> put user1.txt                          #上传 user1.txt
local: user1.txt remote: user1.txt
227 Entering Passive Mode (192,168,200,8,137,159).
150 Ok to send data.
226 Transfer complete.
11 bytes sent in 0.000346 secs (171.88 Kbytes/sec)
ftp> ls                                     #查看已上传到 FTP 服务器的文件 user1.txt
227 Entering Passive Mode (192,168,200,8,193,206).
150 Here comes the directory listing.
-rw-r--r--    1 1001     1001            11 Apr 13 16:16 user1.txt
226 Directory send OK.
```

素养
提升　在互联网时代，共享单车、共享充电宝等如雨后春笋般涌现。共享精神作为一种在当下引领潮流的价值观念，除了能共享实物，还能共享知识与资源、成果与情感等虚拟资源，比如使用 FTP 服务器就可以方便地进行文本、音频、视频等文件资源的共享。因此，我们应树立共享发展理念，学会与他人共享资源，以实现资源效用的最大化。

项目实施

任务 13-1　需求分析与规划

本项目实施要在公司内网（子网 IP 地址为 192.168.200.0/24）中配置一台基于 FTP 的私有 yum 仓库服务器，在服务器中存放 rpm 文件，通过 FTP 服务将其共享给内网中的计算机。

在项目实施中，需要使用两台 Linux 虚拟机。使用一台最小安装的 RHEL 9.2 虚拟机搭建 FTP 服务器，向网络中的其他 Linux 主机共享 yum 仓库中的 rpm 文件，以另一台虚拟机作为客户端。将所有虚拟机的网络工作模式都设置为 NAT 模式。虚拟机节点的规划如表 13-9 所示。

表 13-9　虚拟机节点的规划

主机名	IP 地址/子网掩码位数	网络工作模式	说明
Repo	192.168.200.9/24	NAT 模式	基于 FTP 的 yum 仓库服务器
Node	192.168.200.113/24	NAT 模式	客户端

FTP 服务器采用匿名用户模式，基本的参数配置如下。

（1）配置 FTP 服务器根目录为/opt/repos。

（2）匿名用户仅可下载 FTP 服务器上的文件，不允许进行上传文件、删除文件等操作。

（3）服务器的/opt/repos 目录中存放 BaseOS 和 AppStream 安装源存储库相关文件。

任务 13-2　安装与配置基于 FTP 的私有 yum 仓库服务器

（1）配置网络环境。

参考 11.2.1 节中的配置网络环境的操作方法，在"虚拟网络编辑器"对话框中对 VMnet8 网络完成以下配置。

① 将子网 IP 地址设置为 192.168.200.0，将子网掩码设置为 255.255.255.0。

② 将网关 IP 地址设置为 192.168.200.2。

（2）配置主机名。

微课 13-1　安装
与配置基于 FTP
的私有 yum 仓库
服务器

```
[root@localhost ~]# hostnamectl set-hostname Repo
[root@Repo ~]# bash
```

（3）配置 Repo 节点的 IP 地址等网络参数。

```
[root@Repo ~]# nmcli c modify ens160 \
ipv4.method manual ipv4.addr 192.168.200.9/24 \
ipv4.gateway 192.168.200.2 ipv4.dns "8.8.8.8" connection.autoconnect yes
[root@Repo ~]# nmcli c reload && nmcli c up ens160
```

（4）关闭 SELinux 安全子系统，配置防火墙。

```
[root@Repo ~]# setenforce 0
[root@Repo ~]# sed -i 's/^SELINUX=.*/SELINUX=disabled/' /etc/selinux/config
[root@Repo ~]# firewall-cmd --permanent --add-service=ftp
[root@Repo ~]# firewall-cmd --reload
```

（5）挂载 RHEL 9.2 的 ISO 映像文件到/iso 目录，然后将/iso 目录中的 BaseOS 和 AppStream
子目录复制到/opt/repos 目录中。

```
[root@Repo ~]# mount /dev/cdrom /iso
[root@Repo ~]# mkdir /opt/repos
[root@Repo ~]# cp -r /iso/BaseOS /opt/repos
[root@Repo ~]# cp -r /iso/AppStream /opt/repos
```

（6）在 Repo 节点中配置 yum 仓库。

① 在 Repo 节点中创建文件/etc/yum.repos.d/local.repo，配置 BaseOS 和 AppStream 这
两个 yum 仓库，具体的操作代码如下。

```
[root@Repo ~]# vi /etc/yum.repos.d/local.repo
```

在 local.repo 文件中增加以下内容。

```
[BaseOS]
name=BaseOS
baseurl=file:///opt/repos/BaseOS
gpgcheck=0
enabled=1

[AppStream]
name=AppStream
baseurl=file:///opt/repos/AppStream
gpgcheck=0
enabled=1
```

② 重建 yum 缓存，确保 yum 仓库可用。

```
[root@Repo ~]# yum makecache
[root@Repo ~]# yum repolist
仓库 id                              仓库名称
AppStream                           AppStream
BaseOS                              BaseOS
```

（7）安装 vsftpd 软件包。

```
[root@Repo ~]# yum install -y vsftpd
```

（8）配置 vsftpd 服务。

编辑 vsftpd 主配置文件。

223

```
[root@Repo ~]# vi /etc/vsftpd/vsftpd.conf
```

配置以下两个参数，使匿名访问目录为/opt/repos，vsftpd.conf 文件中的其他配置项保持默认值。

```
anonymous_enable=YES
anon_root=/opt/repos
```

（9）启动 vsftpd 服务。

```
[root@Repo ~]# systemctl start vsftpd
[root@Repo ~]# systemctl enable vsftpd
```

任务 13-3　在客户端中配置私有 yum 仓库服务器

（1）配置客户端的主机名、IP 地址等网络参数，具体步骤不赘述。

（2）在客户端中配置基于 FTP 的私有 yum 仓库。

① 在 Node 节点中创建文件/etc/yum.repos.d/ftp-yum.repo。

```
[root@Node ~]# vi /etc/yum.repos.d/ftp-yum.repo
```

在 ftp-yum.repo 文件中增加以下内容。

微课 13-2　在客户端中配置私有 yum 仓库服务器

```
[FTP-BaseOS]
name=BaseOS
baseurl=ftp://192.168.200.9/BaseOS
gpgcheck=0
enabled=1

[FTP-AppStream]
name=AppStream
baseurl=ftp://192.168.200.9/AppStream
gpgcheck=0
enabled=1
```

② 重建 yum 缓存，确保 Node 节点的 yum 仓库可用。

```
[root@Node ~]# yum makecache
[root@Node ~]# yum repolist
仓库 id                                 仓库名称
FTP-AppStream                          AppStream
FTP-BaseOS                             BaseOS
```

小结

通过学习本项目，读者了解了 FTP 服务器的工作原理，掌握了使用 vsftpd 安装与配置 FTP 服务器的方法，学会了使用 FTP 客户端从服务器中下载、上传文件。

FTP 文件传输服务解决了计算机之间的文件上传和下载问题。使用 vsftpd 搭建的 FTP 服务器默认使用 TCP 20 号和 21 号端口，支持匿名用户模式、本地用户模式以及虚拟用户模式等 3 种工作模式。由于 FTP 服务器具有跨平台、配置简单等优点，因此，FTP 被广泛应用于互联网上的文件共享。我们在配置 FTP 服务器时，应根据应用场景和使用范围合理选择工作模式，在服务器部署和排错方面不断总结经验和技巧，以便灵活应对生产环境中遇到的各种问题。

本项目知识点的思维导图如图 13-5 所示。

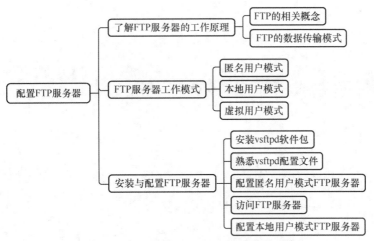

图 13-5 配置 FTP 服务器的思维导图

习题

一、选择题

1. FTP 服务器使用的控制端口是（　　　）端口。

A. 20 号 　　　　　　B. 21 号 　　　　　　C. 139 号 　　　　　　D. 445 号

2. 在 vsftpd 的配置文件中，用于设置不允许匿名用户登录的选项是（　　　）。

A. local_enable=NO

B. anonymous_enable=NO

C. local_enable=YES

D. listen=NO

3. 如果使用 vsftpd 的默认配置，匿名用户模式下的 FTP 根目录是（　　　）。

A. /home 　　　　　B. /home/vsftpd 　　　　C. /var/home 　　　　D. /var/ftp

二、填空题

1. 按照 FTP 建立数据连接方式的不同，数据传输模式分为_____模式和_____模式。

2. 使用 vsftpd 配置的 FTP 服务器的主配置文件是_____。

项目14
部署前后端分离的应用系统

项目导入

小乔在工作中表现突出，公司为了表彰优秀员工、树立榜样，奖励她一台云服务器。小乔有了属于自己的服务器，准备在服务器上部署一套前后端分离的应用系统。

职业能力目标及素养目标

- 了解前后端分离架构。
- 掌握 MySQL 和 Redis 的安装与配置。
- 掌握 Nginx 的安装与配置。

- 掌握 JDK 和 Tomcat 的安装与配置。
- 会在 Linux 服务器中部署前后端分离的应用系统。
- 具有团队协作能力。

知识准备

14.1 了解前后端分离架构

14.1.1 了解前后端分离架构的概念

前后端分离是一种将 Web 应用程序的前端（即客户端）程序和后端（即服务器）程序分离开发、部署的软件架构模式。传统的 Web 应用程序通常将前端程序和后端程序的代码耦合在一起，前端程序负责展示界面和用户交互，后端程序负责处理业务逻辑和数据存储。前后端分离则将前端程序、后端程序分离、解耦，使得它们可以被独立开发、测试和部署。

在前后端分离架构中，前端程序通常使用超文本标记语言（Hyper Text Mark-up Language，HTML）、串联样式表（Cascading Style Sheet，CSS）和 JavaScript 来实现用户交互，前端程序通过向应用程序接口（Application Program Interface，API）发送请求实现与后端程序的通信，从而提交和获取数据。后端程序则负责响应前端程序的请求，处理业务逻辑、存储数据以及与数据库的交互。

前后端分离的好处是可以提高开发效率和灵活性。前端程序和后端程序可以并行开发，不需要等待对方完成才能进行下一步工作。前端程序可以使用各种现代化的前端框架和工具，提供更好的用户体验和交互效果。后端程序可以专注于业务逻辑和数据处理，提供 API 供前端程序调用。前后端分离还可以实现跨平台和跨设备的支持，使得应用程序可以在不同的终端上运行。

14.1.2 了解 Vue.js 与 Spring Boot

Vue.js（以下简称 Vue）和 Spring Boot 是两个非常流行的开发框架，它们分别用于前端程序和后端程序开发。Vue 和 Spring Boot 可以很好地配合使用，Vue 负责前端界面展示和交互逻辑的实现，Spring Boot 负责后端业务逻辑的实现和数据处理，实现高效的全栈开发。

1. 认识 Vue

Vue 是一套用于构建用户界面的渐进式 JavaScript 框架。Vue 之所以受到青睐，主要的原因是它采用了模型-视图-视图模型（Model-View-ViewModel，MVVM）的开发模式，十分适用于满足前后端分离、工程化的开发需求。

对于使用 Vue 开发的前端程序，可以使用 Node.js 将其编译、打包成一个或多个 JavaScript 文件，以便在浏览器或其他 JavaScript 环境中运行。

2. 认识 Spring Boot

Spring Boot 是由 Pivotal 公司设计、开发的 Java 开发框架。Spring Boot 具备自动配置和快速启动的特性，可以快速搭建一个基于 Spring 的应用程序。Spring Boot 集成了大量的第三方库和框架，如数据库、消息队列、缓存等，可以方便地与其他技术进行集成。Spring Boot 应用程序可以构建成一个可执行的.jar 文件，可以方便地被部署到支持 Java 的环境中。

对于使用 Spring Boot 开发的服务器程序，可以使用 Maven 将其编译、打包成.jar 或.war 文件，然后部署到 Tomcat 等服务器软件中运行。

14.1.3 了解常见的服务器软件

1. Nginx

Nginx 是一款高性能、轻量级的 Web 服务器软件。对于使用 Vue 开发的前端程序，经过打包后，就可部署到 Nginx 服务器中运行。当 Nginx 接收到客户端浏览器发送的 HTTP 请求时，Nginx 可以直接处理 HTML、CSS、图片、视频等静态文件请求并回应。同时，Nginx 也是一款反向代理服务器软件。通过反向代理，Nginx 可以将客户端的请求转发给后端服务器进行处理，收到后端服务器响应后再将其转发给客户端。

Nginx 服务器的优势在于能按需同时运行多个进程，各进程之间通过内存共享机制实现通信，适合在高并发的场景下使用。Nginx 服务器因具有稳定性好、功能丰富、占用的系统资源少、并发能力强等特点，备受用户的青睐。

2. JDK

JDK（Java Development Kit）是 Java 开发环境的核心组件，它包含开发 Java 应用程序所需的所有组件，包括 Java 编译器、Java 虚拟机、Java 类库和调试工具等。JDK 提供了开发 Java 应用程序的基本工具和环境。JDK 目前主要有 OpenJDK 和 Oracle JDK 等分支，OpenJDK 是开源的社区版本，由 Java 社区共同开发和维护，Oracle JDK 是由 Oracle 公司开发和发布的商业版本。

3. Tomcat

Tomcat 是一款免费、开源的符合 Java EE 运行标准的 Web 服务器软件，它既可作为应用服务器运行 Java Web 应用程序，又可作为轻量级 Web 服务器处理 HTML、JavaScript 等静态资源。

Tomcat 运行稳定、可靠，不仅可以与大部分 Web 服务器（如 Nginx 服务器）一起协同工作，还可以作为独立的 Web 服务器。虽然 Tomcat 和 Nginx 服务器都具有处理 HTML 的功能，但是由于 Tomcat 处理 HTML 等静态资源的性能远不及 Nginx 的，所以 Tomcat 主要用于运行 Java Web 应用程序。

4. MySQL

MySQL 是一个关系数据库管理系统，支持使用 SQL（结构化查询语言）进行数据库管理。利用 MySQL 可以创建数据库和数据表、添加数据、修改数据、查询数据、删除数据等。MySQL 具有稳定性好、简单易用、支持跨平台等特点。MySQL 提供了免费的社区版本，适合个人开发者、小型企业以及对数据库性能和功能没有特殊要求的用户使用。

5. Redis

Redis 是一个开源的、基于内存的非关系数据库管理系统，它使用 ANSI C 编写，提供了一个高性能的键值（key-value）存储系统，常用于缓存、消息队列、会话存储等应用场景。

与关系数据库不同的是，Redis 没有提供新建数据库的操作，也没有"表"的概念。Redis 自带了 16 个数据库。在同一个库中，key 是唯一存在的、不允许重复的，它就像一把"密钥"，只能打开一把"锁"。键值存储的本质就是使用 key 来标识 value，当想要检索 value 时，必须使用与 value 相应的 key 进行查找。

Redis 数据库没有"表"的概念，它通过不同的数据类型来满足存储数据的需求，不同的数据类型能够适应不同的应用场景，从而满足开发者的需求。目前，由 Redis 官方发布的版本只支持在 Linux 系统中运行。

14.1.4 了解前后端分离架构应用系统的工作过程

将前后端分离架构应用系统部署到服务器上，可能会用到 Nginx、Tomcat、MySQL、Redis 等服务器软件。

如图 14-1 所示，把前端程序部署在 Nginx 服务器的资源目录中，把后端程序部署到 Tomcat 服务器的资源目录中。Nginx 服务器监听 TCP 80 号端口接收客户端的访问请求，Tomcat 服务器监听 TCP 8080 号端口与 Nginx 服务器通信。

客户端向服务器发起 HTTP 请求时，如果请求的是 HTML、CSS、JavaScript 等静态资源，就会直接到 Nginx 的资源目录下面获取相应的文件，直接响应客户端；如果请求的是后端应用程序的 API，Nginx 服务器首先利用反向代理功能，把请求转发给 Tomcat 服务器进行处理，然后由

Tomcat 负责完成处理 API 请求、读写数据库等操作并将结果返回给 Nginx 服务器，最后由 Nginx 服务器响应客户端。

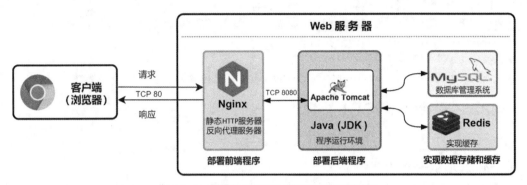

图 14-1 前后端分离架构应用系统的工作过程

素养提升 前后端分离的开发、部署模式就像是一场华丽的舞台剧，前端程序是"光鲜亮丽的演员"，后端程序则是"幕后的英雄"，默默支撑着整个表演的顺利进行。

这种模式可以极大地提升团队的协作能力。由于前后端的解耦，团队成员可以并行工作，无须频繁地沟通和等待。这不仅加快了项目的推进速度，还大幅减少了沟通成本。

前后端分离开发模式以其高效、协作、可维护等特性，成为提升开发团队战斗力的"秘密武器"。它不仅能让产品快速上线，还确保了团队成员之间的和谐共处。正是这种开发模式，让我们能够在这个瞬息万变的互联网时代乘风破浪，不断前进。

接下来在 Linux 虚拟机中分别安装 MySQL、Redis、Tomcat 等服务器软件，服务器的基本配置参数如表 14-1 所示。

表 14-1 服务器的基本配置参数

节点主机名	IP 地址/子网掩码位数	网络工作模式
Server	192.168.200.10/24	NAT 模式

14.2 安装与配置 MySQL

14.2.1 安装 MySQL

RHEL 9.2 系统安装光盘中自带 MySQL 相关软件包（版本号为 8.0.30），下面介绍使用 yum 方式安装 MySQL 的方法。

1. 配置本地 yum 仓库

在 Linux 虚拟机中配置本地 yum 仓库，操作步骤请参考 11.2.1 节中的配置本地 yum 仓库相关内容，在此不赘述。

2. 安装 MySQL 软件

（1）使用 yum 命令安装 MySQL 的服务器软件 mysql-server。

```
[root@Server ~]# yum install -y mysql-server
```

mysql-server 安装完毕，会在系统中注册名称为 mysqld.service 的服务。

（2）启动 mysqld 服务，并设置开机启动。

```
[root@Server ~]# systemctl start mysqld
[root@Server ~]# systemctl enable mysqld
```

14.2.2　初始化 MySQL 配置

MySQL 安装完毕后，一般要对 MySQL 进行基本的安全配置。

1. MySQL 的安全配置

在命令行中输入 mysql_secure_installation 命令并按 Enter 键，运行安全配置向导。

```
[root@Server ~]# mysql_secure_installation
```

安全配置向导会提示用户安装 VALIDATE PASSWORD COMPONENT（密码验证组件）以提升用户密码的强度，此处直接按 Enter 键跳过安装。

```
Securing the MySQL server deployment.

Connecting to MySQL using a blank password.

VALIDATE PASSWORD COMPONENT can be used to test passwords
and improve security. It checks the strength of password
and allows the users to set only those passwords which are
secure enough. Would you like to setup VALIDATE PASSWORD component?

Press y|Y for Yes, any other key for No:            #直接按 Enter 键
```

由于 MySQL 数据库的 root 用户的初始密码为空，所以向导要求为 root 用户设置密码，此处将 root 密码设置为 123456。需要注意的是，输入的密码不会显示到屏幕上。

```
Please set the password for root here.

New password:                              #输入 root 用户的密码 123456
Re-enter new password:                     #确认 root 用户的密码 123456
```

匿名用户一般仅在测试环境中使用，在生产环境中操作时要删除匿名用户以提高安全性。因此，在下面的步骤中输入 y 并按 Enter 键，以移除匿名用户。

```
By default, a MySQL installation has an anonymous user,
allowing anyone to log into MySQL without having to have
a user account created for them. This is intended only for
testing, and to make the installation go a bit smoother.
You should remove them before moving into a production
environment.

Remove anonymous users? (Press y|Y for Yes, any other key for No) : y
Success.
```

为了防止黑客通过网络破解数据库的 root 用户的密码，应当只允许 root 用户从本地登录，在下面的步骤中输入 y 并按 Enter 键，以禁止 root 用户远程登录。

```
Normally, root should only be allowed to connect from
'localhost'. This ensures that someone cannot guess at
```

```
the root password from the network.

Disallow root login remotely? (Press y|Y for Yes, any other key for No) : y
```
在下面的步骤中输入 y 并按 Enter 键，删除名称为 test 的数据库。
```
By default, MySQL comes with a database named 'test' that
anyone can access. This is also intended only for testing,
and should be removed before moving into a production
environment.

Remove test database and access to it?(Press y|Y for Yes,any other key for No):y
 - Dropping test database...
Success.

 - Removing privileges on test database...
Success.
```
最后一步输入 y 并按 Enter 键，以重新加载权限表，确保所有设置立即生效。
```
Reload privilege tables now? [Y/n] y                    #输入 y 并按 Enter 键，重新加载权限表
...... Success!
（省略）......
Reloading the privilege tables will ensure that all changes
made so far will take effect immediately.

Reload privilege tables now? (Press y|Y for Yes, any other key for No) : y
Success.

All done!
```

2. 登录 MySQL

配置完毕，就可以以 root 用户身份（密码为 123456）登录 MySQL，具体操作如下。

```
[root@Server ~]# mysql -uroot -p123456
mysql: [Warning] Using a password on the command line interface can be insecure.
Welcome to the MySQL monitor.  Commands end with ; or \g.
Your MySQL connection id is 10
Server version: 8.0.30 Source distribution

Copyright (c) 2000, 2022, Oracle and/or its affiliates.

Oracle is a registered trademark of Oracle Corporation and/or its
affiliates. Other names may be trademarks of their respective
owners.

Type 'help;' or '\h' for help. Type '\c' to clear the current input statement.

mysql>
```
如果显示 mysql>提示符，则表示登录成功。执行 exit 命令退出 MySQL 客户端。
```
mysql> exit
Bye
```

14.2.3 管理 MySQL

常用的数据库管理操作有：数据库的创建、使用和删除，数据表结构管理，数据记录的插入、查看、修改和删除，修改用户密码等。通常使用 SQL 语句对数据库进行操作。

1. 数据库的创建、使用和删除

数据库的创建、使用和删除等管理操作的命令如表 14-2 所示。

表 14-2 数据库的创建、使用和删除等管理操作的命令

SQL 命令	功能
create database 数据库名;	创建一个数据库
show databases;	显示已存在的数据库
use 数据库名;	使用指定的数据库
drop database 数据库名;	删除指定的数据库

【例 14-1】 创建一个名称为 company 的数据库。

```
mysql> create database company;
Query OK, 1 row affected (0.01 sec)
```

【例 14-2】 查看所有数据库。

```
mysql> show databases;
+--------------------+
| Database           |
+--------------------+
| information schema |
| mysql              |
| performance schema |
| company            |
| sys                |
+--------------------+
5 rows in set (0.00 sec)
```

命令执行结果显示 company 数据库已创建成功。

【例 14-3】 使用新创建的 company 数据库。

```
mysql> use company;
Database changed
```

2. 修改用户密码

mysqladmin 是一个执行 MySQL 数据库管理操作的客户端程序，它可以用于检查数据库的配置和当前状态及修改用户密码等。

使用 mysqladmin 命令修改用户密码的格式如下。

```
mysqladmin -u 用户名  -p 旧密码  password  新密码
```

【例 14-4】 修改数据库的 root 用户的密码为 123123（假设旧密码为 123456）。

```
[root@Server ~]# mysqladmin -uroot -p123456 password 123123
```

修改密码后，执行 mysql -uroot -p123456 命令，显示登录失败，结果如下。

```
[root@Server ~]# mysql -uroot -p123456
ERROR 1045 (28000): Access denied for user 'root'@'localhost' (using password: YES)
```

14.3 安装与配置 Redis

14.3.1 安装和启动 Redis

RHEL 9.2 系统安装光盘中自带 Redis 相关软件包（版本号为 6.2.7），下面介绍使用 yum 方式

安装 Redis 的方法。

1. 安装 Redis

使用 yum 命令安装 Redis 相关软件包。

```
[root@Server ~]# yum install -y redis
```

安装完毕后，会在系统中注册名称为 redis.service 的服务。

2. 启动 Redis

（1）启动 redis 服务，并设置开机启动。

```
[root@Server ~]# systemctl start redis
[root@Server ~]# systemctl enable redis
```

（2）redis 服务默认使用 TCP 6379 号端口，查看 6379 号端口是否被监听，确认 redis 服务是否正常运行。

```
[root@Server ~]# ss -ntlp | grep redis
LISTEN 0  511   127.0.0.1:6379  0.0.0.0:*   users:(("redis-server",pid=3700,fd=6))
LISTEN 0  511     [::1]:6379    [::]:*    users:(("redis-server",pid=3700,fd=7))
```

14.3.2 使用 redis-cli 连接 Redis

Redis 相关软件包中提供了一个命令行工具 redis-cli，用于与 Redis 服务器进行交互。

1. 启动 Redis 命令行工具

如果 Redis 服务器运行在本地的 TCP 6379 号端口，则可以直接执行 redis-cli 命令连接本地 Redis 服务器，操作如下。

```
[root@Server ~]# redis-cli
127.0.0.1:6379>
```

执行命令后，若出现 127.0.0.1:6379>提示符，则表示已连接本地 Redis 服务器。

2. 测试 Redis 服务器是否连接正常

在 redis-cli 中向 Redis 服务器发送一条 ping 命令，如果服务器连接正常，会返回 PONG。

【例 14-5】 使用 redis-cli 测试 Redis 服务器。

在 127.0.0.1:6379>提示符后输入 ping 命令并执行。

```
127.0.0.1:6379> ping
PONG
```

14.4 安装 JDK、Tomcat 和 Maven

14.4.1 安装 JDK

OpenJDK 是 JDK 的社区版本，在 RHEL 9.2 系统安装光盘中有 OpenJDK 的 3 个不同版本的软件包（版本号分别为 8、11、17），下面介绍使用 yum 方式安装 OpenJDK 8 的方法。

1. 安装 OpenJDK 8

OpenJDK 8 的软件包名称是 java-1.8.0-openjdk-devel，使用 yum 命令进行安装。

```
[root@Server ~]# yum install -y java-1.8.0-openjdk-devel
```

2. 验证安装

执行 java -version 命令，查看已安装的 JDK 的版本号。

```
[root@Server ~]# java -version
openjdk version "1.8.0_362"
OpenJDK Runtime Environment (build 1.8.0_362-b09)
OpenJDK 64-Bit Server VM (build 25.362-b09, mixed mode)
```

14.4.2　安装 Tomcat

Tomcat 是一款免费、开源的符合 Java EE 运行标准的 Web 服务器软件。Tomcat 是使用 Java 开发的，因此安装 Tomcat 前需安装 JDK。

1.　获取 Tomcat 安装包

Tomcat 是 Apache 的开源项目，可以在 Tomcat 官网下载 Tomcat 安装包。

（1）使用 yum 命令安装 wget 下载工具。

```
[root@Server ~]# yum install -y wget
```

（2）从 Tomcat 官网下载 .tar.gz 格式的 Tomcat 安装包，这里下载的版本是 9.0.87。

```
[root@Server ~]# wget https://archive.ap***e.org/dist/tomcat/tomcat-9/
v9.0.87/bin/apache-tomcat-9.0.87.tar.gz
```

下载得到的安装包的文件名称为 apache-tomcat-9.0.87.tar.gz。

2.　安装 Tomcat

（1）创建 Tomcat 的安装目录。

```
[root@Server ~]# mkdir /usr/local/tomcat
```

（2）解压缩已下载的 Tomcat 安装包到安装目录中。

```
[root@Server ~]# tar -zxvf apache-tomcat-9.0.87.tar.gz -C /usr/local/tomcat
```

解压缩完成后，Tomcat 的所有文件都被解压到 /usr/local/tomcat/apache-tomcat-9.0.87 目录中，该目录下有若干个子目录，这些子目录的主要作用如表 14-3 所示。

表 14-3　Tomcat 的子目录的主要作用

目录名	作用
bin	保存所有的可执行文件，例如，startup.sh 和 shutdown.sh 文件分别用于启动和停止 Tomcat
conf	保存所有的配置文件，有两个重要的配置文件，即 server.xml 和 web.xml
lib	保存运行 Java Web 应用程序所需要的 .jar 文件
logs	保存所有的日志文件
webapps	Web 应用程序的部署目录

3.　启动和停止 Tomcat

（1）执行 bin 目录中的 startup.sh 文件启动 Tomcat 服务器。

```
[root@Server ~]# cd /usr/local/tomcat/apache-tomcat-9.0.87
[root@Server apache-tomcat-9.0.87]# bin/startup.sh
……
Tomcat started.
```

如果需要停止 Tomcat 服务器，则执行 bin 目录中的 shutdown.sh 文件。

（2）Tomcat 默认使用 TCP 8080 号端口，确认 Tomcat 正在监听 8080 号端口。

```
[root@Server ~]# cd
[root@Server ~]# ss -ntlp | grep 8080
LISTEN  0      100       *:8080            *:*       users:(("java",pid=8748,fd=56))
```

如果 8080 号端口需要对外访问，还需要配置防火墙以开放 8080 号端口，命令如下。

```
[root@Server ~]# firewall-cmd --permanent --zone=public --add-port=8080/tcp
[root@Server ~]# firewall-cmd --reload
```

（3）Tomcat 启动后，打开浏览器，在地址栏中输入网址 http://192.168.200.10:8080，按 Enter 键，浏览器中显示图 14-2 所示的 Tomcat 欢迎页面。

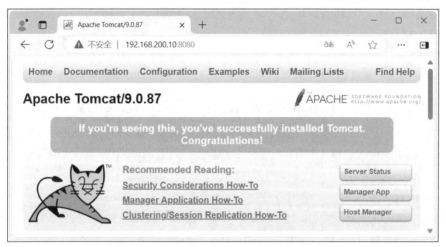

图 14-2　Tomcat 欢迎页面

4. 配置 Tomcat 的服务端口

Tomcat 服务器的默认端口为 8080 号端口，前文介绍过 Tomcat 安装目录中的 conf 子目录用于存放 Tomcat 的各种配置文件，其中 server.xml 是 Tomcat 的主要配置文件，端口号就在此文件中配置。

（1）使用 Vi 编辑器打开 server.xml 文件。

```
[root@Server ~]# cd /usr/local/tomcat/apache-tomcat-9.0.87
[root@Server apache-tomcat-9.0.87]# vi conf/server.xml
```

（2）在 server.xml 文件中定位到<Connector>标签，将该标签中 port 属性的值修改为 8081（原来是 8080），并保存配置文件。

```
    <Connector port="8081" protocol="HTTP/1.1"
            connectionTimeout="20000"
            redirectPort="8443"
            maxParameterCount="1000"
            />
```

（3）重启 Tomcat 服务器后，Tomcat 将以新端口 8081 对外提供服务（Linux 防火墙也需要开放 8081 号端口，配置步骤在此不再赘述）。重启 Tomcat 的命令如下。

```
[root@Server apache-tomcat-9.0.87]# bin/shutdown.sh
[root@Server apache-tomcat-9.0.87]# bin/startup.sh
```

5. 在 Tomcat 中部署测试项目

Tomcat 安装目录中的 webapps 目录用于部署 Web 应用程序。下面介绍如何向 webapps 目录中部署一个测试项目，并进行访问测试。

（1）在 webapps 目录中创建名称为 app 的子目录（app 相当于 Web 应用程序的虚拟目录）。

```
[root@Server apache-tomcat-9.0.87]# cd webapps
[root@Server webapps]# mkdir app
```

（2）在 app 目录中创建一个简单的 index.html 文件。

```
[root@Server webapps]# echo "<h1>测试项目的首页</h1>" > app/index.html
```

（3）使用 curl 命令进行访问测试。

```
[root@Server webapps]# curl http://192.168.200.10:8080/app/index.html
<h1>测试</h1>
[root@Server webapps]# cd
```

说明：在 Tomcat 中部署真实项目的方法与此处部署测试项目的类似，只需将 Web 应用程序的程序文件存放到 webapps 目录中便可。

14.4.3 安装 Maven

Maven 是 Java 开发环境中用于管理和构建项目，以及维护.jar 包依赖关系的强大软件项目管理工具。Maven 的核心功能之一是依赖管理，该功能可以自动下载并管理 Java 工程项目的依赖.jar 包。Java 工程项目的构建过程（从编译、测试、运行、打包、安装到部署）都可以由 Maven 进行管理。

1. 获取 Maven 安装包

Maven 是 Apache 的开源项目，可以在 Maven 官网下载 Maven 安装包。

使用 wget 命令从 Maven 官网下载.tar.gz 格式的 Maven 安装包，这里下载的版本是 3.9.6。

```
[root@Server ~]# wget    https://archive.ap***e.org/dist/maven/maven-3/3.9.6/
binaries/apache-maven-3.9.6-bin.tar.gz
```

下载得到的安装包的文件名称为 apache-maven-3.9.6-bin.tar.gz。

2. 解压 Maven 安装包

（1）创建 Maven 的安装目录。

```
[root@Server ~]# mkdir /usr/local/maven
```

（2）解压已下载的 Maven 安装包到安装目录。

```
[root@Server ~]# tar -zxvf apache-maven-3.9.6-bin.tar.gz -C /usr/local/maven
```

（3）编辑/etc/profile 文件，配置环境变量。具体的操作代码如下。

```
[root@Server ~]# vi /etc/profile
```

向/etc/profile 文件末尾添加以下代码，将 Maven 的安装目录添加到系统环境变量 PATH 中。

```
MAVEN_HOME=/usr/local/maven/apache-maven-3.9.6
PATH=$PATH:$MAVEN_HOME/bin
export MAVEN_HOME
```

（4）执行以下命令使环境变量生效。

```
[root@Server ~]# source /etc/profile
```

（5）执行 mvn --version 命令，查看已安装的 Maven 版本号。

```
[root@Server ~]# mvn --version
Apache Maven 3.9.6 (bc0240f3c744dd6b6ec2920b3cd08dcc295161ae)
Maven home: /usr/local/maven/apache-maven-3.9.6
……
```

3. 配置 Maven

Maven 的配置文件 settings.xml 通常位于 Maven 安装目录下的 conf 子目录中。

（1）打开 Maven 的配置文件 settings.xml。

```
[root@Server ~]# vi /usr/local/maven/apache-maven-3.9.6/conf/settings.xml
```

（2）配置阿里云远程仓库。

在配置文件 settings.xml 中找到<mirrors>标签，在该标签内部添加以下<mirror>标签代码。

```
<mirror>
  <id>aliyunmaven</id>
  <mirrorOf>*</mirrorOf>
  <name>阿里云远程仓库</name>
  <url>https://maven.aliyun.com/repository/public</url>
</mirror>
```

构建 Java 工程项目时，Maven 会到配置好的远程仓库中下载此项目依赖的.jar 包。

14.5　安装与配置 Nginx

14.5.1　安装 Nginx

RHEL 9.2 系统安装光盘中带有 Nginx 相关软件包（版本号为 1.20.1），下面介绍使用 yum 方式安装 Nginx 的方法。

1. 安装和运行 Nginx 服务

（1）使用 yum 命令安装 Nginx 相关软件包。

```
[root@Server ~]# yum install -y nginx
```

（2）启动 Nginx 服务，并设置开机启动。

```
[root@Server ~]# systemctl start nginx
[root@Server ~]# systemctl enable nginx
```

2. 查看 Nginx 服务的运行状态

（1）使用 systemctl 命令查看 Nginx 服务的运行状态，确认运行状态为 active (running)。

```
[root@Server ~]# systemctl status nginx
```

（2）Nginx 服务默认使用 TCP 80 号端口，执行以下命令确认 Nginx 正在监听 TCP 80 号端口。

```
[root@Server ~]# ss -ntlp | grep nginx
```

（3）查看 Nginx 进程。

```
[root@Server ~]# ps aux | grep nginx
```

3. 配置防火墙

配置防火墙，开放服务器的 TCP 80 号端口。

```
[root@Server ~]# firewall-cmd --permanent --zone=public --add-port=80/tcp
success
[root@Server ~]# firewall-cmd --reload
success
```

4. 关闭 SELinux 安全子系统

```
[root@Server ~]# setenforce 0
[root@Server ~]# sed -i 's/^SELINUX=.*/SELINUX=disabled/' /etc/selinux/config
```

提示　若不关闭 SELinux 安全子系统，则需执行 setsebool -P httpd_can_network_connect on 命令，对 SELinux 的安全策略进行设置。

5. 对 Nginx 服务器进行访问测试

在物理机上打开浏览器，在地址栏中输入 Nginx 服务器的 URL 地址 http://192.168.200.10/，再按 Enter 键，若浏览器中显示 Nginx 服务器的测试页面，如图 14-3 所示，则表示服务器运行正常。

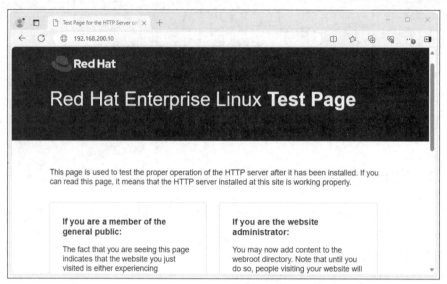

图 14-3　Nginx 服务器的测试页面

14.5.2　熟悉 Nginx 的配置文件

Nginx 相关的配置文件如表 14-4 所示。

表 14-4　Nginx 相关的配置文件

文件或目录名	说明
/etc/nginx/nginx.conf	Nginx 的主配置文件
/etc/nginx/default.d/default.conf	默认的虚拟主机配置文件

1. 主配置文件的结构

Nginx 的主配置文件/etc/nginx/nginx.conf 中的每条命令必须以分号结束，且以#开头的行是注释行。

整个配置文件是以块的形式组织的，每个块一般以一对花括号即{ }表示（全局块例外）。nginx.conf 文件的组织结构如下。

```
......                            #全局块
events {                          #events 块
    ......
}
http {                            #http 块（协议级别的配置）
    server {                      #server 块（主机级别的配置）
        ......
        location [PATTERN] {      #location 块（请求级别的配置）
        ......
        }
        location [PATTERN] {
```

nginx.conf 文件中块之间可能存在的嵌套关系如图 14-4 所示。

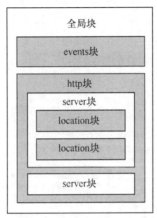

图 14-4　nginx.conf 文件中块之间可能存在的嵌套关系

nginx.conf 文件中的块的类型如表 14-5 所示。

表 14-5　nginx.conf **文件中的块的类型**

块的类型	说明
全局块	配置影响 Nginx 全局的指令。比如，配置运行 Nginx 的用户、Nginx 的 PID 文件的存储位置、日志存放路径、Nginx 开启的工作进程数
events 块	配置 Nginx 的工作模式及连接数量上限等
http 块	可以嵌套多个 server 块，用于配置代理、自定义日志、设置超时时间等
server 块	配置虚拟主机的参数，一个 http 块中可以有多个 server 块
location 块	配置请求的路由，以及各种页面的处理情况

（1）全局块的配置。

- user：设置运行 Nginx 工作进程的用户，默认以 Nginx 账号运行。
- worker_processes：设置 Nginx 开启的工作进程数量，默认值为 auto。
- error_log：设置错误日志的输出路径。
- pid：设置 Nginx 的 PID 文件的存储位置。

（2）events 块的配置。

- worker_connections 表示单个工作进程允许同时建立的最多连接数量，默认值是 1024。该值越大，能同时处理的连接就越多。

【例 14-6】查看 nginx.conf 文件中全局块和 events 块的默认配置。

```
[root@Server ~]# cat /etc/nginx/nginx.conf
user  nginx;                                    #设置运行 Nginx 工作进程的用户
worker_processes  auto;                         #设置 Nginx 开启的工作进程数量
```

```
error_log   /var/log/nginx/error.log;          #设置错误日志的输出路径
pid  /run/nginx.pid;                            #设置 Nginx 的 PID 文件的存储位置

events {
    worker_connections  1024;                   #设置单个进程的最多连接数量是 1024
}
```

（3）http 块的配置。

http 块是 Nginx 最核心的块之一，配置项比较多。http 块中除了拥有 http 全局配置指令外，还可以嵌套多个 server 块，server 块又可以进一步嵌套多个 location 块。

【例 14-7】 查看 nginx.conf 文件中 http 块的默认配置。

```
[root@Server ~]# cat /etc/nginx/nginx.conf
……
http {
    log_format  main  '$remote_addr - $remote_user [$time_local] "$request" '
                      '$status $body_bytes_sent "$http_referer" '
                      '"$http_user_agent" "$http_x_forwarded_for"';
    access_log  /var/log/nginx/access.log  main;
    sendfile            on;
    tcp_nopush          on;
    tcp_nodelay         on;
    keepalive_timeout   65;
    types_hash_max_size 4096;
    include     /etc/nginx/mime.types;
    default_type        application/octet-stream;
    include     /etc/nginx/conf.d/*.conf;
#以下是虚拟主机配置
    server {
        listen          80;                     #监听端口
        listen          [::]:80;
        server_name  _;                         #监听的服务器域名
        root    /usr/share/nginx/html;          #网站的根目录
        include /etc/nginx/default.d/*.conf;     # 引入外部的虚拟主机配置文件
        error_page 404 /404.html;
        location = /404.html {
        }

        error_page 500 502 503 504 /50x.html;
        location = /50x.html {
        }
    }
}
```

2. 配置虚拟主机

配置虚拟主机是指将一台物理服务器划分成多个"虚拟"的服务器，从而实现在一台服务器上同时运行多个网站，虚拟主机负责将不同的网站隔离，从而更有效地利用服务器的资源。

（1）server 块的配置。

server 块用于配置虚拟主机，一个 server 块就对应一台虚拟主机。一个完整的 server 块要包含在 http 块内，且一个 http 块中可以有多个 server 块。server 块中有以下重要的配置参数。

- listen：设置虚拟主机监听的 TCP 端口。例如，设置服务器监听本机的 80 号端口（http 服务运行在 80 号端口）。

```
listen        80;
listen        [::]:80;
```

- server_name: 设置虚拟主机的域名。例如，设置 server_name 为 ryjiaoyu.com 的代码如下。

```
server_name   ryjiaoyu.com;
```

当客户端请求的请求头中 host 字段与该域名匹配时，Nginx 会将请求发送到此虚拟主机上。

- root: 用于将一个本地目录作为网站根目录。例如，将/usr/share/nginx/html 目录作为网站根目录的代码如下。

```
root          /usr/share/nginx/html;
```

（2）location 块的配置。

location 块的功能是匹配不同的请求路径（uri），进而对请求做出不同的处理和响应。location 块代码位于 server 块中，且一个 server 块中可以有多个 location 块。

location 块对请求路径进行匹配的命令格式如下。

```
location [修饰符] 请求路径 {  ……  }
```

其中，location 块的修饰符如表 14-6 所示。

表 14-6　location **块的修饰符**

修饰符	功能	优先级
=	精确匹配。一旦匹配成功，则不再匹配其他 location 块	0（高）
^~	前缀匹配（不使用正则表达式）。如果匹配成功，则不再匹配其他 location 块	1
~ 或 ~*	正则表达式模式匹配，~表示区分正则表达式的大小写，~*表示不区分正则表达式的大小写	2
不使用修饰符	不带任何修饰符，使用常规的字符串去匹配	3
/	通用匹配。如果没有匹配上其他 location 块，则任何请求都会匹配到此 location 块	4（低）

【例 14-8】在 IP 地址为 192.168.200.10 的 Nginx 服务器上配置一个运行在 81 号端口的虚拟主机，要求所有以 /api/ 开头的请求路径，以客户端的 IP 地址作为响应内容进行返回；对于其他请求路径，则尝试以虚拟主机目录中对应的文件进行响应。

第一步，编辑/etc/nginx/nginx.conf 文件，配置虚拟主机。

```
[root@Server ~]# vi /etc/nginx/nginx.conf
```

定位到 nginx.conf 文件中的 http 块，在 http 块中添加以下代码。

```
server {
  listen     81;
  location / {                              #匹配所有以 / 开头的请求路径（通用匹配）
    root   /www;                            #将网站根目录映射为本地目录/www
    try_files $uri $uri/  /index.html;      #按顺序查找文件，返回第一个找到的文件
    index index.html index.htm;             #设置网站的首页
  }
  location /api/ {                          #匹配所有以 /api/ 开头的请求路径
    default_type   text/plain;             #设置 Nginx 响应前端请求的默认媒体类型
    return 200  $remote_addr;              #响应状态码为 200，响应内容是客户端的 IP 地址
  }
}
```

说明如下。

① root 参数用于将一个本地目录设置为网站根目录。

② try_files 参数用于按顺序检查该参数后面列出的文件是否存在，返回第一个找到的文件或目录（参数值结尾加斜线表示目录），如果都找不到，则会返回最后一个文件。

③ $uri 是 nginx 的环境变量，表示当前的请求路径。

④ index 参数用于设置网站的首页文件。如果为 index 参数配置了多个值，Nginx 会按顺序依次查找首页文件，直到找到第一个存在的文件；如果都不存在，则返回 404 错误。

⑤ return 指令用于向客户端直接返回 HTTP 响应状态码和响应内容。

⑥ $remote_addr 是 Nginx 的环境变量，表示客户端的 IP 地址。

⑦ location 块的匹配顺序与其优先级有关，与在配置文件中定义的顺序无关。

第二步，创建本地目录/www，并在该目录中创建一个 index.html 文件。

```
[root@Server ~]# mkdir /www
[root@Server ~]# echo "This is index" > /www/index.html
```

第三步，重启 Nginx 服务，使虚拟主机配置生效。

```
[root@Server ~]# systemctl restart nginx
```

第四步，测试虚拟主机。

在物理机的浏览器地址栏中输入 http://192.168.200.10:81/test 后，按 Enter 键，浏览器中显示首页文件 inedx.html 的内容，如图 14-5 所示。然后重新在浏览器地址栏中输入 http://192.168.200.10:81/api/test，再按 Enter 键，浏览器中显示物理机的 IP 地址，如图 14-6 所示。

图 14-5　显示首页文件 inedx.html 的内容　　　　图 14-6　显示物理机的 IP 地址

提示 运行在 80 号端口的虚拟主机一般为 Nginx 默认的虚拟主机，可直接将该虚拟主机的 location 块的配置代码添加到/etc/nginx/default.d/default.conf 文件中。

3. 检查与重新加载 Nginx 的配置

（1）执行 nginx -t 命令可以检查配置文件/etc/nginx/nginx.conf 的语法的正确性。

```
[root@Server ~]# nginx -t
nginx: the configuration file /etc/nginx/nginx.conf syntax is ok
nginx: configuration file /etc/nginx/nginx.conf test is successful
```

（2）执行 nginx -s reload 命令可以重新加载 Nginx 配置。

```
[root@Server ~]# nginx -s reload
```

说明：执行 nginx -s reload 命令与 systemctl restart nginx 命令都可以更新 Nginx 配置，它们的区别如下。

① 执行 nginx -s reload 命令表示向 Nginx 发送 reload（重新加载）信号，可以实现在不中断服务的情况下，平滑地更新 Nginx 配置。

② 执行 systemctl restart nginx 命令将重启 Nginx 服务，会造成服务中断，不适合在生产环境中使用。

项目实施

任务 14-1 需求分析与规划

在本项目中使用一台最小安装的 RHEL 9.2 虚拟机来搭建服务器，部署前后端分离的应用系统。虚拟机节点的规划如表 14-7 所示。

表 14-7 虚拟机节点的规划

主机名	IP 地址/子网掩码位数	网络工作模式	说明
Web	192.168.200.10/24	NAT 模式	服务器

下面以部署"若依"管理系统为例，介绍 Vue+Spring Boot 开发前后端分离的应用系统的步骤。

"若依"管理系统（以下简称若依）是一套开源的 Java EE 企业级快速开发平台。若依提供了前后端分离版本、微服务版本、移动端版本等多个版本。若依前后端分离版本基于 Vue+Spring Boot 开发，它的源码被托管在码云上，任何个人和公司都可以免费下载使用。

部署若依依赖的软件如表 14-8 所示。

表 14-8 部署若依依赖的软件

软件名称	本书使用的软件版本	作用
Nginx	1.20.1	Web 服务器（运行前端应用程序）
JDK	1.8.0	Java 运行环境
Tomcat	9.0 内嵌版	Java Web 应用服务器（运行 Java Web 后端应用程序）
MySQL	8.0.30	存储应用程序的数据
Redis	6.2.7	实现缓存
Maven	3.9.6	用于构建打包 Java Web 后端应用程序，项目运行时不需要此软件
Node.js	16.18.1	用于构建打包 Vue 开发的前端应用程序，项目运行时不需要此软件

任务 14-2 配置服务器基础环境

（1）配置主机名和 IP 地址等网络参数。

```
[root@localhost ~]# hostnamectl set-hostname Web
[root@Web ~]# bash
[root@Web ~]# nmcli c modify ens160 \
ipv4.method manual ipv4.addr 192.168.200.10/24 \
ipv4.gateway 192.168.200.2 ipv4.dns "8.8.8.8" connection.autoconnect yes
[root@Web ~]# nmcli c reload && nmcli c up ens160
```

（2）关闭 SELinux 安全子系统，配置防火墙。

```
[root@Web ~]# setenforce 0
[root@Web ~]# sed -i 's/^SELINUX=.*/SELINUX=disabled/' /etc/selinux/config
```

```
[root@Web ~]# firewall-cmd --permanent --zone=public --add-port=80/tcp
[root@Web ~]# firewall-cmd --reload
```

（3）配置本地 yum 仓库。

　　在 Linux 虚拟机中配置本地 yum 仓库，操作步骤请参考 11.2.1 节中的配置本地 yum 仓库相关内容，此处不赘述。

任务 14-3　安装与配置 MySQL 和 Redis

（1）安装 MySQL。

```
[root@Web ~]# yum install -y mysql-server
```

（2）启动 mysqld 服务，并设置开机启动。

```
[root@Web ~]# systemctl start mysqld
[root@Web ~]# systemctl enable mysqld
```

（3）登录 MySQL，设置 root 用户的密码。

```
[root@Web ~]# mysql -uroot -p
Enter password:
Welcome to the MySQL monitor.  Commands end with ; or \g.
......

Type 'help;' or '\h' for help. Type '\c' to clear the current input statement.

mysql> alter user 'root'@'localhost' identified by '123456';
Query OK, 0 rows affected (0.04 sec)

mysql> exit
Bye
```

微课 14-1　安装
与配置 MySQL 和
Redis

　配置完毕，以后将以 123456 作为 root 用户的密码。

（4）安装 Redis。

```
[root@Web ~]# yum install -y redis
```

（5）启动 redis 服务，并设置开机启动。

```
[root@Web ~]# systemctl start redis
[root@Web ~]# systemctl enable redis
```

（6）查看 TCP 3306 号和 6379 号端口的监听状态。

```
[root@web ~]# ss -ntlp | grep -E "mysqld|redis"
```

说明：mysqld 服务监听 3306 号端口，redis 服务监听 6379 号端口。

任务 14-4　安装 JDK、Maven 和 Node.js

（1）安装 OpenJDK 8。

```
[root@Web ~]# yum install -y java-1.8.0-openjdk-devel
```

（2）验证 OpenJDK 8 的安装。

```
[root@Web ~]# java -version
```

（3）从官网下载 Maven 软件的.tar.gz 格式安装包。

```
[root@Web ~]# yum install -y wget
[root@Web ~]# wget https://archive.ap***e.org/dist/maven/maven-3/3.9.6/binaries/
apache-maven-3.9.6-bin.tar.gz
```

微课 14-2　安装
JDK、Maven 和
Node.js

说明：下载的 Maven 版本是 3.9.6。

（4）安装 Maven 到/usr/local/maven 目录中。

```
[root@Web ~]# mkdir /usr/local/maven
[root@Web ~]# tar -zxvf apache-maven-3.9.6-bin.tar.gz -C /usr/local/maven
```

（5）配置环境变量。

编辑/etc/profile 文件，将 maven 的安装目录添加到系统环境变量 path 中。具体的操作步骤如下。

```
[root@Web ~]# vi /etc/profile
```

向/etc/profile 文件末尾添加以下代码。

```
MAVEN_HOME=/usr/local/maven/apache-maven-3.9.6
PATH=$PATH:$MAVEN_HOME/bin
export MAVEN_HOME
```

执行以下命令使环境变量生效。

```
[root@Web ~]# source /etc/profile
```

（6）验证 Maven 的安装。

```
[root@Web ~]# mvn --version
```

（7）编辑 Maven 配置文件 settings.xml。

使用 vi 编辑器打开 maven 配置文件 settings.xml，配置阿里云远程仓库。具体操作代码如下。

```
[root@Web ~]# vi /usr/local/maven/apache-maven-3.9.6/conf/settings.xml
```

在配置文件 settings.xml 中找到<mirrors>标签，在该标签内部添加以下<mirror>标签代码。

```
    <mirror>
      <id>aliyunmaven</id>
      <mirrorOf>*</mirrorOf>
      <name>阿里云远程仓库</name>
      <url>https://maven.aliyun.com/repository/public</url>
    </mirror>
```

（8）安装 Node.js。

```
[root@Web ~]# yum install -y nodejs
```

（9）验证 Node.js 的安装。

```
[root@Web ~]# node -v
v16.18.1
```

任务 14-5　安装与配置 Nginx

（1）安装 Nginx。

```
[root@Web ~]# yum install -y nginx
```

（2）启动 Nginx 服务，并设置开机启动。

```
[root@Web ~]# systemctl start nginx
[root@Web ~]# systemctl enable nginx
```

（3）查看 TCP 80 号端口的监听状态。

```
[root@Web ~]# ss -ntlp | grep nginx
```

说明：Nginx 服务默认使用 TCP 80 号端口。

微课 14-3　安装
与配置 Nginx

245

（4）编辑 Nginx 默认虚拟主机配置文件。

使用 vi 编辑器打开配置文件/etc/nginx/default.d/default.conf，配置默认虚拟主机。具体操作代码如下。

```
[root@Web ~]# vi /etc/nginx/default.d/default.conf
```

添加以下代码。

```
location / {
    root   /wwwroot;                        #将网站根目录映射为本地目录/wwwroot
    try_files $uri $uri/ /index.html;
    index  index.html index.htm;
}

#匹配到请求路径以 /prod-api/ 开头的 HTTP 请求，将其都转发给后端的应用服务器进行处理
#Nginx 在此处充当的角色是代理服务器
location /prod-api/ {
    proxy_set_header Host $http_host;
    proxy_set_header X-Real-IP $remote_addr;
    proxy_set_header REMOTE-HOST $remote_addr;
    proxy_set_header X-Forwarded-For $proxy_add_x_forwarded_for;
    proxy_pass http://localhost:8080/;
}
```

说明如下。

① proxy_set_header 参数用于设置转发给后端服务器的请求头。

② 代码 proxy_set_header Host $http_host 的作用是将代理服务器的 IP 地址添加到请求头 Host 中，其中，$http_host 是 Nginx 环境变量，代表 Nginx 服务器本身的 IP 地址。

③ 代码 proxy_set_header X-Real-IP $remote_addr 的作用是将真实客户端的 IP 地址添加到请求头 X-Real-IP 中，其中，$remote_addr 是 Nginx 环境变量，代表客户端的 IP 地址。

④ proxy_pass 参数用于设置后端的应用服务器。对于其他配置代码的作用，请读者自行查阅资料进行了解。

（5）检查和重新加载配置。

```
[root@Web ~]# nginx -t
[root@Web ~]# nginx -s reload
```

任务 14-6　部署前后端分离的应用系统

下面以若依为例，介绍前后端分离的应用系统的部署。

（1）下载若依源码包。

若依官方网站提供了前后端分离版本的若依源码包下载链接。在 Linux 虚拟机上使用 wget 命令下载.zip 格式的若依源码包，将下载得到的 RuoYi-Vue-master.zip 源码包存放到/root 目录中。下载的过程不赘述。

微课 14-4　部署前后端分离的应用系统

（2）解压若依源码包。

① 将源码包 RuoYi-Vue-master.zip 解压缩。

```
[root@Web ~]# yum install -y unzip
[root@Web ~]# unzip RuoYi-Vue-master.zip
[root@Web ~]# ls
```

```
RuoYi-Vue-master  ……
```

② 进入 RuoYi-Vue-master 目录，查看源码包。

```
[root@Web ~]# cd RuoYi-Vue-master
[root@Web RuoYi-Vue-master]# ls
bin       pom.xml        ruoyi-common      ruoyi-quartz    ry.bat
doc       README.md      ruoyi-framework   ruoyi-system    ry.sh
LICENSE   ruoyi-admin    ruoyi-generator   ruoyi-ui        sql
```

（3）将若依数据库的 .sql 文件导入 MySQL 数据库。

① 进入 sql 目录，查看 quartz.sql 和 ry_20231130.sql 这两个 .sql 文件。

```
[root@Web RuoYi-Vue-master]# cd sql
[root@Web sql]# ls
quartz.sql  ry_20231130.sql
```

② 登录 MySQL 数据库。

```
[root@Web sql]# mysql -uroot -p123456
```

③ 创建名称为 ry-vue 的数据库。

```
mysql> create database `ry-vue`;
Query OK, 1 row affected (0.03 sec)
```

注意：建库命令中的 `ry-vue` 两侧带有反引号。

④ 向 ry-vue 数据库中导入 quartz.sql 和 ry_20231130.sql 文件。

```
mysql> use ry-vue;
Database changed
mysql> source quartz.sql;
mysql> source ry_20231130.sql;
```

⑤ 查看导入的表，确认导入成功。

```
mysql> show tables;
……（省略显示出的表名称）
mysql> exit
```

（4）配置若依源码。

① 定位若依源码中的数据库配置文件 application-druid.yml。

```
[root@Web ~]# cd ~/RuoYi-Vue-master/ruoyi-admin/src/main/resources/
[root@Web resources]# ls
application-druid.yml banner.txt logback.xml mybatis
application.yml        i18n       META-INF
```

② 编辑 application-druid.yml 文件，配置 MySQL 数据库的密码。

```
 1  #数据源配置
 2  spring:
 3    datasource:
 4      type: com.alibaba.druid.pool.DruidDataSource
 5      driverClassName: com.mysql.cj.jdbc.Driver
 6      druid:
 7        #主库数据源
 8        master:
 9            url: jdbc:mysql://localhost:3306/ry-vue?useUnicode=true&character
Encoding=utf8&zeroDateTimeBehavior=convertToNull&useSSL=true&serverTimezone=GMT%2B8
10          username: root
11          password: 123456        #此处填入 MySQL 数据库的密码
```

（5）使用 Maven 编译和打包若依后端应用程序。

① 进入若依源码的顶层目录。

```
[root@Web ~]# cd ~/RuoYi-Vue-master
```

② 执行 mvn 命令进行编译和打包。

```
[root@Web RuoYi-Vue-master]# mvn clean package -Dmaven.test.skip=true
```

说明：在此步骤中，Maven 需要从互联网下载所需的.jar 包，这需要耗费较长时间，当打包完毕出现 BUILD SUCCESS 提示表示打包成功。

③ 查看打包得到的后端应用程序 ruoyi-admin.jar。

```
[root@Web ~]# cd ~/RuoYi-Vue-master/ruoyi-admin/target
[root@Web target]# ls
classes             maven-archiver   ruoyi-admin.jar
generated-sources  maven-status     ruoyi-admin.jar.original
```

（6）运行若依后端应用程序。

① 在 target 目录中运行后端应用程序 ruoyi-admin.jar。

```
[root@Web target]# java -jar ruoyi-admin.jar
```

说明：由于 ruoyi-admin.jar 中已经内置了 Tomcat 程序，因此不需要再单独安装 Tomcat；如果希望若依在后台运行，可以执行以下命令。

```
[root@Web target]# nohup java -jar ruoyi-admin.jar > web.log 2>&1 &
```

② 若依后端应用程序默认运行在 8080 号端口，使用 curl 命令访问若依后端 API。

```
[root@Web target]# curl http://localhost:8080/
```
欢迎使用 RuoYi 后台管理框架，当前版本：v3.8.7，请通过前端地址访问。

（7）使用 Node.js 编译和打包若依前端应用程序。

① 进入若依前端应用程序的源码目录。

```
[root@Web ~]# cd ~/RuoYi-Vue-master
[root@Web ~]# cd ruoyi-ui
```

② 安装若依前端应用程序所需的依赖包。

```
[root@Web ruoyi-ui]# npm install
```

③ 设置 Node.js 打包参数。

```
[root@Web ruoyi-ui]# export NODE_OPTIONS=--openssl-legacy-provider
```

说明：由于 Node.js 16 默认使用 OpenSSL 1.1.x 的加密库，而这与若依前端应用程序中使用的 OpenSSL 1.0.x 的加密库不符，故执行以上命令切换加密库以保持兼容性。

④ 执行 npm 命令打包。

```
[root@Web ruoyi-ui]# npm run build:prod
```

⑤ 查看打包得到的若依前端应用程序。

```
[root@Web ruoyi-ui]# ls dist/
favicon.ico  html  index.html  index.html.gz  robots.txt  static
```

说明：dist 目录中的文件就是打包得到的若依前端应用程序。

（8）将若依前端应用程序安装到 Nginx 服务器中。

① 创建网站根目录/wwwroot。

```
[root@Web ~]# mkdir /wwwroot
```

② 修改网站根目录的所有者和属组。

```
[root@Web ~]# chown nginx:nginx /wwwroot
```

③ 将若依前端应用程序复制到网站根目录/wwwroot 中。

```
[root@Web ~]# cp -r /root/RuoYi-Vue-master/ruoyi-ui/dist/* /wwwroot
```

（9）测试部署成功的若依。

在物理机的浏览器地址栏中输入 http://192.168.200.10，按 Enter 键进行访问，浏览器中显示若依的登录界面，如图 14-7 所示。

图 14-7 若依的登录界面

至此，应用系统部署完成。

小结

通过学习本项目，读者了解了前后端分离架构的概念，掌握了 MySQL、Redis、Nginx、Tomcat等的安装与配置方法，学会了前后端分离版本的若依管理系统的部署。相信通过对本项目的学习，读者能熟练搭建应用系统服务器，希望读者以此为契机，将自己在学习、工作中积攒的 Linux 系统管理经验分享给更多人，为美好的开源世界贡献自己的力量。

本项目知识点的思维导图如图 14-8 所示。

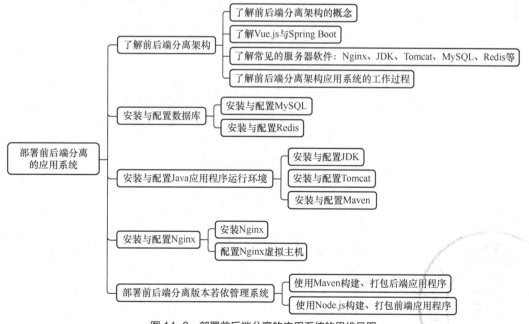

图 14-8 部署前后端分离的应用系统的思维导图

习题

一、选择题

1. 下面是 Nginx 服务器的最佳用途的是（　　）。

A. 数据库管理　　　　　　　　　　　B. 网络存储

C. 提供高性能的 Web 服务　　　　　　D. 高性能运算

2. Nginx 服务器的主配置文件 nginx.conf 所在的目录是（　　）。

A. /usr/local/nginx/conf/　　　　　　B. /var/local/nginx/conf/

C. /local/nginx/conf/　　　　　　　　D. /etc/nginx

3. 在 MySQL 中，以下可用于创建一个数据库的 SQL 命令是（　　）。

A. drop database　　　　　　　　　　B. show databases

C. create database　　　　　　　　　D. use

4. 若要使用 firewall-cmd 命令永久开放 TCP 80 号端口，以下命令正确的是（　　）。

A. firewall-cmd --add-service=80/tcp --permanent

B. firewall-cmd --add-service=http --zone=public

C. firewall-cmd --permanent --add-port=tcp/80

D. firewall-cmd --permanent --zone=public --add-port=80/tcp

二、填空题

1. 在前后端分离架构中，将前后端程序的开发、测试、部署过程分离、解耦，＿＿＿＿＿＿＿＿负责展示界面和用户交互，＿＿＿＿＿＿＿＿负责处理业务逻辑和数据存储。

2. Nginx 服务器默认的虚拟主机运行在＿＿＿＿＿＿＿＿端口，Redis 服务默认监听的端口是＿＿＿＿＿＿＿＿。